ENGENHARIA DE PROCESSOS

CB008972

Blucher

CARLOS AUGUSTO G. PERLINGEIRO

ENGENHARIA DE PROCESSOS

ANÁLISE, SIMULAÇÃO, OTIMIZAÇÃO E SÍNTESE DE PROCESSOS QUÍMICOS

2ª edição

Engenharia de processos: análise, simulação, otimização e síntese de processos químicos, 2. ed.

© 2018 Carlos Augusto G. Perlingeiro

Editora Edgard Blücher Ltda.

1ª edição - 2005

Blucher

Rua Pedroso Alvarenga, 1245, 4° andar
04531-934 – São Paulo – SP – Brasil
Tel.: 55 11 3078-5366
contato@blucher.com.br
www.blucher.com.br

Segundo o Novo Acordo Ortográfico, conforme
5. ed. do *Vocabulário Ortográfico da Língua Portuguesa*,
Academia Brasileira de Letras, março de 2009.

É proibida a reprodução total ou parcial por quaisquer meios
sem autorização escrita da editora.

Todos os direitos reservados pela editora
Edgard Blücher Ltda.

Dados Internacionais de Catalogação na Publicação (CIP)
Angélica Ilacqua CRB-8/7057

Perlingeiro, Carlos Augusto G.
    Engenharia de processos : análise, simulação, otimização
e síntese de processos químicos / Carlos Augusto G.
Perlingeiro. – 2. ed. – São Paulo : Blucher, 2018.
    208 p.

    Bibliografia
    ISBN 978-85-212-1361-1 (impresso)
    ISBN 978-85-212-1362-8 (e-book)

    1. Engenharia química 2. Processos químicos I. Título

18–1554   CDD 660.28

Índice para catálogo sistemático:
1. Engenharia química

PREFÁCIO

Os conhecimentos adquiridos pelo engenheiro químico no decorrer da sua formação podem ser reunidos em quatro grupos, na seguinte ordem de agregação: as Ciências Básicas, que tratam da descrição e da quantificação dos fenômenos naturais; os Fundamentos, que tratam da compreensão e da representação dos fenômenos que ocorrem nos equipamentos; a Engenharia de Equipamentos, que trata da concepção, do dimensionamento e da análise dos equipamentos da indústria química; e a Engenharia de Processos, que compreende a concepção, o dimensionamento e a análise dos processos industriais.

Os temas relacionados aos três primeiros, há muito, se encontram estruturados sob a forma de disciplinas clássicas encontradas tradicionalmente nos cursos de Engenharia Química. Coleções de livros, publicados por diversas editoras, formam a bibliografia básica desses cursos desde os primórdios da profissão, a maioria deles voltada para o projeto de equipamentos. Por outro lado, os temas relacionados à Engenharia de Processos, que aborda os processos, do ponto de vista de sistemas, diferem em essência dos demais e são de estruturação mais recente. Por isso, não vinham sendo objeto de ensino formal e permaneciam ausentes dos cursos e dos livros-texto tradicionais. Até que, em 1968, foi publicado o livro Strategy of Process Engineering (Rudd & Watson) reunindo diversos trabalhos sobre a estrutura dos fluxogramas abordando estratégias de cálculo, avaliação econômica, otimização e efeitos de incerteza. Mais tarde, em 1973, veio à luz Process Synthesis (Rudd, Powers & Siirola), abordando de forma sistemática a concepção de processos químicos, incluindo o estudo de rotas químicas e a concepção de sequências de separadores e de redes de trocadores de calor.

A partir destes dois textos, percebi uma estrutura lógica permeando a atividade de projeto, até então ensinado de forma artesanal através de prática de final de curso e praticado com base na experiência acumulada por indivíduos ou por equipes em empresas especializadas, que mantinham os seus procedimentos sob sigilo. Preencheu-se, assim, uma lacuna importante na minha formação de engenheiro químico. Achei que esses conhecimentos deveriam ser colocados de imediato ao alcance dos nossos alunos. Imaginei, então, uma disciplina que abordasse a Análise de Processos, com base no primeiro livro, e Síntese de Processos, com base no segundo.

Assim, em 1976, tomei duas iniciativas simultâneas. No âmbito do Programa de Engenharia Química do Instituto Alberto Luiz Coimbra de Pós-Graduação e Pesquisa em Engenharia (COPPE), introduzi uma disciplina de Mestrado denominada Síntese de Processos e propus os primeiros temas de tese sobre o assunto. No âmbito da Escola de Química, propus uma adaptação do programa da disciplina Desenvolvimento e Projeto de Processos, posteriormente transformada em Engenharia de Processos. A partir de então, tomando como base aqueles dois textos básicos, fui estruturando um conjunto de Notas de Aula, agregando material de artigos de revistas, de livros que foram surgindo sobre o assunto e dos trabalhos de tese de Mestrado orientadas na COPPE. Essas Notas são agora consolidadas no presente texto, que se encontra organizado como se segue.

O Capítulo 1 oferece uma Introdução Geral à Engenharia de Processos, descortinando o tratamento sistemático do projeto de processos e definindo a estrutura geral do texto. Em seguida, o texto se divide em duas partes, Análise e Síntese. Apesar de distintas em natureza, elas se integram harmoniosamente no Projeto. O Capítulo 2 oferece uma Introdução à Análise de Processos, descrevendo a estrutura e a sistemática adotada nessa parte do projeto. As etapas da Análise são detalhadas nos Capítulos subsequentes de Estratégias de Cálculo, Avaliação Econômica Preliminar e Otimização Paramétrica. O Capítulo 6 oferece uma Introdução à Síntese de Processos, antecipando a sistemática adotada nos Capítulos seguintes, baseada na decomposição e representação de problemas e nos métodos heurístico, evolutivo, busca ordenada e superestrutura. Os Capítulos 7 e 8 aplicam esta metodologia de síntese aos Sistemas de Separação e de Integração Energética, respectivamente.

Este livro pretende contribuir para a disseminação do ensino da Engenharia de Processos em cursos de Engenharia Química e correlatos, provendo um texto básico em português. Este pode ser complementado com material encontrado nos textos mais completos listados ao final do Capítulo 1 e de cada Capítulo específico. Material didático complementar compreende um conjunto de projeções para sala de aula, problemas adicionais e programas de computador, que se encontram disponíveis no "site" do autor (www.eq.ufrj.br/docentes).

O autor agradece ao Programa de Engenharia Química da COPPE e ao Departamento de Engenharia Química da Escola de Química. Em primeiro lugar, porque foi em suas dependências que o trabalho foi em grande parte desenvolvido. Em segundo lugar, porque o ensino continuado das disciplinas de graduação e de pós-graduação permitiu a consolidação do texto. Em terceiro lugar, pelo incentivo direto de diversos colegas, alguns dos quais adotaram, pelo menos parcialmente, as Notas de Aula, ao ministrarem disciplinas de graduação e de pós-graduação na Escola de Química e ofereceram valiosas sugestões.

O autor agradece, também, à **FUNDAÇÃO UNIVERSITÁRIA JOSÉ BONIFÁCIO** pelo equipamento em que a redação do texto foi iniciada.

Carlos Augusto G. Perlingeiro
Julho de 2005

DEDICATÓRIA

À memória dos meus pais, Sículo e Jacyra, que proporcionaram as condições de saúde e educação que me permitiram chegar aonde cheguei.

Aos meus filhos Patrícia e André que nasceram e cresceram pacientemente me ouvindo falar de aulas, provas, artigos, teses, congressos, projetos, COPPE, Escola de Química, Praia Vermelha, Fundão, ..., livro!

À memória da minha primeira filha Cláudia, nascida durante o meu Doutorado, e que Deus preferiu levar prematuramente.

Ao meu irmão, Franscisco, pelo apreço que sempre demonstrou pela minha carreira.

Ao Professor Alberto Luiz Coimbra, responsável pelo meu ingresso e progresso na vida acadêmica.

A todos os colegas, amigos e parentes que me incentivaram a concluir este livro.

SOBRE O AUTOR

Carlos Augusto G. Perlingeiro formou-se em Química Industrial e Engenharia Química em 1961 pela Escola Nacional de Química da Universidade do Brasil (hoje Escola de Química da Universidade Federal do Rio de Janeiro). Durante dois meses em 1962, participou do "Seminar on the Use of Computers in Engineering Education", na Universidade de Houston. Em 1963, ingressou na primeira turma do Mestrado em Engenharia Química, no Instituto de Química da Universidade do Brasil, que deu origem à COPPE. Concluiu o Mestrado em 1964 com a Tese "Configuração do Escoamento Axissimétrico por Computador Digital", primeira tese de cunho computacional da COPPE com programas em linguagem de máquina processados no computador Borroughs à válvula do RDC da PUC/RJ. No mesmo ano, ingressou no corpo docente do curso ministrando Separação de Multicomponentes, com abordagem computacional. Simultaneamente, iniciou a sua participação no ensino de graduação na Escola de Química na disciplina Cálculo Numérico. Escreveu "Introdução à Comunicação com Computadores Digitais", um dos primeiros textos estruturados em português sobre programação para computadores, com a linguagem UNICODE utilizada no computador UNIVAC do IBGE. Introduziu Computação como matéria obrigatória como parte da disciplina Introdução à Engenharia Química. Obteve o doutorado em 1970 no Stevens Institute of Technology (NJ, EUA) com a Tese "Non-Equilibrium Thermodynamics and the Stability of Continuous Stirred Tank Reactors". Ao retornar, retomou as suas atividades de ensino de graduação na Escola de Química nas áreas de Termodinâmica, Operações Unitárias e Controle de Processos e de pós-graduação e pesquisa na COPPE nas áreas de Análise de Sistemas e Controle de Processos. A partir de 1976, passou a se dedicar integralmente à Engenharia de Processos, introduzindo as primeiras disciplinas de graduação e de pós-graduação e orientando as primeiras Tese de Mestrado na área. Ao lado dessas iniciativas e realizações ministrou cursos de curta duração sobre Engenharia de Processos em algumas empresas e Departamentos de Engenharia Química de outras Universidades. Foi vice-diretor da COPPE, A partir de 1997, passou a se dedicar às atividades de graduação e de pós-graduação exclusivamente na Escola de Química, da qual foi diretor. Em 1997, foi agraciado com o título de Professor Emérito da Universidade Federal do Rio de Janeiro.

CONTEÚDO

INTRODUÇÃO GERAL 1

Nos primórdios da engenharia química, processos eram projetados e operados de forma empírica e artesanal. Com o tempo, a busca de processos mais eficientes, seguros, limpos e econômicos passou a demandar conhecimentos cada vez mais aprofundados sobre os fenômenos que se passam nos equipamentos, sobre métodos de cálculo e sobre a própria forma de conceber os processos. O projeto tornou-se uma atividade complexa e sofisticada.

A **engenharia de processos** é, justamente, a área da engenharia química que surgiu da necessidade de sistematizar o projeto de processos. Um conjunto de procedimentos simples, e até mesmo lúdicos, originados na engenharia de sistemas e na Inteligência Artificial, veio potencializar o conhecimento sobre Fenômenos de Transporte, Termodinâmica, Cinética e os diversos equipamentos. Eles tornaram o engenheiro químico capaz de utilizá-los de forma estruturada no projeto de processos industriais. Abriu-se, assim, uma nova fronteira na engenharia química. Graças à engenharia de processos, projetos são hoje executados com maior rapidez, maior segurança e menor custo, resultando processos mais econômicos, seguros e ambientalmente integrados. Ao mesmo tempo, viabilizou-se o ensino do projeto de processos com disciplinas formais indispensáveis em qualquer curso moderno de engenharia química. Essas disciplinas promovem a integração do conhecimento adquirido nas disciplinas tradicionais e ampliam o horizonte dos alunos. Abordam, assim, processos integrados, problemas "em aberto" comportando diversas soluções e problemas de natureza lógica que vão além do cálculo rotineiro dos equipamentos.Este capítulo tem como finalidade descortinar essa nova fronteira da engenharia química.

De início, o projeto é posto como um problema complexo de engenharia que abriga o projeto integrado dos equipamentos. Em seguida, o problema é decomposto em suas etapas lógicas e as ferramentas utilizadas na sua resolução são descritas. Finalmente, é delineada a estrutura que norteia o desenrolar do tema, de forma organizada e fluente, no decorrer de todo o texto. O capítulo termina com um breve histórico da engenharia de processos e com o reconhecimento da importância da computação.

1.1 PROJETO DE PROCESSOS QUÍMICOS

Trata-se do conjunto numeroso e diversificado de atividades, que são desenvolvidas por uma equipe de engenheiros químicos, a partir da decisão de se produzir um determinado produto em escala industrial. O resultado é um plano bem definido para a construção e a operação da instalação desejada.

De uma forma simplificada, ficam definidos no decorrer do projeto:

(a) a **rota** tecnológica para a obtenção do produto;

(b) o **fluxograma** do processo (definição dos equipamentos e seu sequenciamento e das correntes);

(c) as **dimensões** dos equipamentos, as condições das correntes e as condições operacionais, estabelecidas segundo critérios econômicos, ambientais e de segurança.

O projeto constitui a atividade central da engenharia química. Dele decorrem problemas específicos sobre reatores, processos de separação, mecânica dos fluidos, transferência de calor e de massa, termodinâmica, cinética, controle, avaliação econômica, segurança e processos tecnológicos. Esses problemas só existem enquanto vinculados a um projeto, seja na definição de um processo durante a fase de projeto, seja no aprimoramento de um processo em operação ou como objeto de pesquisa visando a um projeto futuro.

1.2 ENGENHARIA DE PROCESSOS

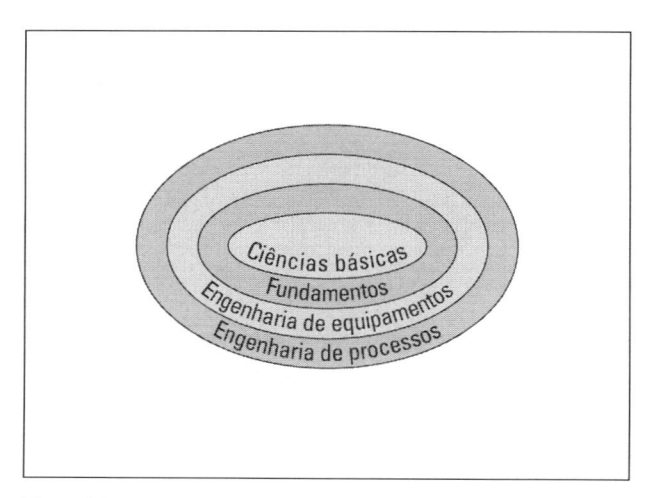

A posição da engenharia de processos na engenharia química pode ser visualizada na Figura 1.1, onde são apresentados os grupos de conhecimentos sucessivamente agregados na formação do engenheiro químico.

No nível interior, encontram-se as **ciências básicas** (Física, Química, Biologia, Físico-química), que tratam dos fenômenos naturais de uma forma geral, utilizando-se da Matemática para a sua descrição formal e quantificação.

No nível seguinte, estão os **fundamentos**, que tratam da compreensão e da modelagem matemática dos fenômenos físico-químicos que ocorrem no interior e à volta dos equipamentos. Esses conhecimentos são reunidos em disciplinas como Fenômenos de Transporte, Termodinâmica e Cinética.

Figura 1.1
Classificação dos conhecimentos inerentes à engenharia química.

O terceiro nível corresponde à **engenharia de equipamentos** que aborda, isoladamente, o projeto dos equipamentos da indústria química. Neste nível, são incorporados conhecimentos relativos ao dimensionamento, à otimização, à simulação e à automação, que são ministrados em disciplinas de Operações Unitárias, Reatores, Mecânica dos Fluidos, Transferência de Calor, Transferência de Massa e Controle.

Os conhecimentos reunidos nos três primeiros níveis constituem o cerne da engenharia química, requisito indispensável à **engenharia de processos.** Esta, no último nível, trata do projeto de processos integrados. Nesse nível, os problemas são de natureza bem diversa dos anteriores, pois versam sobre conjuntos de equipamentos integrados, não mais isolados. Isso torna necessária a importação de ferramentas oriundas de outros campos do conhecimento, como engenharia de sistemas e Inteligência Artificial. Neste nível, também são incorporados elementos de avaliação econômica, bem como de segurança, risco, controle hierárquico e o estudo sistemático de setores da indústria química.

Nas Seções seguintes, são apresentados alguns conceitos básicos de Sistemas e de Inteligência Artificial importantes para uma representação visual do problema de projeto e para o estabelecimento da sistemática para a sua resolução, anunciada no final do capítulo e desenvolvida nos capítulos subsequentes.

1.3 SISTEMAS

1.3.1 CONCEITO

Sistema é a denominação genérica de organismos, dispositivos ou instalações que apresentam as seguintes características:

(a) são conjuntos de **elementos interdependentes**;
(b) cada elemento é capaz de executar uma **ação específica**;
(c) têm como **finalidade** a execução de uma ação complexa, que só pode ser executada mediante a conjugação dos seus elementos.

Sistemas são encontrados nos mais diversos campos de atividade. No campo da **energia**, turbinas, subestações, redes de transmissão e outros equipamentos são elementos interdependentes que, interligados, permitem que a energia liberada numa queda d'água se transforme em luz e força. No **corpo humano**, os aparelhos circulatório, respiratório e digestivo, formados por órgãos como coração, pulmão e fígado, são interdependentes e funcionam harmoniosamente permitindo a vida humana. Na **natureza**, a atmosfera, os oceanos, os rios, os lagos, as espécies animais e vegetais são interdependentes e, conjuntamente, formam um ambiente em que se desenvolve a vida no planeta. Na **economia**, o governo, a população, os bancos, o comércio e outras instituições são elementos interdependentes que formam um ambiente de circulação da moeda. Nos **processos químicos**, reatores, colunas de destilação e trocadores de calor formam instalações que promovem a transformação de matérias-primas em produtos em escala industrial.

Sistemas são formados por **elementos** e **conexões**, concretos ou abstratos. A **finalidade** tanto pode ser estabelecida ou simplesmente constatada pelo homem. Sistemas podem ser então classificados quanto à natureza dos seus elementos e das suas conexões e quanto à finalidade. A Tabela 1.1 enquadra os exemplos acima nessa classificação.

TABELA 1.1 TIPOS DE SISTEMA QUANTO À FINALIDADE E À NATUREZA

SISTEMAS		
FINALIDADE	**ELEMENTOS e CONEXÕES**	
	Concretos	**Abstratos**
Estabelecida pelo Homem	Processo Químico	Sistemas Econômicos
Constatada pelo Homem	Corpo Humano	Ecossistemas

A **engenharia** é um campo fértil de aplicação de sistemas. Ela trata da aplicação de conhecimentos científicos e empíricos à concepção, à construção e à operação de engenhos, artefatos, dispositivos e instalações destinados a beneficiar o homem nas suas necessidades básicas de moradia, transporte, comunicação, energia, materiais e saúde. Originalmente, o termo engenharia era restrito a sistemas baseados em fenômenos naturais, provocados ou controlados pelo homem. A engenharia dividia-se, segundo a natureza desses fenômenos, em mecânica, química, elétrica, bioquímica, biológica e nuclear. Mais recentemente, o termo foi estendido a sistemas, que envolvem organização e métodos, como produção e computação.

Na **engenharia química**, o sistema é uma instalação destinada à transformação de substâncias químicas em escala industrial. Essa transformação é complexa e se dá através de uma sequência de etapas conduzidas nos equipamentos, em cujo interior são provocados fenômenos como reação química, absorção, adsorção, evaporação, condensação, compressão, expansão, aquecimento, resfriamento e muitos outros. O conjunto de etapas constitui o processo de produção, cujo projeto e respectiva operação são atribuições do engenheiro químico.

A **engenharia de sistemas** é o campo da engenharia que estuda sistemas de uma forma genérica, independentemente da finalidade e da natureza dos seus elementos, através de técnicas matemáticas de aplicação geral. A grande vantagem de se tratar um processo químico como um sistema reside no aproveitamento dessas técnicas no projeto de processos.

Uma observação importante refere-se à aplicação dos termos sistema e elemento, em função do objeto do estudo. Por exemplo, ao se analisar o segmento industrial de um país, o segmento analisado é o sistema e a indústria química um dos seus elementos. Ao se estudar a indústria química, ela é o sistema e as unidades industriais são os seus elementos. Ao se estudar uma unidade industrial, ela é o sistema e os equipamentos são os seus elementos. Ao se estudar um equipamento, ele é o sistema e os seus componentes são os seus elementos.

Seguem-se os conceitos de estrutura, projeto, síntese, análise, simulação e otimização, que fazem parte da formalização da engenharia de sistemas e são largamente utilizados em diversos campos do conhecimento, inclusive na engenharia de processos.

1.3.2 ESTRUTURA

A **estrutura** de um sistema é definida pela forma como os seus elementos são interligados. Os sistemas podem exibir estruturas das mais simples às mais complexas. A estrutura mais simples é a **acíclica** (Figura 1.2.a), em que cada elemento influencia apenas os seus subsequentes. Estruturas um pouco mais complexas podem exibir pontos de bifurcação

Figura 1.2
Exemplos de estruturas
de sistemas.

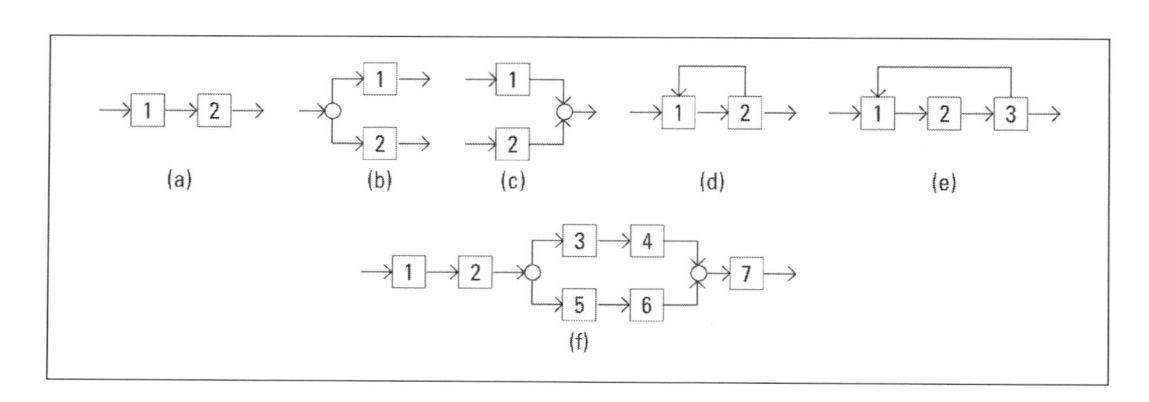

(Figura 1.2b) e de convergência (Figura 1.2c). Uma estrutura mais complexa é a **cíclica**, em que todos os elementos são influenciados uns pelos outros, diretamente (Figura 1.2d) ou indiretamente (Figura 1.2e). Um sistema pode exibir uma estrutura complexa formada por uma combinação de estruturas elementares (Figura 1.2f). Quanto mais complexa for a estrutura, mais difíceis são o projeto, a análise e a operação do sistema. Na engenharia de processos, a estrutura é representada pelo **fluxograma** do processo.

1.3.3 PROJETO

Sistemas são criados a cada momento para a execução de tarefas novas ou para a execução mais eficiente de tarefas já conhecidas. A criação de um sistema compreende um número considerável de operações que, no seu conjunto, recebem o nome de **projeto**. A sistematização do projeto começa com o seu equacionamento sob a forma de um **problema**, que consiste em determinar a melhor estrutura para um sistema destinado a cumprir a finalidade desejada. Esse problema é constituído dos seguintes subproblemas:

- gerar o conjunto das estruturas viáveis para o sistema
- prever e avaliar o desempenho de cada estrutura gerada

O primeiro é chamado de **síntese** e o segundo, de **análise**. Esses dois subproblemas são agora descritos com um pouco mais de detalhes e reunidos adiante na descrição do projeto.

1.3.4 SÍNTESE

A síntese é a **etapa criativa** do projeto. Ela consiste na geração das estruturas viáveis, de acordo com a finalidade do sistema. Dentre elas será escolhida a melhor através da análise. A síntese implica na seleção dos elementos de acordo com a função que cada um desempenha. A estrutura é escolhida de modo que o conjunto de elementos exiba o melhor desempenho possível. No caso dos processos, a síntese consiste na seleção dos equipamentos e na definição do fluxograma.

A síntese é um problema essencialmente **combinatório**, caracterizado pela **multiplicidade de soluções**: basta trocar um elemento ou uma conexão para se obter um sistema diferente com um desempenho também diferente. Por exemplo, considere-se um processo bastante simples, em que a tarefa de produzir o produto a partir da matéria-prima seja constituída das subtarefas de reação e de separação (Figura 1.3).

Considere-se, também, que a subtarefa de reação possa ser executada por um reator de mistura ou por um reator tubular, em que a de separação possa ser executada por destilação ou por absorção e se possa incluir ou não um reciclo. Cada combinação de elementos e conexões forma um processo diferente e, por conseguinte, uma solução diferente do problema de síntese. No caso do exemplo, resultam 8 fluxogramas diferentes, como mostra a Figura 1.4.

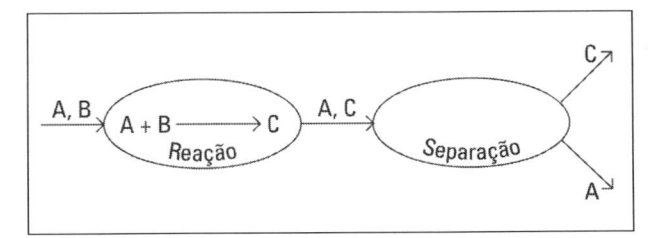

Figura 1.3
Um processo simples:
reação e separação.

Figura 1.4
Fluxogramas materiais
alternativos para 2
subtarefas,
2 equipamentos por
subtarefa e reciclo.

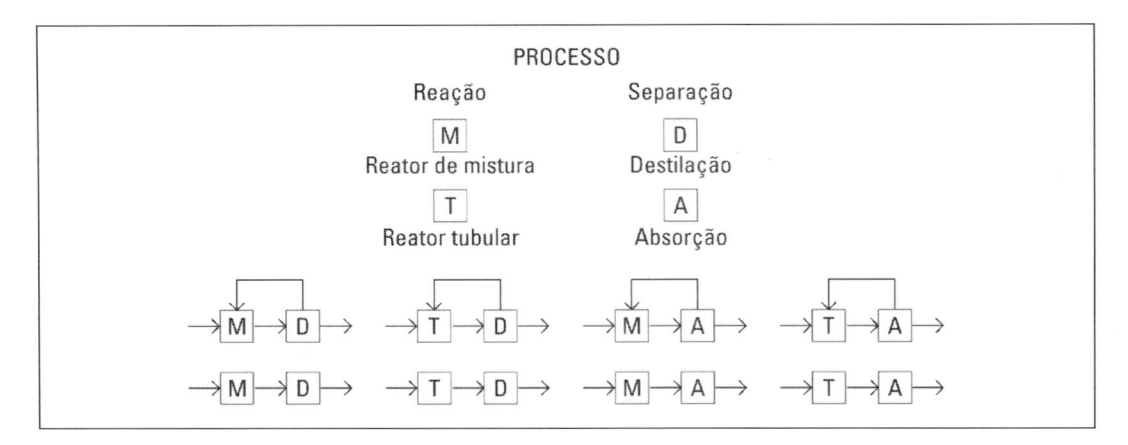

O número de soluções possíveis aumenta rapidamente com o número de elementos. É o que se chama de **"explosão combinatória"** e se constitui no maior desafio do projeto de processos. No exemplo acima, bastaria considerar mais um tipo de reator e mais um tipo de separador para o número de soluções subir para 18. Mais adiante, será constatado que a separação completa de uma mistura de 3 componentes por destilação admite 2 fluxogramas alternativos. Para 11 componentes, já são 16.796 os fluxogramas alternativos. Para separar 9 componentes, podendo-se utilizar 5 processos, este número vai para mais de 500 milhões. A multiplicidade de soluções viáveis complica o problema de síntese e exige o emprego de técnicas oriundas da Inteligência Artificial, que serão apresentadas nos Capítulos 6 a 8.

A síntese pode ser considerada a etapa mais difícil do projeto, porque enfrenta o desafio de tornar visíveis todas as soluções possíveis. O problema de síntese pode ser classificado como um **"problema em aberto"**, porque o seu ponto de partida é abstrato: um tênue desejo de produzir um determinado produto.

1.3.5 ANÁLISE

Cada um dos fluxogramas alternativos gerados na etapa de síntese tem que ser submetido a uma análise para se identificar aquele que exibe o melhor desempenho. A análise começa pela identificação dos elementos do sistema e da forma como os mesmos interagem, e prossegue com a previsão e a avaliação do seu desempenho. A previsão é realizada com o auxílio de um modelo matemático. No caso dos processos, partindo-se das especificações de projeto, são obtidas as principais dimensões dos equipamentos, as vazões de produto, de matérias-primas, de utilidades e dos demais insumos. A avaliação é realizada calculando-se um índice de mérito, normalmente de natureza econômica, função das principais variáveis do sistema. No caso dos processos, a partir das dimensões dos equipamentos pode-se estimar os custos de investimento; com as vazões das correntes, a receita e os custos de produção. Com isso, obtém-se o índice de mérito natural que, normalmente, é uma função lucro ou custo.

Observa-se que, ao contrário da síntese, a análise é de natureza **numérica**, consistindo essencialmente na resolução dos sistemas de equações do modelo matemático. Muitas vezes esses sistemas admitem uma infinidade de soluções física e economicamente plausíveis. Essa **multiplicidade de soluções** complica o problema de análise, exigindo o emprego de técnicas matemáticas que serão apresentadas nos Capítulos 2 a 5.

De qualquer forma, o problema de análise pode ser classificado como um **"problema fechado"**, porque o seu ponto de partida é um fluxograma bem definido gerado pela síntese, bastando aplicar a ele um conjunto de técnicas bem conhecidas.

1.3.6 OTIMIZAÇÃO

Todo problema que admite mais de uma solução viável dispara, inexoravelmente, a busca da melhor das soluções: a **solução ótima**. O problema se torna, então, um **problema de otimização**. O projeto é um problema típico de otimização. Um problema muito complexo, por sinal, porque compreende em seu bojo dois subproblemas também de otimização, em níveis **estrutural** e **paramétrico**, que devem ser resolvidos conjuntamente do seguinte modo:

(a) no nível estrutural (síntese), são geradas sucessivamente as estruturas viáveis do sistema, como aquelas da Digura 1.4, em busca da estrutura ótima;

(b) no nível paramétrico (análise), determina-se o desempenho ótimo de cada uma das estruturas.

O desempenho ótimo é caracterizado pelos valores das variáveis correspondentes ao lucro máximo ou ao custo mínimo daquela estrutura. Por exemplo, a Figura 1.5 mostra uma função Lucro dependente de duas variáveis relevantes num determinado processo: x_1 e x_2. O retângulo corresponde ao espaço fisicamente viável das variáveis. A elipse corresponde ao espaço economicamente viável, em que o Lucro é positivo. O ponto (x_1^0, x_2^0) é a solução ótima correspondente ao Lucro Máximo L°.

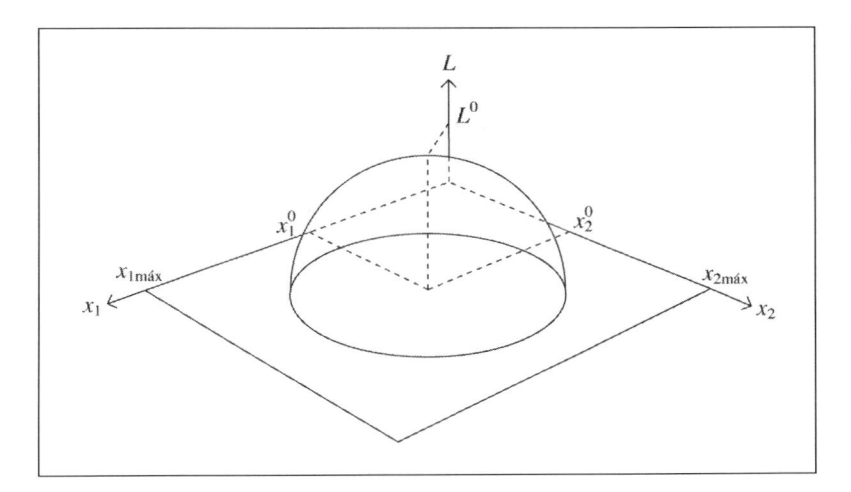

Figura 1.5
Otimização de um sistema em nível paramétrico.

A estrutura ótima para o sistema é aquela, cujo desempenho ótimo é superior ao desempenho ótimo de qualquer outra estrutura. Deve-se ressalvar que o desempenho aqui referido é aquele previsto pelo modelo matemático ainda na fase de projeto.

No caso do projeto de processos, o problema compreende um subproblema adicional de otimização, em nível tecnológico, que corresponde à definição da rota química. Com isso, passam a ser três os problemas de otimização a serem resolvidos conjuntamente, porque os problemas (a) e (b) têm que ser resolvidos para cada rota cogitada.

Um problema de tal complexidade só pode ser resolvido, de forma bem sucedida, com o apoio de algumas técnicas especiais preconizadas pela **Inteligência Artificial**.

1.4 INTELIGÊNCIA ARTIFICIAL

É o campo da Ciência da Computação em que se estuda a forma pela qual o homem utiliza intuitivamente a **inteligência** e o **raciocínio** na resolução de problemas complexos, bem como as formas de implementar essas duas faculdades humanas em **máquinas**. Os problemas complexos aqui considerados são aqueles em que os seus elementos característicos podem ser combinados de muitas maneiras, originando muitas configurações distintas. É o caso típico do problema de projeto.

Uma das estratégias preconizadas pela Inteligência Artificial (IA) para a resolução de um problema complexo é a sua **decomposição** em subproblemas mais simples. Essa estratégia pode ser aplicada ao projeto decompondo-o nos subproblemas tecnológico, estrutural e paramétrico. Outra estratégia consiste em dividir a abordagem de um problema em duas etapas: **representação** e **resolução**. A representação tem por objetivo revelar todas as soluções possíveis e apresentá-las de uma forma ordenada que sugira um procedimento para a sua resolução. A resolução consiste na obtenção da solução ótima do problema orientada pela representação. Uma das representações mais comuns é a **árvore de estados**. Trata-se de uma representação com a forma de uma árvore invertida com raiz, ramos e folhas. As folhas representam os estados percorridos durante a resolução do problema. As que se encontram ao longo dos ramos representam os estados intermediários ou soluções ainda incompletas. As que se encontram nas pontas representam os estados finais ou soluções completas. Essa representação é adotada em seguida para o próprio problema de projeto.

1.5 SISTEMATIZAÇÃO DO PROJETO DE PROCESSOS

Graças aos conceitos acima enumerados sobre Sistemas e Inteligência Artificial, torna-se possível **sistematizar o projeto de processos**. Em primeiro lugar, **decompondo-o** nos subproblemas tecnológico (rotas), estrutural (síntese) e paramétrico (análise), a serem resolvidos coordenadamente. Em seguida, **representando-o** por uma árvore de estados, como mostra a Figura 1.6.

Na raiz da árvore, encontra-se, a finalidade do processo, que é a produção de um produto hipotético P. As 3 interrogações correspondem às 3 questões que precisam ser definidas pelo projeto: a matéria-prima, o fluxograma e as dimensões dos equipamentos e das correntes. Por simplicidade, admite-se que P só possa ser obtido através de 2 rotas químicas: uma a partir de A e B, produzindo o subproduto C, e a outra a partir de D e E, produzindo o subproduto F.

Assim, no primeiro nível da árvore (nível tecnológico), aparecem dois estados que são soluções parciais do problema: existe uma rota, mas falta definir o fluxograma e as dimensões dos equipamentos e das correntes.

Cada rota química cogitada deve ser concretizada através de um fluxograma. Esta é a etapa de síntese. Novamente, por simplicidade, admite-se que só existem dois fluxogramas plausíveis para cada rota. Portanto, no segundo nível da árvore (nível estrutural) aparecem quatro estados, que ainda são soluções parciais do problema: existem uma rota e um fluxograma, mas ainda falta definir as dimensões dos equipamentos e das correntes.

Cada fluxograma gerado na etapa de síntese deve ser submetido a uma análise para se definir as dimensões dos equipamentos e das correntes e avaliar o seu desempenho. Como a resolução do modelo matemático de cada fluxograma pode admitir uma infinidade de

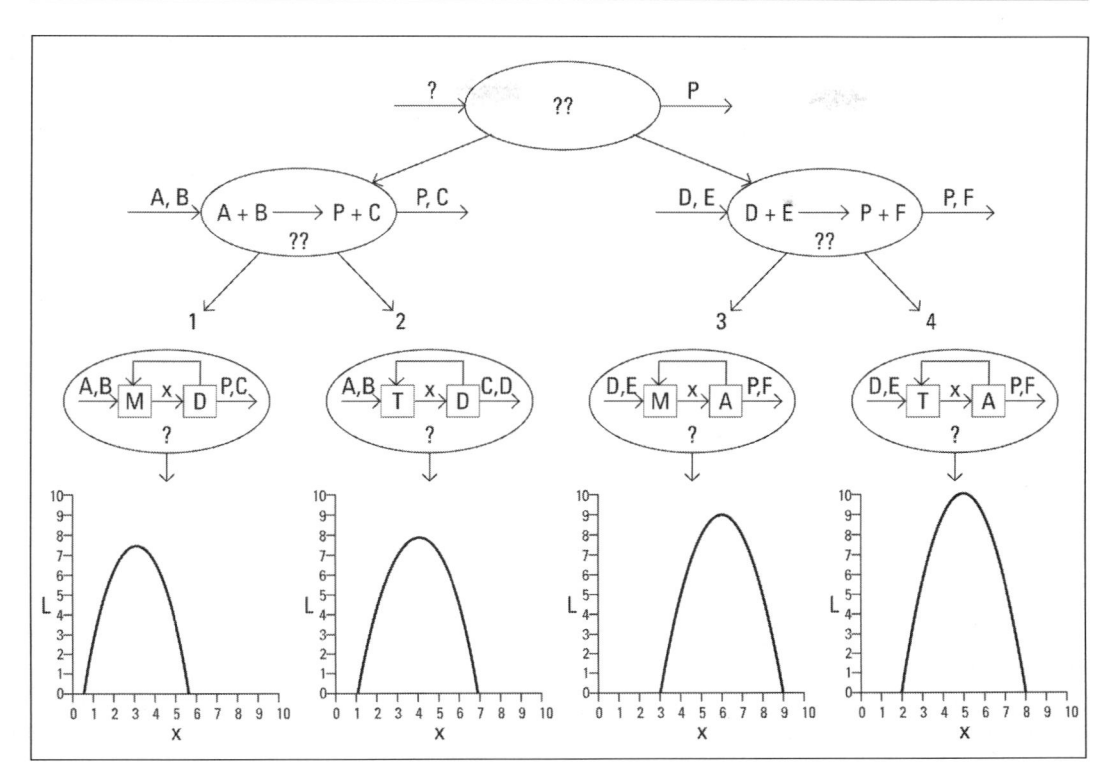

Figura 1.6
O problema do projeto de
processos representado
por uma árvore de
estados.

soluções física e economicamente plausíveis (Figura 1.5), o terceiro nível da árvore (nível paramétrico) exibe uma infinidade de estados, que correspondem às soluções finais plausíveis. Esses estados estão representados em termos de uma variável de projeto x, manipulada pelo projetista, da qual dependem as demais variáveis e o Lucro proporcionado pelo processo. A árvore da Figura 1.6 contém, assim, todas as soluções viáveis do problema de projeto para a produção de P.

A **resolução** do problema pode ser orientada pela árvore de estados, através de um processo de busca conduzido da seguinte forma: a partir da raiz, toma-se a rota (A, B) e escolhe-se um primeiro fluxograma que é analisado resultando L = 7. Retorna-se ao estado correspondente à rota (A, B) e toma-se o segundo fluxograma, que é analisado resultando L = 8. Retornando ao estado da rota (A, B) e não havendo mais fluxogramas possíveis, retorna-se à raiz e toma-se a rota (D, E), repetindo-se o que foi executado para a rota (A, B). Retornando-se à raiz e não havendo mais rotas plausíveis, o projeto está encerrado. Neste caso hipotético, o Lucro máximo de valor mais alto é o do ramo da direita, cujo valor é 10. Por conseguinte, a solução tecnológica ótima é a rota de D + E, a solução estrutural ótima é o fluxograma 4 e a solução paramétrica ótima é o valor 5 da variável x. A composição dessas soluções constitui a solução do problema de projeto.

A importância da representação fica evidente, pois, graças a ela, **é possível varrer todas as soluções possíveis sem repetições e sem o risco de omitir a solução ótima**. Entretanto, cabe esclarecer que esse procedimento conceitualmente simples esbarra na questão da explosão combinatória inerente a problemas altamente complexos com milhares de soluções plausíveis. Nesses casos:

(a) torna-se impossível representar o problema graficamente por uma árvore de estados, embora seja possível uma representação simbólica semelhante em computador;

(b) o problema pode exibir um número razoável de soluções "indistintamente boas", tornando irrelevante a determinação da solução matematicamente ótima;

(c) outros procedimentos mais sofisticados devem ser empregados na busca de uma das soluções do conjunto das "indistintamente boas", conforme será mostrado nos Capítulos 6 a 8.

Observe-se que, embora de naturezas diferentes, síntese e análise são fundamentais no projeto. Por um lado, nada se decide sem a síntese, porque sem fluxogramas gerados não há o que analisar. Por outro lado, nada se decide sem a análise, responsável pela avaliação de cada fluxograma gerado na síntese. O seu alcance, no entanto, é limitado pelo número de fluxogramas que lhe são submetidos. A última palavra, no entanto, é da análise.

A dinâmica da resolução do problema de projeto também pode ser ilustrada com o auxilio da Figura 1.7, que apresenta um conjunto de ciclos aninhados correspondentes aos níveis da árvore de estados: o ciclo mais externo corresponde ao **nível tecnológico** e o mais interno, ao **nível paramétrico**. Assim, para atender à necessidade de se produzir um produto P, identifica-se inicialmente o conjunto de rotas químicas pertinentes. Ao se tomar uma delas, penetra-se no **ciclo tecnológico**. São definidas as matérias-primas e estabelecidas algumas especificações de projeto. Na etapa de síntese, é gerado um primeiro fluxograma iniciando-se o ciclo estrutural, interior ao primeiro. O fluxograma é submetido à análise, onde as variáveis de projeto têm os seus valores modificados sucessivamente segundo um procedimento de otimização paramétrica no ciclo paramétrico, até que se obtenha o fluxograma otimizado parametricamente. Retornando-se ao ciclo estrutural, numa etapa de otimização estrutural, é proposta uma modificação do fluxograma. O fluxograma modificado é submetido à análise, retornando-se ao ciclo mais interno. O ciclo estrutural é repetido,

Figura 1.7
Fluxograma da execução da busca em árvore do problema de projeto.

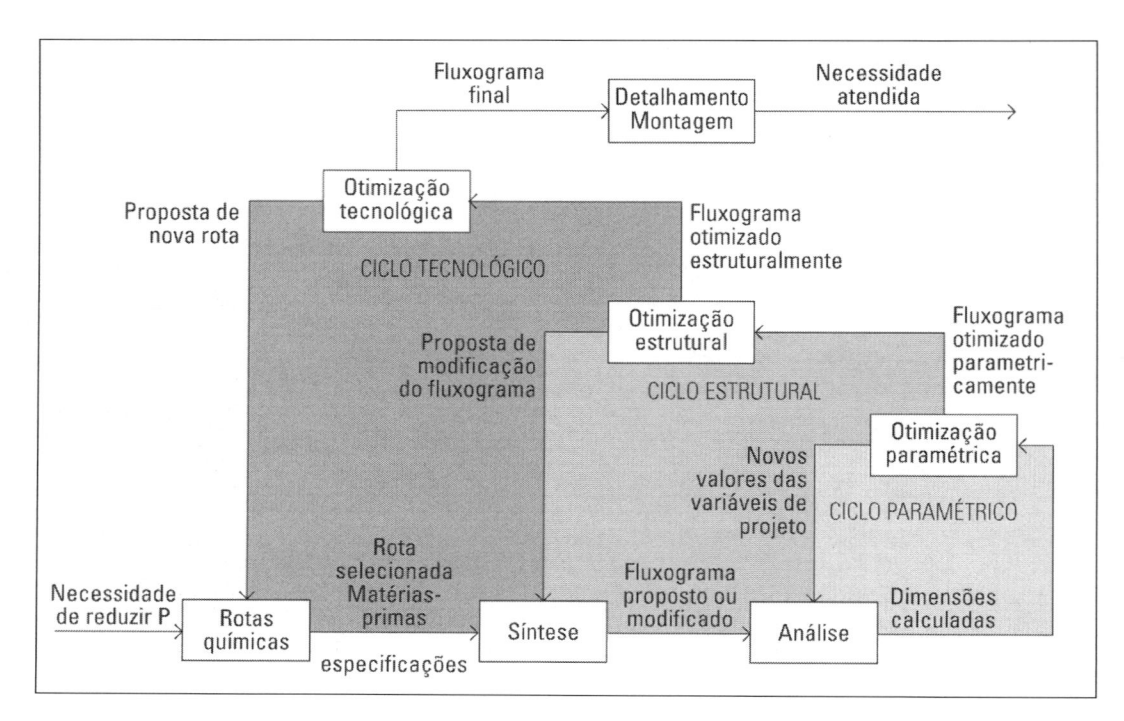

com o ciclo paramétrico interno, até que sejam esgotados os fluxogramas referentes à rota considerada. Retorna-se, então, ao ciclo externo e, numa etapa de otimização tecnológica, é selecionada uma outra rota química. O procedimento é repetido até que sejam esgotadas as rotas químicas inicialmente identificadas.

Em resumo, a grande contribuição da engenharia de processos veio a ser a **sistematização do projeto**. Hoje, o projeto é reconhecido como uma combinação de duas atividades complementares e distintas: síntese e análise. A primeira trata da geração sistemática dos fluxogramas alternativos e a segunda, da avaliação desses fluxogramas. O projeto é também considerado como um problema, com um enunciado bem definido, dotado de um conjunto crescente de métodos sistemáticos de resolução. Uma vez sistematizado, o projeto tornou-se passível de ser ensinado e disseminado.

1.6 ORGANIZAÇÃO DO TEXTO

O presente texto se propõe a apresentar os aspectos principais da engenharia de processos, seguindo a mesma sistemática preconizada para o projeto. Neste primeiro Capítulo, foram apresentados os conceitos de sistema, projeto, síntese, análise, otimização e inteligência artificial, indispensáveis para o enunciado do problema de projeto, com o qual é concluído. A seguir, o texto se divide em dois grandes grupos de Capítulos (Figura 1.8). O primeiro grupo se refere à análise e tem como preâmbulo o Capítulo 2, em que se descortina todo o ambiente da análise de processos, preparando o seu detalhamento nos Capítulos posteriores. O segundo grupo se refere à síntese de processos. De maneira análoga, o Capítulo 6 apresenta os principais conceitos e métodos de síntese, aplicados em seguida a sistemas de separação e de integração energética, para os quais as técnicas de síntese se encontram mais desenvolvidas.

Embora a síntese do fluxograma preceda à sua análise na ordem cronológica de um projeto, a ordem pedagógica adotada no texto é a inversa. Assim, o leitor, ao abordar a síntese, já terá conhecimento das técnicas de análise que deverá empregar na seleção do melhor fluxograma.

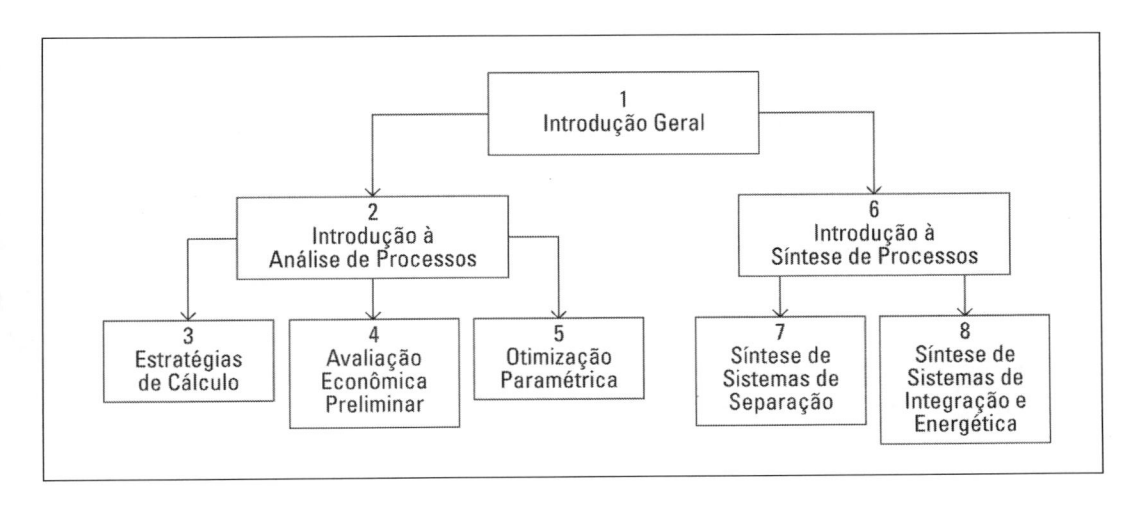

Figura 1.8
Organização do texto.

1.7 ORIGEM E EVOLUÇÃO DA ENGENHARIA DE PROCESSOS NA ENGENHARIA QUÍMICA

Os conhecimentos localizados nos três níveis interiores da Figura 1.1 constituem a engenharia química "tradicional", conteúdo básico da grande maioria dos Cursos existentes. Dotada de uma sólida base teórica, apoiada nas ciências básicas e nos fundamentos, ela conta com uma vasta literatura de apoio propiciada por livros avulsos ou reunidos em coleções lançadas por diversas Editoras especializadas. A sua contribuição ao projeto na engenharia química se restringe à concepção e ao cálculo de equipamentos. Ela fornece uma visão apenas local dos processos, omitindo uma visão integrada mais realista que é propiciada pela engenharia de processos.

Durante muitos anos, a engenharia de processos padeceu da ausência de uma estruturação. Faltava uma sistemática para o projeto, que era praticado de forma empírica segundo procedimentos sigilosos de propriedade de empresas de consultoria. Em termos de ensino, os processos eram abordados de forma descritiva, separadamente, como se nada possuíssem em comum. O projeto era ensinado informalmente através de exercícios executados pelos alunos com base em procedimentos intuitivos, transmitidos de forma pessoal por cada professor responsável, geralmente como atividade de final de curso. Os livros sobre projeto reuniam elementos úteis sobre equipamentos e avaliação econômica, mas não ensinavam a projetar.

A diferença entre os dois universos pode ser explicada pela **descontinuidade conceitual** observada na passagem da engenharia de equipamentos para a engenharia de processos. Enquanto que os três primeiros níveis são de natureza numérica, em que predominam os modelos matemáticos e seus métodos de resolução, o último é de natureza essencialmente lógica, discreta e combinatória. Além disso, na engenharia de equipamentos eles são tratados como elementos de um sistema integrado, com reciclos, o que resulta em problemas numéricos de porte muito elevado.

A engenharia de processos só começou a se estruturar no final da década de 60 com o surgimento de uma **teoria de projeto**, de cunho interdisciplinar, unificando conceitos e procedimentos encontrados em diversos campos da Engenharia. Baseada na **engenharia de sistemas** e na **Inteligência Artificial**, a sua manifestação na engenharia química veio a constituir a **engenharia de processos**. Temas de natureza estrutural, como:

- a interdependência dos equipamentos;
- a seleção de equipamentos alternativos para uma mesma operação;
- a seleção de fluxogramas dentre os inúmeros arranjos possíveis de equipamentos para um mesmo processo (problema fortemente combinatório),

até então tratados de forma intuitiva, passaram a receber um tratamento sistemático, em pé de igualdade com os demais temas da engenharia química. Já no início da década de 80, Nishida, Stephanopoulos e Westerberg [1] reuniram, em excelente revisão estruturada, cerca de 200 trabalhos publicados sobre síntese de processos nos anos 70. Seguiu-se a publicação de uma quantidade expressiva de trabalhos em revistas especializadas (especialmente em *Computers and Chemical Engineering*, Pergamon Press) e apresentados em congressos e que foram sendo consolidados em diversos livros didáticos. Eventos internacionais são hoje dedicados à engenharia de processos, como o ENPROMER (Encontro sobre Processos Químicos do Mercosul) e o ESCAPE (European Symposium on Computer Aided Process Engineering). Instituições também se dedicam exclusivamente ao tema, como o Institute for Complex Engineered Systems, da Carnegie Mellon University (Pittsburgh, USA). No Brasil, o ensino formal de engenharia de processos se iniciou com o autor na UFRJ com disciplinas de pós-graduação (1970) e de graduação (1977) com as primeiras teses de mestrado sobre análise [2] e síntese de processos [3,4,5]. Diversos outros cursos de engenharia química contemplam hoje o tema como se pode constatar em visitas às suas páginas na Internet.

Os conceitos e os métodos da engenharia de processos apresentados neste texto não se restringem à engenharia química clássica, mas também a áreas correlatas, muitas das quais são suas "offsprings", pois tratam igualmente de transformações químicas e de conteúdo energético da matéria, como **engenharia metalúrgica** (siderurgia, beneficiamento de minérios), **engenharia de petróleo** (refino), **engenharia de polímeros**, **engenharia de alimentos**, **engenharia de meio Ambiente** (minimização de poluentes).

A engenharia de processos veio a se tornar a grande novidade na engenharia química depois dos fenômenos de transporte. Ela revolucionou a prática do projeto, tornando possível aprimorar os processos a partir da sua própria concepção estrutural e não mais apenas pelo aprimoramento dos equipamentos. Em termos de ensino, tornou possível a criação de disciplinas estruturadas, que proporcionam uma visão integrada dos processos, acrescentando-lhes a dimensão de sistema, ausente na engenharia química "tradicional".

1.8 COMPUTAÇÃO

A metodologia de projeto apresentada neste texto tanto se aplica a problemas simples, como a problemas complexos. Alguns dos procedimentos podem ser perfeitamente dispensados na resolução de problemas simples. No entanto, a maioria dos problemas reais é de grande complexidade e demanda grande esforço computacional. Nesses casos, tais procedimentos tornam-se indispensáveis e só podem ser empregados com o auxílio de recursos de computação.

A maioria dos procedimentos, especialmente para análise de processos, encontra-se implementada sob a forma de simuladores comerciais como ASPEN, HYSYS, CHEMCAD e PRO/II. Porém, em muitos casos, devido a problemas de custos e de restrições impostas por fabricantes, esses simuladores não se encontram suficientemente disseminados nas Instituições de Ensino para uso extensivo em cursos de graduação. Por esse motivo, o desenvolvimento da habilidade de programação por parte dos alunos torna-se importante, pelo menos para a programação de alguns procedimentos em linguagens como C++, FORTRAN, VISUAL BASIC, MATLAB e até em planilhas eletrônicas. Nesse sentido, a título de rigor de apresentação e de incentivo à programação, todos os procedimentos apresentados neste texto são descritos sob a forma de algoritmos facilmente programáveis.

No Brasil, são dignas de nota duas iniciativas no sentido de criar um simulador nacional. A primeira foi o PSPE (Programa de Simulação de Processos Químicos e Tratamento de Minérios), sob a coordenação do Prof. K. Rajagopal (COPPE/UFRJ), desenvolvido a partir de trabalhos de Castier [6] e Gil [7]. Esse programa deu origem ao PETROX, aperfeiçoado e utilizado no CENPES/PETROBRAS. A segunda iniciativa é a que vem sendo desenvolvida por um consórcio envolvendo a UFRGS, a UFRJ (COPPE) e a USP, com o apoio de diversas empresas do setor petroquímico, sob a coordenação geral do prof. Argemiro Secchi (UFRGS). Trata-se do projeto CT-PETRO/FINEP denominado ALSOC (Ambiente Livre para Simulação, Otimização e Controle de Processos), no qual vem sendo desenvolvido o simulador EMSO (The Environment for Modelling, Simulation and Optimization) [8].

REFERÊNCIAS

1. Nishida, N., Stephanopoulos, G., Westerberg, A.W., "A review of process synthesis", *AIChE J.*, 27(3):321—351(1981).

2. Taqueda, E. R., "Análise de Processos Complexos por Computador Digital", Tese de Mestrado, COPPE/UFRJ (1973).

3. Lacerda, A. I., "Síntese de Sistemas de Separação", Tese de Mestrado, COPPE/UFRJ (1980)

4. Santos, M. C., "Síntese Heurística de Sistemas de Reatores", Tese de Mestrado, COPPE/ UFRJ (1980)

5. Araujo, M. A. S., "Eficiência do Uso de Energia em Processos e a Otimização de Redes de Trocadores de Calor", Tese de Mestrado, COPPE/UFRJ (1980).

6. Castier, M., "Desenvolvimento de um Programa Executivo para Simulação de Processos Químicos", Tese de Mestrado, COPPE/UFRJ (1985).

7. Gil, O. M. T., "Desenvolvimento de um Sistema de Simulação para Circuitos de Tratamento de Minérios", Tese de Mestrado, COPPE/UFRJ (1985).

8. Soares, R. P., "Desenvolvimento de um Simulador Genérico de Processos Dinâmicos", Dissertação de Mestrado, UFRGS (2003).

Segue-se uma relação dos principais textos associados direta ou indiretamente à engenharia de processos, em ordem cronológica de publicação. Menção especial é devida a [9] e [14], que inspiraram a criação das disciplinas de graduação e de pós-graduação ministradas pelo autor, dando origem ao texto presente.

9. Rudd, D. F. & Watson, C.C., *Strategy of Process Engineering*, J. Wiley (1968).

10. Wells, G. L. & Rose, L. M., *The Art of Chemical Process Design*, Elsevier Science Publishers (1968).

11. Husain, A., *Chemical Process Simulation*, J. Wiley-Eastern (1968).

12. Henley, E. J. e Rosen, E. M., *Material and Energy Balance Computations*, J. Wiley, 1969.

13. Crowe, C. M., Hamielec, A. E., Hoffman, T. W., Johnson, A. I., Woods, D. R. & Shannon, P. T., *Chemical Plant Simulation*, Prentice Hall (1971).

14. Rudd, D. F., Powers, G. J. & Siirola, J. J. , *Process Synthesis*, Prentice-Hall (1973).

15. Happel, J., Jordan, D. G., *Chemical Process Economics*, Marcel Dekker (1975).

16. Myers, A. L., *Introduction to Chemical Engineering and Computer Calculations*, Prentice-Hall (1976).

17. Westerberg, A. W., Hutchinson, H. P., Motard, R. L. e Winter, P., *Process Flowsheeting*, Cambridge University Press (1979).

18. Timmerhaus, K. D. e Peters, M. S., *Plant Design and Economics for Chemical Engineers*, (3.ª ed.), McGraw-Hill (1980)

19. Benedek, P., *Steady-State Flowsheeting of Chemical Plants*, Elsevier Science Publishers (1980).

20. Resnick, W., *Process Analysis and Design for Chemical Engineers*, McGraw-Hill (1981).

21. Kumar, A., *Chemical Process Synthesis and Engineering Design*, Tata McGraw-Hill (1981).

22. Sinnott, R. R., *An Introduction to Chemical Engineering Design*, Pergamon Press (1983).

23. Ulrich, G. D., *A Guide to Chemical Engineering Process Design and Economics*, J. Wiley (1984).

24. Douglas, J. M., *Conceptual Design of Chemical Processes*, McGraw-Hill (1988).

25. Edgar, T. F. e Himmelblau, D. M., *Optimization of Chemical Processes*, McGraw-Hill (1988).

26. Walas, S. M., *Chemical Process Equipment (Selection and Design)*, Butterworths (1988).

27. Mah, R. S. H., *Chemical Process Structures and Information Flows*, Buterworths (1990).

28. Siirola, J. J., Grossmann, I. E. e Stephanopoulos, G. (editores), *Foundations of Computer-Aided Process Design*, Cache-Elsevier (1990).

29. Hartmann, K. e Kaplick, K., *Analysis and Synthesis of Chemical Process Systems*, Elsevier (1990).

30. Smith, R., *Chemical Process Design*, McGraw-Hill (1995).

31. Biegler, L. T., Grossmann, I. E. e Westerberg, A. W., *Systematic Methods of Chemical Process Design*, Prentice-Hall (1997).

32. Edgard, T. F., Himmelblau, D. M., Lasdon, L. S., *Optimization of Chemical Processes*, McGraw Hill, 2.ª ed. (2001).

33. Allen, D. T. e Shonnard, D. R., *Green Engineering*, Prentice Hall (2002).

34. Turton, R., Bailie, R. C., Whiting, W. B. e Shaeiwitz, J. A., *Analysis, Synthesis and Design of Chemical Processes*, Prentice Hall (2003).

35. Seider, W., Seader, J. D. e Lewin, D. R., *Product and Process Design Principles*, J. Wiley (2004).

INTRODUÇÃO À ANÁLISE DE PROCESSOS 2

Este Capítulo tem como finalidade descrever o procedimento geral adotado na análise de processos, cujos subsídios serão desenvolvidos nos Capítulos 3, 4 e 5. De início, é estabelecido o objetivo da análise de processos. Em seguida, as etapas do procedimento geral adotado são enumeradas e descritas. Um processo ilustrativo é apresentado em detalhes, sendo antecipados os resultados do seu dimensionamento, da sua otimização e da sua simulação. A estrutura de um programa computacional para análises de processos é apresentada, estabelecendo-se a correspondência entre os seus principais módulos computacionais e os Capítulos subsequentes, em que os mesmos serão desenvolvidos.

2.1 OBJETIVO E PROCEDIMENTO GERAL

O objetivo da análise é a **previsão** e a **avaliação** dos comportamentos **físico** e **econômico** de um processo. A **previsão do comportamento físico** consiste em antecipar como um processo, que ainda não existe, deverá se comportar depois de montado e colocado em operação. Em atendimento a especificações técnicas previamente estabelecidas, são previstas as dimensões principais dos equipamentos, os consumos de matéria-prima, de utilidades e dos insumos diversos, bem como as condições das correntes. É antecipada, também, a sua capacidade de operar satisfatoriamente em condições diversas. A previsão é realizada com o auxílio de **modelos matemáticos**. A **avaliação** consiste em verificar se o comportamento previsto atende às especificações de projeto. A **previsão do comportamento econômico** consiste em antecipar a lucratividade do processo, utilizando um **modelo econômico**. A **avaliação** consiste em verificar se a lucratividade prevista justifica a construção e a operação do processo ou a sua operação em condições diversas. A análise compreende as seguinte etapas:

- etapas preparatórias
  - reconhecimento do processo
  - modelagem matemática
  - estimativa de propriedades físicas e coeficientes técnicos

- etapas executivas
  - dimensionamento
  - simulação

2.2 ETAPAS PREPARATÓRIAS

2.2.1 RECONHECIMENTO DO PROCESSO

O reconhecimento consiste na identificação de cada equipamento, de cada corrente e do fluxograma do processo (estrutura, reciclos, "by-passes", etc.). A título de ilustração é apresentado um processo destinado a recuperar o ácido benzoico que se encontra diluído no rejeito aquoso de um processo industrial [1,2]. Na etapa de síntese, um procedimento que pareceu intuitivo foi a evaporação direta da água. Entretanto, como o ácido benzoico é 4 vezes mais solúvel em benzeno do que em água, e a temperatura normal de ebulição do benzeno é de 80°C (inferior à da água), optou-se, como alternativa possivelmente mais econômica, por extrair o ácido benzoico com benzeno e evaporar a solução resultante. Numa corrente de reciclo, o benzeno evaporado é condensado, resfriado e misturado ao benzeno de reposição. O fluxograma resultante da síntese se encontra na Figura 2.1. Observa-se que o mesmo exibe uma estrutura cíclica.

Figura 2.1
Fluxograma do processo
de recuperação de ácido
benzóico.

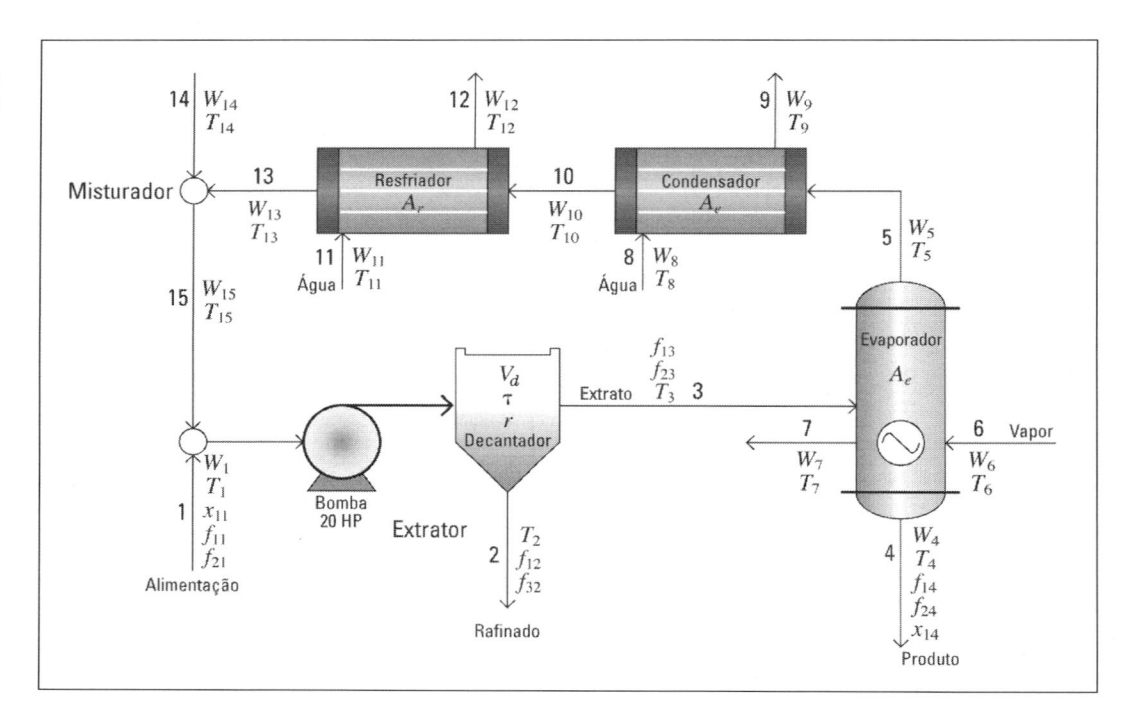

No fluxograma, cada corrente j é caracterizada pela vazão global W_j (kg/h) e pela temperatura T_j (°C). As correntes multicomponentes são caracterizadas, ainda, pelas vazões mássicas f_{ij} (kg/h) e/ou pelas frações mássicas x_{ij}, onde i é o índice do componente e j o da corrente, segundo a convenção: ácido benzoico (1), benzeno (2), água (3). Segue-se uma descrição dos equipamentos com as suas dimensões principais:

- **Extrator**: é constituído por uma bomba centrífuga, de potência 20 (HP), e de um tanque decantador de volume V_d (l). Recebe a solução diluída de alimentação (1) e o solvente benzeno (15). O rafinado (2), constituído da solução aquosa esgotada, é descartado, enquanto o extrato (3), contendo benzeno e ácido benzoico, é enviado ao evaporador. É desprezada a solubilidade do benzeno em água.

- **Evaporador**: é do tipo película descendente, com uma área de troca térmica A_e (m^2). Recebe o extrato (3) do extrator e vapor do processo (6). A solução concentrada (4) é enviada para o seu processamento final para comercialização, enquanto o benzeno evaporado (5) retorna ao processo. O evaporador dispõe de um sistema de controle que atua sobre a vazão de vapor, garantindo que o vapor de aquecimento saia como líquido saturado.

- **Condensador**: é do tipo casco-e-tubo, operando em contracorrente, com uma área de troca térmica A_c (m^2). Deve levar o benzeno evaporado (5) até líquido saturado (10), utilizando água de resfriamento (8). Também dispõe de um sistema de controle que atua sobre a vazão de alimentação da água, garantindo a saída do benzeno como líquido saturado.

- **Resfriador**: também é do tipo casco-e-tubo, com operação em contracorrente. Deve resfriar o benzeno líquido saturado (10) até uma temperatura pré-especificada.

- **Misturador**: é a junção das correntes (13) e de reposição ("make-up") de benzeno (14).

2.2.2 MODELAGEM MATEMÁTICA

O modelo matemático de um processo é formado pelo conjunto dos modelos dos equipamentos e de uma representação da estrutura do fluxograma. O modelo de um equipamento é constituído do sistema de equações que representam os fenômenos que regem o seu comportamento, podendo incluir alguns ou todos os seguintes tipos de equação: balanços materiais e de energia; relações de equilíbrio de fases; expressões para o cálculo de: propriedades (ex.: entalpia), taxas (ex.: de reação) e coeficientes (ex.: de transferência de calor); equações de dimensionamento; restrições de corrente. O tipo de modelo utilizado depende do grau de detalhamento com que se está estudando o processo. No caso de análise vinculada à síntese, em que se tem que analisar muitos fluxogramas alternativos, utilizam-se modelos estacionários simplificados. No caso do processo ilustrativo, foi escolhido o modelo listado na Tabela 2.1.

Os balanços de energia aparecem bastante simplificados pelo fato de se considerar constantes os C_p's. Por exemplo, no extrator, a Equação 05 se origina de $H_1 + H_{15} - H_2 - H_3 = 0$. As entalpias das correntes multicomponentes 1, 2 e 3 são dadas por $H_i = (T_i - T_0) \sum (f_{ij} c_{pi})$, e $H_{15} = W_{15} C_{p2} (T_{15} - T_0)$. A forma final é alcançada utilizando-se as Equações 01 e 06, e tomando a temperatura de referência $T_0 = T_2$. De maneira análoga, chega-se à forma das Equações 14, 15, 21, 22, 27, 28 e 30. Com isso, evita-se sobrecarregar a lista de equações com as expressões para o cálculo das entalpias. Também só foram incluídas equações com vazões totais e frações mássicas para as correntes 1 e 4, as únicas em que essas variáveis são referenciadas nos problemas que se seguem.

A capacidade de gerar e/ou compreender os modelos dos equipamentos faz parte do acervo de conhecimentos específicos do engenheiro químico, constituindo pré-requisito indispensável ao exercício da engenharia de processos.

A estrutura do processo pode ser representada matematicamente por meio de uma matriz estrutural $n \times 2$, em que n é o número de correntes. As colunas correspondem aos equipamentos de origem e de destino de cada corrente. No caso do processo ilustrativo, pode-se adotar a seguinte correspondência numérica para os equipamentos: extrator (1), evaporador (2), condensador (3), resfriador (4) e misturador (5), reservando-se o 0 para o ambiente. A partir do fluxograma, pode-se construir a matriz estrutural . No caso do processo ilustrativo, a matriz estrutural encontra-se na Tabela 2.2. Inversamente, a partir da matriz estrutural pode-se desenhar o fluxograma.

TABELA 2.1 MODELO MATEMÁTICO DO PROCESSO ILUSTRATIVO

	EXTRATOR	
01	Balanço Material do Ácido Benzoico	$f_{11} - f_{12} - f_{13} = 0$
02	Balanço Material do Benzeno	$W_{15} - f_{23} = 0$
03	Balanço Material da Água	$f_{31} - f_{32} = 0$
04	Relação de Equilíbrio Líquido-Líquido	$f_{13} - k\,(f_{23}/f_{32})\,f_{12} = 0$
05	Balanço de Energia	$(f_{11}\,C_{p1} + f_{31}\,C_{p3})\,(T_1 - T_2) + W_{15}\,C_{p21}\,(T_{15} - T_2) = 0$
06	Equilíbrio Térmico no Decantador	$T_2 - T_3 = 0$
07	Equação de Dimensionamento	$V_d - \tau\,(f_{11}/\rho_1 + W_{15}/\rho_2 + f_{31}/\rho_3) = 0$
08	Fração Recuperada de Ácido Benzoico	$r - f_{13}/f_{11} = 0$
	EVAPORADOR	
09	Balanço Material do Ácido Benzoico	$f_{13} - f_{14} = 0$
10	Balanço Material do Benzeno	$f_{23} - f_{24} - W_5 = 0$
11	Balanço Material do Vapor	$W_6 - W_7 = 0$
12	Balanço de Energia na Corrente de Vapor	$W_6\,\lambda_3 - Q_e = 0$
13	Equilíbrio Térmico no Evaporador	$T_4 - T_5 = 0$
14	Balanço de Energia na Corrente de Processo	$Q_e - (f_{13}\,C_{p1} + f_{23}\,C_{p2l})\,(T_5 - T_3) - W_5\,\lambda_2 = 0$
15	Equação de Dimensionamento	$Q_e - U_e\,A_e\,\Delta_e = 0$
16	Definição da Diferença de Temperatura (Δ_e)	$\Delta_e - (T_6 - T_5) = 0$
	CONDENSADOR	
17	Balanço Material da Água	$W_8 - W_9 = 0$
18	Balanço Material do Benzeno	$W_5 - W_{10} = 0$
19	Balanço de Energia na Corrente de Água	$Q_c - W_8\,C_{p3}\,(T_9 - T_8) = 0$
20	Balanço de Energia na Corrente de Benzeno	$W_5\,\lambda_2 - Q_c = 0$
21	Equação de Dimensionamento	$Q_c - U_c\,A_c\,\delta_c = 0$
22	Definição do ΔT Médio Logarítmico (δ_c)	$\delta_c - [(T_5 - T_9) - (T_{10} - T_8)]/\ln[(T_5 - T_9)/(T_{10} - T_8)] = 0$
	RESFRIADOR	
23	Balanço Material da Água	$W_{11} - W_{12} = 0$
24	Balanço Material do Benzeno	$W_{10} - W_{13} = 0$
25	Balanço de Energia na Corrente de Água	$Q_r - W_{11}\,C_{p3}\,(T_{12} - T_{11}) = 0$
26	Balanço de Energia na Corrente de Benzeno	$Q_r - W_{10}\,C_{p2l}\,(T_{10} - T_{13}) = 0$
27	Equação de Dimensionamento	$Q_r - U_r\,A_r\,\delta_r = 0$
28	Definição do ΔT Médio Logarítmico (δ_r)	$\delta_r - [(T_{10} - T_{12}) - (T_{13} - T_{11})]/\ln[(T_{10} - T_{12})/(T_{13} - T_{11})] = 0$
	MISTURADOR	
29	Balanço Material	$W_{13} + W_{14} - W_{15} = 0$
30	Balanço de Energia	$W_{13}\,(T_{15} - T_{13}) + W_{14}\,(T_{15} - T_{14}) = 0$
	VAZÕES TOTAIS E FRAÇÕES MÁSSICAS	
31	Vazão Total na Corrente 1	$f_{11} + f_{31} - W_1 = 0$
32	Fração Mássica na Corrente 1	$x_{11} - f_{11}/W_1 = 0$
33	Vazão Total na Corrente 4	$f_{14} + f_{24} - W_4 = 0$
34	Fração Mássica na Corrente 4	$x_{14} - f_{14}/W_4 = 0$

TABELA 2.2 MATRIZ ESTRUTURAL DO PROCESSO ILUSTRATIVO

CORRENTE	ORIGEM	DESTINO
1	0	1
2	1	0
3	1	2
4	2	0
5	2	3
6	0	2
7	2	0
8	0	3
9	3	0
10	3	4
11	0	4
12	4	0
13	4	5
14	0	5
15	5	1

2.2.3 PROPRIEDADES FÍSICAS E COEFICIENTES TÉCNICOS

O modelo matemático contém diversos parâmetros de natureza físico-química e coeficientes técnicos, cujos valores precisam ser estimados. Programas comerciais incorporam rotinas que executam esta tarefa automaticamente. No caso do processo ilustrativo, serão adotados os valores médios constantes da Tabela 2.3, que valem tanto para problemas de dimensionamento como de simulação.

TABELA 2.3 PARÂMETROS FÍSICOS E COEFICIENTES TÉCNICOS RELATIVOS AO PROBLEMA ILUSTRATIVO

Coeficiente global de transferência de calor do evaporador	U_e	500 kcal/h m² °C
Coeficiente global de transferência de calor do condensador	U_c	500 kcal/h m² °C
Coeficiente global de transferência de calor do resfriador	U_r	100 kcal/h m² °C
Calor latente de vaporização do benzeno	λ_2	94,14 kcal/kg
Calor latente de condensação do vapor	λ_3	505 kcal/kg
Capacidade calorífica do ácido benzoico	C_{p1}	0,44 kcal/kg °C
Capacidade calorífica do benzeno líquido	C_{p2l}	0,45 kcal/kg °C
Capacidade calorífica do benzeno vapor	C_{p2g}	0,28 kcal/kg °C
Capacidade calorífica da água	C_{p3}	1 kcal/kg °C
Densidade do ácido benzoico	ρ_1	1,272 kg/L
Densidade do benzeno	ρ_2	0,8834 kg/L
Densidade da água	ρ_3	1,0 kg/L
Coeficiente de distribuição	k	4[(kg AB/kg B)/ (kgAB/kg H₂O]

2.3 ETAPAS EXECUTIVAS: DIMENSIONAMENTO E SIMULAÇÃO

São duas atividades fundamentais para a análise de processos. Ambas se baseiam no modelo matemático do processo. No **dimensionamento**, o modelo é utilizado para o **cálculo** das dimensões principais dos equipamentos e do consumo de utilidades e demais insumos, de modo a atender às metas de projeto. Na **simulação**, o modelo é utilizado para reproduzir o comportamento de um processo já dimensionado quando operado em **condições outras** que não as do dimensionamento.

2.3.1 INFORMAÇÕES RELEVANTES

Os problemas de dimensionamento e de simulação são resolvidos com base num conjunto de informações relevantes formado pelas **condições conhecidas** e pelas **metas de projeto e de operação**, que variam de acordo com o problema.

(a) Condições conhecidas: nos problemas de dimensionamento e de simulação, algumas condições de correntes, especialmente de entrada, precisam ser conhecidas. No caso do dimensionamento, devem ser conhecidas:
- a produção desejada ou a alimentação disponível;
- as condições em que se encontram a alimentação, as utilidades e os insumos disponíveis no local em que será montado o processo.

Para o **dimensionamento** do processo ilustrativo, as condições conhecidas se encontram na Tabela 2.4.

TABELA 2.4 CONDIÇÕES CONHECIDAS PARA O DIMENSIONAMENTO DO PROCESSO ILUSTRATIVO

Vazão mássica total da alimentação	W_1	100.000 kg/h
Fração mássica do soluto na alimentação	x_{11}	0,002
Temperatura da corrente de alimentação	T_1	25°C
Temperatura do vapor saturado no evaporador	T_6	150°C
Temperatura da água de resfriamento no condensador	T_8	15°C
Temperatura da água de resfriamento no resfriador	T_{11}	15°C
Temperatura do benzeno de reposição	T_{14}	25°C

No caso de **simulação**, devem ser conhecidas as dimensões dos equipamentos, as vazões e as condições de todas as correntes de entrada.

(b) Metas de projeto e de operação: são valores impostos a determinadas condições das correntes de saída do processo ou de alguns equipamentos em decorrência de especificações de ordem técnica ou de restrições ambientais. Para o dimensionamento do processo ilustrativo, as metas são:
- extrator: tempo de residência e fração recuperada de soluto.
- evaporador: as temperaturas de saída do vapor e do benzeno. No caso, deseja-se que o vapor saia líquido saturado (temperatura igual à da entrada). Deseja-se, também, que o benzeno saia como vapor saturado à pressão atmosférica (na sua temperatura normal de ebulição).

- condensador: as temperaturas de saída da água e do benzeno. Deseja-se que o benzeno saia líquido saturado;
- resfriador: a temperatura de saída do benzeno e da água.

Os valores adotados no exemplo se encontram na Tabela 2.5.

TABELA 2.5 METAS PARA O DIMENSIONAMENTO DO PROCESSO ILUSTRATIVO

Tempo de residência no decantador (5 min)	τ	0,0833 h
Fração recuperada de ácido benzoico no extrator	r	0,60
Temperatura de operação do extrator	T_2	25°C
Temperatura do vapor condensado no evaporador	T_7	150°C
Temperatura do benzeno evaporado (1 atm)	T_5	80°C
Temperatura de saída da água no condensador	T_9	30°C
Temperatura do benzeno condensado (1 atm)	T_{10}	80°C
Temperatura de saída da água no resfriador	T_{12}	30°C
Fração mássica do soluto no produto final	x_{14}	0,10

Alguns problemas de simulação também admitem metas de projeto, como no caso do evaporador e do condensador do problema ilustrativo, quando acompanhados de sistemas de controle, conforme comentado adiante.

2.3.2 BALANÇO DE INFORMAÇÃO

(a) Conceito e finalidade: uma vez reconhecido o processo, estabelecido o modelo matemático, coletados os dados, identificadas as variáveis conhecidas e estabelecidas as metas de projeto e de operação, a análise de um processo deixa de ser um problema específico de engenharia química para ser um **problema de processamento de informação** comum a diversas áreas do conhecimento. O processamento deve ser conduzido, de forma a garantir a obtenção da solução com o mínimo de esforço computacional. A forma de conduzir o processamento é descrita em detalhes no Capítulo 3. Entretanto, uma primeira providência deve ser apresentada ainda neste capítulo introdutório: o **Balanço de Informação**. Trata-se de uma **análise prévia da consistência do problema** formulado para verificar se o mesmo é:

- inconsistente: sem solução.
- consistente
  - determinado: solução única;
  - indeterminado: infinidade de soluções.

O Balanço de Informação consiste no cálculo dos **Graus de Liberdade** que determinam a classificação do problema.

(b) Elementos envolvidos: o Balanço de Informação envolve os seguintes elementos encontrados no modelo matemático:

- **Número de equações (N):** corresponde ao número de equações independentes presentes no modelo matemático. No processo ilustrativo, N = 34.

- **Número de variáveis (V):** são todas as variáveis que figuram nas equações do modelo. No problema ilustrativo, $V = 50$.

- **Número de variáveis especificadas (E):** trata-se do subconjunto das variáveis cujos valores são mantidos fixos durante os cálculos relativos ao processo. Algumas são especificadas compulsoriamente e sobre elas o analista não exerce qualquer controle, como é o caso das condições conhecidas (C). Outras constituem as metas de projeto (M). No problema ilustrativo, $E = C + M = 7 + 9 = 16$. Caso fossem omitidas as metas para r, T_9 e T_{12}, por exemplo, o número de variáveis especificadas seria $E = C + M = 7 + 6 = 13$.

- **Número de incógnitas (I):** deve ser igual ao número de equações (N) para que o problema possa ser resolvido. No problema ilustrativo, com as 9 metas, $I = 34 = N$. Com apenas 6 metas, $I = 37 > N$, situação abordada a seguir.

(c) Graus de liberdade e classificação do problema: normalmente, o número de variá-veis (V) é maior do que o número de equações (N), tornando-se o problema indeterminado. Parte do excesso é consumido pelas especificações (E). A diferença remanescente $G = V - (N + E)$ constitui os Graus de Liberdade do problema. A consistência pode ser então avaliada a partir dos Graus de Liberdade, da seguinte forma:

- se **G < 0**, o problema é **inconsistente** e não pode ser resolvido, pois existe um excesso de equações e/ou de especificações $(N + E > V$ ou $I < N)$. Há que se rever o modelo e as especificações para torná-lo consistente;

- se **G = 0**, o problema é **consistente determinado**, admitindo-se uma **solução única**, pois o número de incógnitas (I) corresponde ao número de equações (N). No problema ilustrativo, com 16 especificações, $G = 50 - 34 - 16 = 0$;

- se **G > 0**, o problema é **consistente, porém indeterminado**. Neste caso, existe uma deficiência de equações e/ou de especificações $(V > N + E$ ou $I > N)$. Se o número de equações estiver correto, o analista tem que selecionar G variáveis, dentre as não especificadas, e lhes atribuir um valor de sua livre escolha, para que o número de incógnitas se torne igual ao de equações e o problema possa ser resolvido. As variáveis selecionadas recebem o nome de **Variáveis de Projeto**. O problema passa a admitir **uma infinidade de soluções**, uma para cada conjunto viável das variáveis de projeto. O problema caracteriza-se como sendo de **otimização**. Há, então, que se buscar a **solução ótima** segundo o critério de avaliação escolhido para o processo. No caso do processo ilustrativo, se fossem apenas 13 especificações, ter-se-ia $G = 3$.

Não participam do Balanço de Informação aquelas grandezas que figuram nas equações de projeto, mas cujos valores são mantidos constantes (valores médios) durante a resolução do problema. São os **parâmetros físicos** e **coeficientes técnicos**, como os da Tabela 2.4.

A Figura 2.2 mostra o balanço de informação para o dimensionamento do processo ilustrativo para duas situações distintas: (a) $E = 16$ (G = 0); (b) $E = 13$ (G = 3).

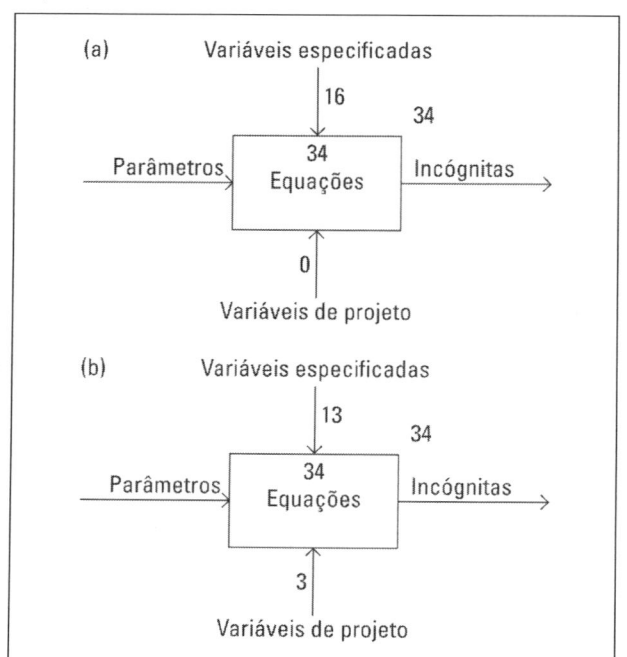

Figura 2.2
Balanço de Informação
do processo ilustrativo.

Ao contrário dos problemas de dimensionamento, os de simulação são sempre determinados (G = 0), pois não há metas de projeto e, portanto, não pode haver insuficiência de metas para originar graus de liberdade. Mesmo nos problemas em que se estebelece uma meta para uma variável de saída, uma outra de entrada deixa de ser especificada, não acarretando alteração nos graus de liberdade.

2.3.3 EXECUÇÃO

Devido ao esforço computacional exigido, o dimensionamento e a simulação são conduzidos por computador utilizando-se módulos de cálculo do processo e de avaliação econômica. No caso de dimensionamento com graus de liberdade, há que se inserir um módulo de otimização para manipular as variáveis de projeto em busca da satisfação do critério de avaliação. Segue-se uma descrição desses problemas e os módulos empregados em cada um.

(a) Dimensionamento: em problemas de dimensionamento, a concatenação lógica dos módulos se encontra esquematizada na Figura 2.3a para G = 0 (solução única) e (b) G > 0 (otimização). O resultado do dimensionamento com G = 0 se encontra na Figura 2.4, onde as variáveis especificadas aparecem com asterisco.

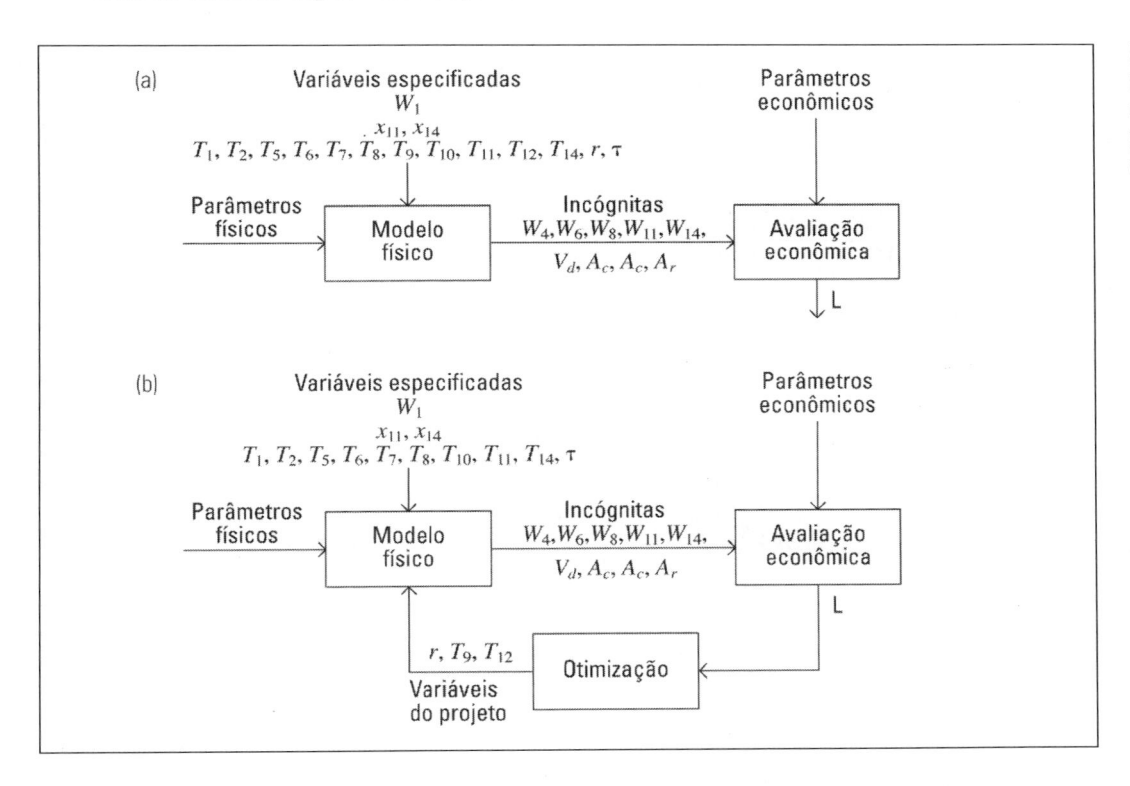

Figura 2.3
Esquema lógico e os módulos computacionais para o dimensionamento do processo ilustrativo.

(b) Otimização: ela é aqui exemplificada com o dimensionamento sem as metas em r, T_9 e T_{12}. O problema fica com 3 graus de liberdade. Com o auxílio de um módulo de otimização (Figura 2.3b), é obtido o dimensionamento ótimo do processo, mostrado na Figura 2.5. Dos dois fluxogramas e da Tabela 2.4 pode-se observar a diferença dos valores obtidos para as dimensões, vazões, temperaturas e concentrações. Do ponto de vista econômico, as diferenças são mostradas na Tabela 2.4, em termos de receita, de investimento nos equipamentos e de custos de utilidades (Equação 2.1).

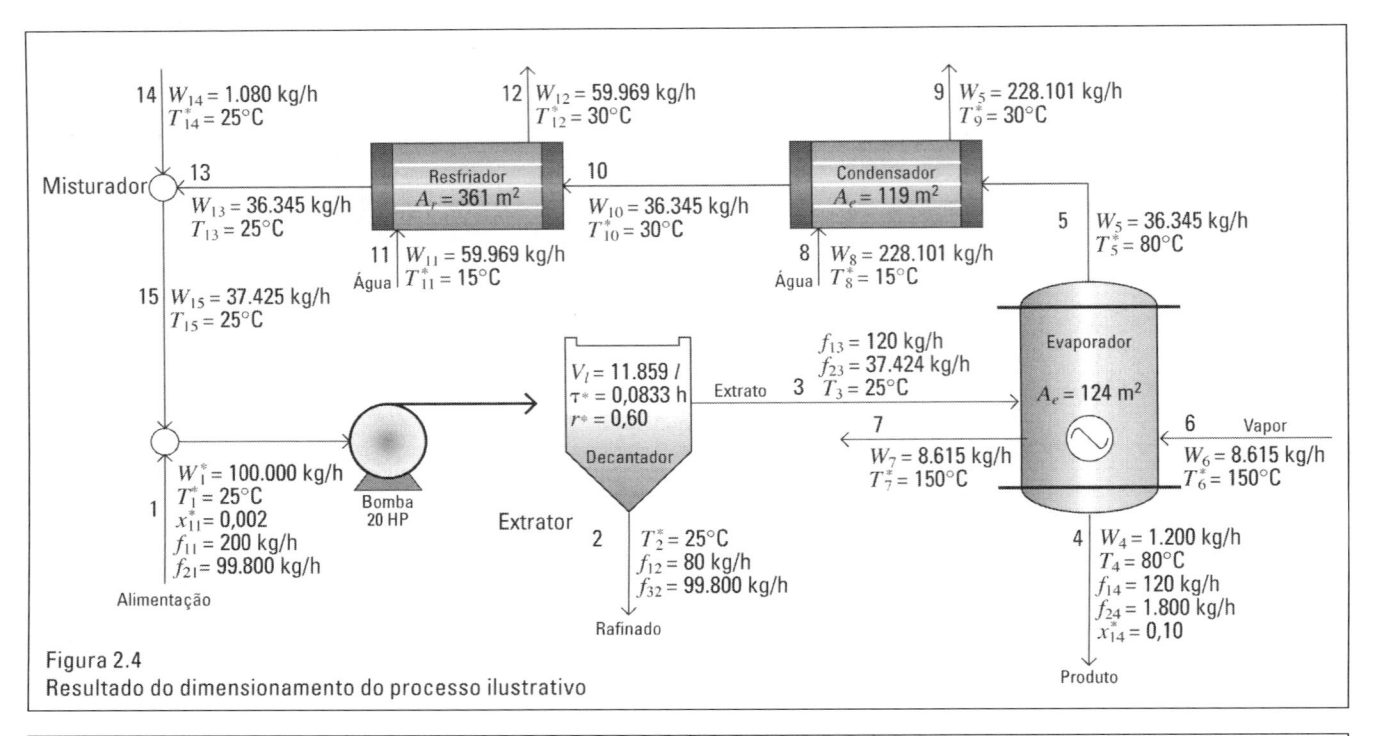

Figura 2.4
Resultado do dimensionamento do processo ilustrativo

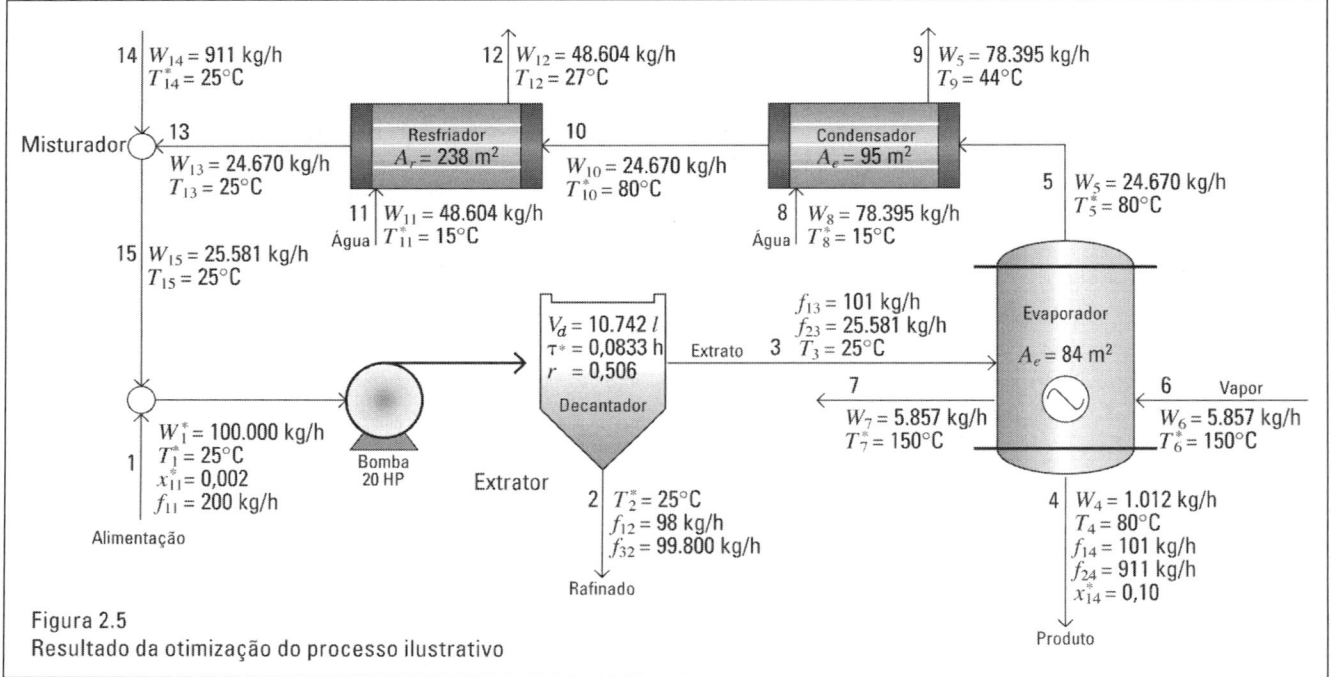

Figura 2.5
Resultado da otimização do processo ilustrativo

(c) Simulação: a análise de um processo pode ser enriquecida com a previsão do seu comportamento sob condições de operação diferentes daquelas, para as quais foi dimensionado. Essa informação é fornecida pela simulação. Nesse caso, fixam-se as dimensões preconizadas pelo dimensionamento e todas as condições de entrada, calculando-se todas as condições das correntes intermediárias e de saída. Outra etapa que deve preceder a simulação é o estabelecimento da estratégia de cálculo. Como o conjunto das variáveis especificadas é diferente do dimensionamento, a sequência de cálculo também será diferente. A Figura 2.6 mostra os módulos computacionais para a simulação do problema ilustrativo e pode ser comparada com a Figura 2.3.

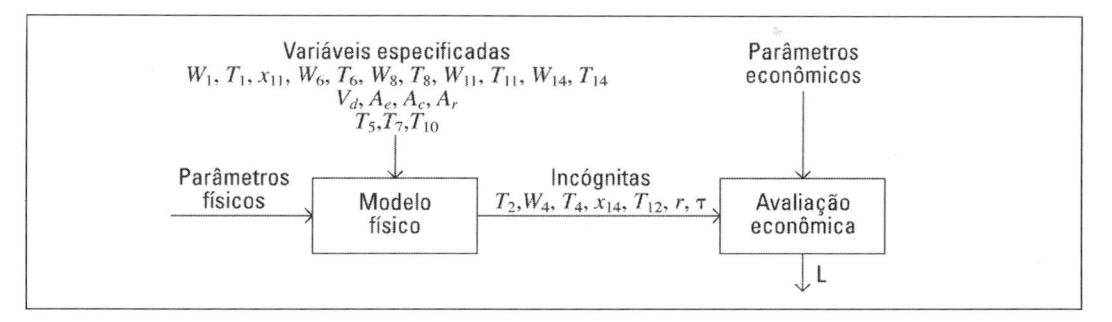

Figura 2.6
Esquema lógico e os módulos computacionais para a simulação do processo ilustrativo.

A Figura 2.7 mostra o resultado da simulação do processo ilustrativo, com as dimensões da Figura 2.4, para uma alimentação de 150.000 kg/h, mantidas todas as demais vazões e condições de entrada nos seus valores de projeto. O resultado pode ser comparado com os do dimensionamento e da otimização, observando-se a Tabela 2.4.

Observe-se, no problema de otimização, em que não foram estipuladas metas para r, T_9 e T_{12}, uma redução na dimensão de todos os equipamentos e nas vazões de todos os insumos, reduzindo-se os Custos de investimento e de utilidades. Mas também houve uma redução na produção de ácido benzoico (f_{14}), reduzindo-se a Receita. Ocorre que a redução nos Custos foi maior do que a da Receita, acarretando um aumento no Lucro, como era de se esperar.

Figura 2.7
Resultado da simulação do processo ilustrativo.

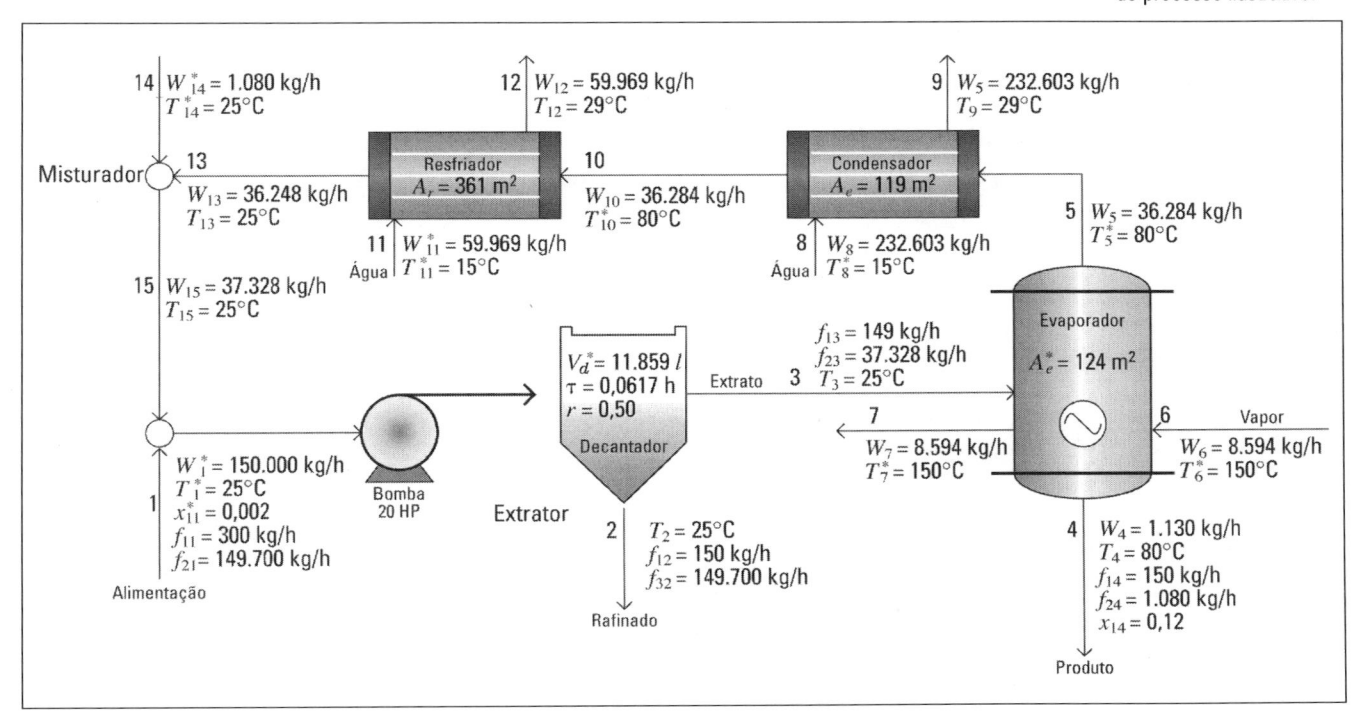

Observe-se, também, por mais que pareça estranho, que o valor ótimo da fração recuperada (0,5) é inferior ao da meta (0,6) do dimensionamento. Os valores ótimos de T_9 e de T_{12} são discrepantes, o primeiro muito acima e o outro um pouco abaixo da meta do dimensionamento.

TABELA 2.6 RESUMO DOS RESULTADOS DOS PROBLEMAS DE DIMENSIONAMENTO, OTIMIZAÇÃO E SIMULAÇÃO APRESENTADOS NAS FIGURAS 2.5, 2.6 E 2.8

[Valores com asterisco são especificados no problema respectivo]

	Dimensionamento (G = 0)	Otimização (G = 3)	Simulação
W_1 (kg/h)	100.000*	100.000*	150.000*
Extrator (V_d m^3)	11,9	10,7	11,9*
Evaporador (A_e m^2)	124	84	124*
Condensador (A_c m^2)	119	95	119*
Resfriador (A_r m^2)	361	238	361*
Tempo de residência (τ h)	0,0833*	0,0833*	0,06
Fração recuperada (r)	0,60*	0,50	0,50
Vapor (W_6 kg/h)	8.615	5.857	8.594
Condensador (W_8 kg/h)	228.101	78.395	232.603
Resfriador (W_{11} kg/h)	59.969	48.604	59.969*
Benzeno (W_{14} kg/h)	1.080	911	1.080*
Reciclo (W_5 kg/h)	36.345	24.670	36.248
T_9 (°C)	30 *	44	29
T_{12} (°C)	30 *	27	29
T_{13} (°C)	25	25	25
x_{14}	0,10 *	0,10*	0,12
W_4 (kg/h)	1.200	1.012	1.228
f_{14} (kg/h)	120	101	149

	Dimensionamento	Otimização	Simulação
Receita ($/a)	1.055.696	848.556	1.255.498
Investimento ($)	872.266	681.446	870.839
Custo de utilidades ($/a)	295.032	233.073	294.933
Lucro ($/a)	116.989	133.144	292.475

No problema de simulação, em que se pretende antecipar o desempenho do processo diante de um aumento na vazão de alimentação W_1 em relação ao dimensionamento original, observa-se uma redução (esperada) no tempo de residência no tanque de decantação, na fração recuperada, mas também um aumento na concentração de ácido benzoico no produto e na produção (f_{14}). As temperaturas de saída T_9 e T_{12} ficaram praticamente inalteradas.

(d) Dimensionamento vs Simulação: os problemas de dimensionamento e de simulação podem ser comparados conceitualmente com o auxílio da Figura 2.8, onde as correntes 1 e 3 representam a corrente de processo (1 e 4 no processo ilustrativo) e as correntes

2 e 4 representam o conjunto das correntes auxiliares (6, 8, 11, 14; 7, 9, 12, no processo ilustrativo). Cada corrente j é caracterizada por uma vazão Q_j e por um conjunto de condições C_j (temperatura, pressão, composição, etc). O conjunto das dimensões principais dos equipamentos é representado por d. As variáveis conhecidas estão assinaladas com asterisco. As demais devem ser calculadas. Nas duas atividades, a alimentação 1 é totalmente conhecida (Q_1, C_1), bem como a condição da corrente auxiliar (C_2). As demais especificações dependem da atividade específica (dimensionamento ou simulação).

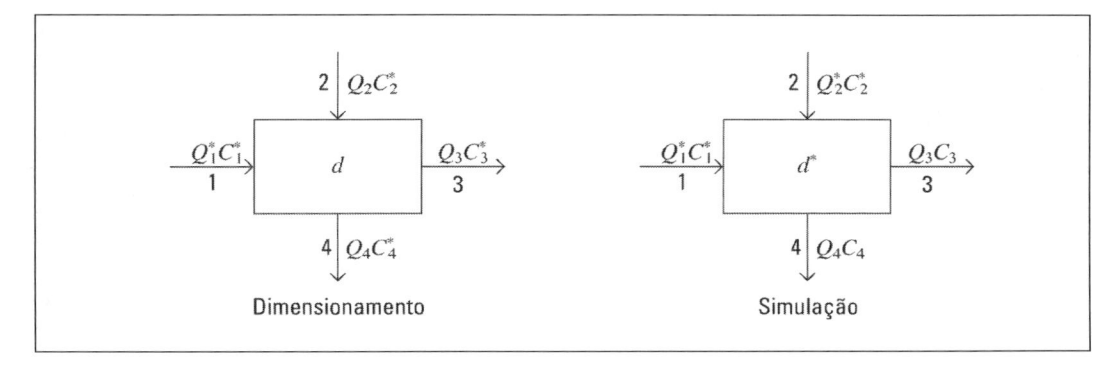

Figura 2.8
Caracterização
dos problemas de
Dimensionamento e
Simulação.

Em resumo:

No dimensionamento, utiliza-se o modelo matemático para calcular as dimensões principais dos equipamentos (d) e as vazões das correntes auxiliares (Q_2) necessárias para alcançar as metas (C_3 e C_4). Na verdade, o que se pretende é calcular d e Q_2 que sejam capazes de fazer com que o equipamento mude a condição da corrente de processo de C_1 para C_3 limitando em C_4^* a condição C_2^* da corrente auxiliar.

Na simulação, o modelo é utilizado para explorar o comportamento do processo já dimensionado em situações variadas. Para tanto, fixa-se d em seu valor de projeto e submete-se o modelo a variados valores de Q_1, C_1, Q_2 e C_2.

2.3.4 MÓDULOS COMPUTACIONAIS

Os conhecimentos necessários à criação, à compreensão e à utilização consciente de programas para a análise de processos serão desenvolvidos nos Capítulos 3, 4 e 5. Tais conhecimentos permitem a montagem dos principais módulos computacionais de um programa, como mostra a Figura 2.9.

(a) Modelo físico: a resolução do sistema de equações do modelo de um processo implica normalmente em grande esforço computacional. Esse esforço pode ser reduzido, estabelecendo-se, previamente, uma **estratégia de cálculo**. O assunto será tratado em detalhe no Capítulo 3. O componente principal dessa estratégia é o **Algoritmo de Ordenação de Equações**. Quando o sistema exibe graus de liberdade, o Algoritmo indica o conjunto de G variáveis de projeto compatível com a sequência de cálculo produzida. As equações, uma vez ordenadas, podem ser implementadas sob a forma de rotinas computacionais aqui englobadas no bloco do Modelo Físico.

(b) Modelo econômico: a avaliação do desempenho de um processo é baseada em critérios econômicos, através de funções tipo Custo ou Lucro. Neste texto, o critério utilizado é o Lucro Anual do Empreendimento ("Venture Profit")[1], cuja forma geral é

$$L = a\,R - b\,(C_{\text{Util}} + C_{\text{MatPrim}}) - c\,I \qquad (\$/a) \qquad\qquad (2.1)$$

onde R é a Receita decorrente da venda do produto, C_{Util} e C_{MatPrim} são os Custos com utilidades e matérias-primas, respectivamente, I é o Investimento nos equipamentos do processo, e a, b e c são parâmetros empíricos. No caso do processo ilustrativo, R é função da vazão de produto W_4 e da concentração de soluto x_{14}; C_{Util} é função das vazões de água W_8 e W_{11}, de vapor W_6 e de benzeno de reposição W_{14}; C_{MatPrim} é zero porque a solução diluída da alimentação não tem valor comercial; e I é função do volume V_d e da áreas A_e, A_c e A_r. Todas essas variáveis são calculadas no decorrer do dimensionamento. Este assunto será detalhado no Capítulo 4. No caso de dimensionamento com graus de liberdade (G > 0), esse critério pode ser utilizado na busca da solução ótima correspondente ao lucro máximo que o processo pode proporcionar. As equações que permitem o cálculo das variáveis econômicas a partir das variáveis físicas também podem ser implementadas sob a forma de um outro módulo computacional.

(c) Método de otimização: a busca do solução ótima de um problema de dimensionamento com graus de liberdade (G > 0) é efetuada através de métodos analíticos ou numéricos de otimização. Alguns conceitos básicos e dois métodos de otimização são apresentados no Capítulo 5. Esses métodos também podem ser implementados sob a forma de um módulo computacional.

Os módulos computacionais aqui referidos, bem como os Capítulos em que serão abordados, podem ser concatenados como mostra a Figura 2.9.

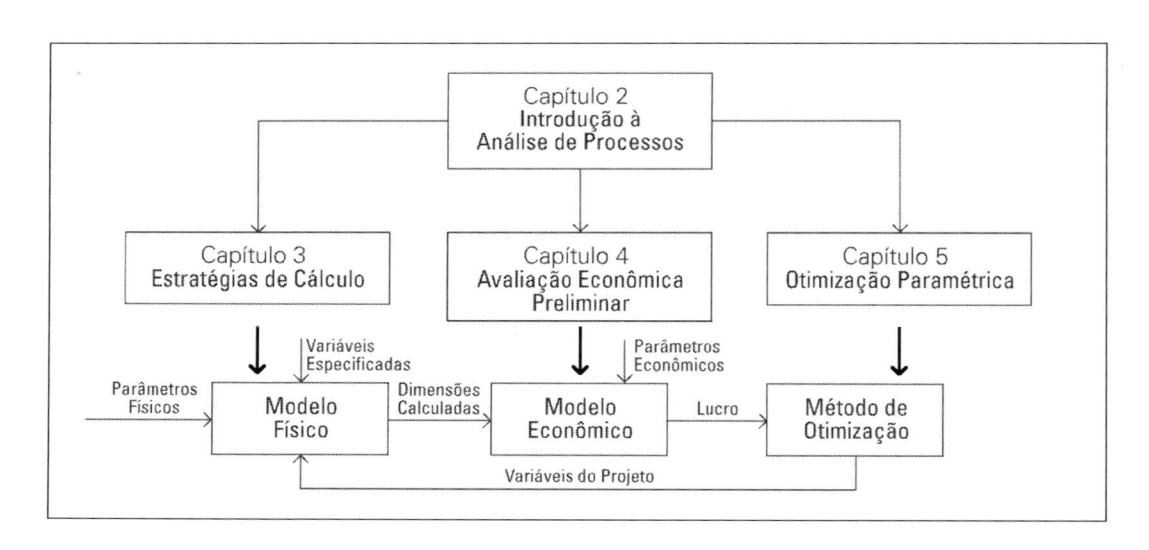

Figura 2.9
Correspondência de
capítulos e módulos
computacionais.

2.4 UM PROGRAMA COMPUTACIONAL PARA A ANÁLISE DE PROCESSOS

A Figura 2.10 mostra a estrutura de um programa destinado à análise de processos. O Programa é dedicado à análise do processo ilustrativo. As suas rotinas executam as seguintes operações:

Principal:

comanda as rotinas preparatórias e a rotina executiva Resolver Problema.

Inicializar:

descreve as operações do Programa.

Ler Parâmetros:

promove a leitura dos valores "default" dos parâmetros físicos e econômicos e permite a alteração dos mesmos pelo usuário.

Selecionar Equipamento:

permite a seleção do que se deseja analisar: um equipamento ou o próprio processo completo.

Desenhar Fluxograma:

desenha o fluxograma do equipameneto ou do processo.

Selecionar Problema:

permite selecionar o problema que se deseja resolver: dimensionamento, simulação ou otimização.

Ler Variáveis Especificadas:

promove a leitura dos valores "default" das variáveis especificadas e permite a alteração dos mesmos pelo usuário.

Resolver Problema:

aciona as rotinas de dimensionamento e de simulação dos equipamentos e do processo, de otimização do processo e do cálculo do lucro.

Mostrar Resultados:

apresenta os resultados das operações executadas pela rotina Resolver Problema.

Dimensionamento e Simulação:

executam o dimensionamento e a simulação dos equipamentos isolados e do processo integrado através de módulos pré-programados segundo o Algoritmo de Ordenação de Equações (Capítulo 3). O dimensionamento é pelo procedimento global e a simulação, pelo modular.

Calcular Lucro:

calcula o Lucro do Empreendimento do processo (Capítulo 4).

Otimizar Processo:

efetua a otimização do processo (Capítulo 5) chamando iterativamente Dimensionar Processo e Calcular Lucro.

Figura 2.10
Estrutura de um
programa computacional
para análise de
processos.

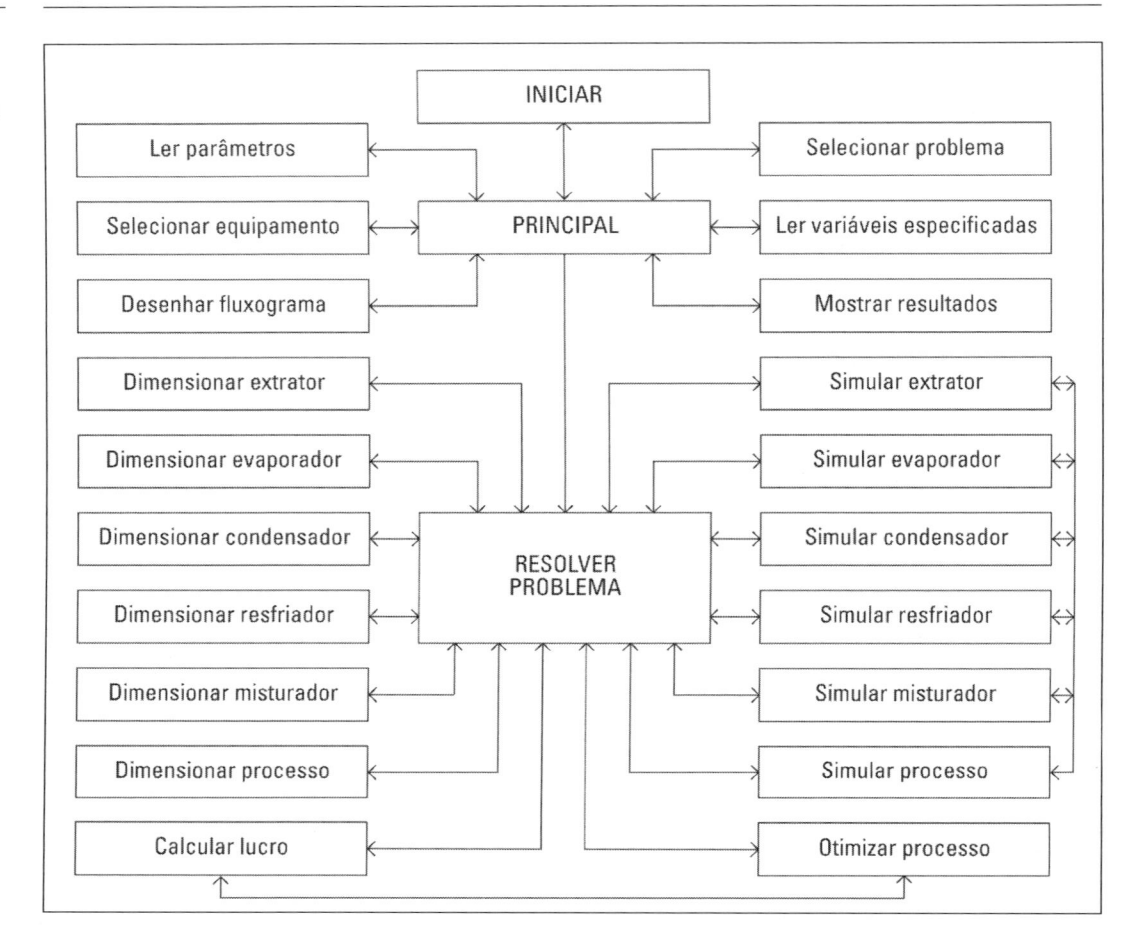

Um programa desta natureza e deste porte pode ser criado por qualquer engenheiro químico dotado de conhecimentos de análise de processos e de um mínimo de gosto por programação. A ampliação deste programa em direção a um "software" comercial, como os disponíveis no mercado, é apenas uma questão de homens · hora empregados.

REFERÊNCIAS

1.   Rudd, D. F. & Watson, C. C., *Strategy of Process Engineering*, J. Wiley (1968).

2.   Rudd, D. F., Powers, G. J. & Siirola, J.J. , *Process Synthesis*, Prentice-Hall (1973).

ESTRATÉGIAS DE CÁLCULO 3

Os modelos matemáticos dos processos são constituídos essencialmente de equações algébricas de balanço de massa e de energia, de relações de equilíbrio e de correlações termodinâmicas. Um exemplo típico é o modelo do processo ilustrativo apresentado no Capítulo 2. No seu conjunto, essas equações formam sistemas do tipo:

$$
\begin{aligned}
f_1\left(x_1, x_2, ..., x_j, ..., x_V\right) &= 0 \\
f_2\left(x_1, x_2, ..., x_j, ..., x_V\right) &= 0 \\
\vdots \quad \vdots \\
f_N\left(x_1, x_2, ..., x_j, ..., x_V\right) &= 0
\end{aligned}
$$

$$(3.1)$$

Cabem ao engenheiro de processos duas ações bem distintas e complementares relacionadas a esses sistemas: a **modelagem** e a **resolução**. A **modelagem** consiste na **formulação dos modelos** a partir de conhecimentos sobre Fundamentos e Equipamentos. A **resolução** consiste no **processamento da informação** contida nos modelos ao se resolver problemas de dimensionamento e de simulação. Ela pode assumir diferentes graus de complexidade dependendo da dimensão dos sistemas, da não linearidade de algumas equações e da presença de reciclos. Nas **situações mais complexas**, torna-se imperiosa a racionalização do processamento, a fim de **minimizar o esforço computacional** envolvido. Isto se consegue com o estabelecimento prévio de uma **estratégia de cálculo**, tema deste Capítulo. A existência de "softwares" comerciais cada vez mais sofisticados para este fim não exime o engenheiro de processos de dominar este assunto, o que o torna apto a selecionar, criticar e interagir inteligentemente com os mesmos.

O Capítulo começa com a revisão de dois métodos de resolução de equações não lineares a serem empregados mais adiante. Segue-se um estudo racional de sistemas de equações não lineares, em que são abordados estrutura, fluxo de informação, representação e resolução. É enfatizado o método sequencial de resolução, que explora a estrutura do sistema com o fito de reduzir o esforço computacional. O método consiste na aplicação do Algoritmo de Ordenação de Equações que é aqui demonstrado. Seguem-se aplicações ao dimensionamento e à simulação de equipamentos isolados, bem como de processos integrados com reciclos múltiplos. São assim gerados os subsídios para a construção dos respectivos módulos no programa da Figura 2.10. O Capítulo termina com a avaliação do efeito da incerteza em projeto de processos através da análise de sensibilidade.

3.1 EQUAÇÕES NÃO LINEARES

A resolução de sistemas do tipo (3.1) implica na resolução de cada uma das equações para alguma das suas variáveis como, por exemplo, resolver

$$f_1\left(x_1^*, x_2^*, ..., x_i, ..., x_V^*\right) = 0$$

(3.2)

para x_i conhecendo as demais x_j^* ($j \neq i$). No formalismo aqui adotado, a Equação (3.2) é vista como um **processador de informação** que calcula o valor de uma das suas variáveis em função do valor das demais V-1 (Figura 3.1).

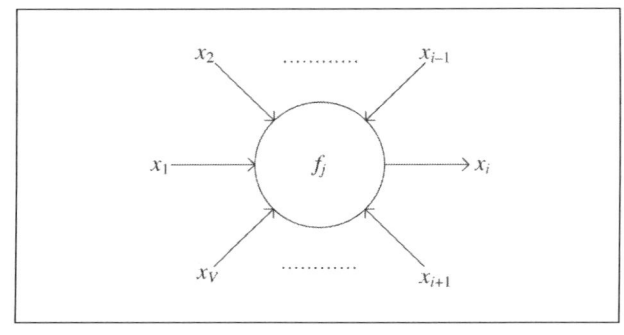

Figura 3.1
Representação gráfica
da Eq. (3.2) como
um processador de
informação.

Existem inúmeros métodos de resolução de equações. Aqui, serão abordados apenas os dois que serão invocados na Seção 3.2 na resolução de sistemas de equações lineares. Esses dois métodos, bem como outros, podem ser encontrados em [1]. A dificuldade em se resolver (3.2) para x_i, depende da forma funcional da equação, ou seja, da forma como x_i figura em $f(x)$. Por exemplo, a equação

$$x_1 x_2 + \ln x_1 = 0$$

(3.3)

é linear em x_2 e não linear em x_1. A situação mais simples é aquela em que x_i pode ser explicitada em (3.2):

$$x_i = f\left(x_1^*, x_2^*, ..., x_{i-1}^*, x_{i+1}^*, ..., x_V^*\right)$$

(3.4)

como é o caso de (3.3) quando a incógnita é x_2:

$$x_2 = -\left(1/x_1^*\right)\ln x_1^*$$

(3.5)

Outras situações simples ocorrem com certos tipos de equações, cujas soluções podem ser expressas por fórmulas fechadas, como no caso de equações quadráticas e cúbicas. Em todos os casos, a solução é obtida por **procedimento analítico** e o seu valor é considerado **"exato"**. A resolução de (3.2) se complica quando ela não é linear nem quadrática e nem cúbica em x_i, como no caso de se resolver (3.3) para x_1. Nesse caso, há que se utilizar um **procedimento numérico de tentativas** e o valor da solução será apenas **aproximado**.

Existem duas famílias importantes de métodos numéricos:

- **métodos de redução de intervalos:** partem de um **intervalo inicial** e, por diferentes raciocínios lógicos, promovem a sua redução até uma tolerância preestabelecida.

- **métodos de aproximações sucessivas:** partem de um **valor inicial** e, por diferentes raciocínios lógicos, testam novos valores até que a diferença relativa entre valores sucessivos se torne menor do que uma tolerância preestabelecida.

3.1.1 MÉTODOS DE REDUÇÃO DE INTERVALOS

Esses métodos são usados quando se sabe que a solução da equação se encontra no interior de um intervalo limitado inferiormente por x_i e superiormente por x_s. Existindo apenas uma solução no interior desse intervalo, então $f(x_s)$ e $f(x_i)$ terão sinais opostos, ou seja:

$$\text{sinal}\,[f(x_s)] \neq \text{sinal}\,[f(x_i)] \quad \text{ou} \quad f(x_s)\cdot f(x_i) < 0.$$

Esses métodos procuram reduzir sucessivamente o intervalo $(x_s - x_i)$ até um valor igual ou inferior ao de uma tolerância ε prefixada. A resposta não é um valor para x, mas o intervalo no interior do qual se encontra a solução. O método típico desta categoria é o da **bisseção**, de convergência garantida. Neste método, o novo valor de x em cada iteração é a média aritmética dos limites vigentes x_i e x_s. Em função dos sinais de $f(x)$ e de $f(x_s)$ [ou de $f(x)$ e $f(x_i)$], elimina-se uma das metades do intervalo e se atualiza o limite correspondente. A Figura 3.2 mostra os primeiros movimentos do método: (a) depois de calculados $f(x_s)$ e $f(x_i)$, a primeira tentativa é feita em x; como o sinal de $f(x)$ é diferente do sinal de $f(x_s)$, a raiz deve se encontrar entre x e x_s. Logo, o intervalo da esquerda é eliminado e se tranforma no limite inferior, x_i; (b) a tentativa seguinte é no novo ponto x, que é a média aritmética entre x_i e x_s; como o sinal de $f(x)$ é igual ao sinal de $f(x_s)$, a raiz deve se encontrar entre x_i e x. Logo, o intervalo da direita é eliminado e x se tranforma no limite superior, x_s. O procedimento se repete até que o intervalo de busca se torne menor do que uma tolerância preestabelecida. Pode-se apresentar como solução da equação o limite correspondente ao menor valor de f entre $f(x_i)$ e $f(x_s)$.

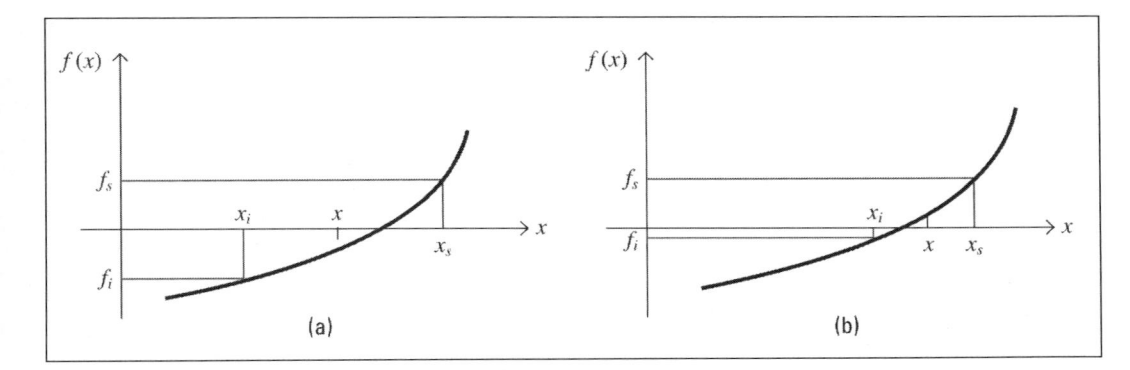

Figura 3.2
Método da bisseção.

O algoritmo correspondente, aqui denominado BISS, é o seguinte:

```
BISS
Ler xᵢ, xₛ, x₂, tolerância
Calcular fᵢ em xᵢ
Calcular fₛ em xₛ
Repetir
        x = (xᵢ + xₛ)/2
        Calcular f em x
        Se Sinal (f) = Sinal (fₛ),
                então: atualizar o limite superior xₛ = x : fₛ = f
                senão: atualizar o limite inferior xᵢ = x : fᵢ = f
Até xₛ - xᵢ ≤ tolerância
Se |fᵢ| < |fₛ|, então Xsolução = xᵢ, senão Xsolução = xₛ
```

A Tabela 3.1 mostra a resolução da equação (3.3), com $x_2 = 2$, até o intervalo se reduzir a menos de 10% do original. Até aí, a solução é $x_s = 0,4375$, uma vez que f_s possui um valor inferior ao de f_i.

Pode-se demonstrar que o número de vezes **N** que a função precisa ser calculada para que o intervalo original se reduza a uma dada fração **r**, é dado por:

$$N = 2 + \ln r / \ln(0,5) \tag{3.6}$$

TABELA 3.1 MÉTODO DA BISSEÇÃO APLICADO À RESOLUÇÃO DA EQUAÇÃO 3.3

x_i	f_i	x	f	x_s	f_s	Δ
0,00005	–11,51	0,5	0,307	1	2	1
0,00005	–11,51	0,25	–0,88	0,5	0,307	0,5
0,25	–0,88	0,375	–0,231	0,5	0,307	0,25
0,375	–0,231	0,4375	0,048	0,5	0,307	0,125
0,375	–0,231			0,4375	0,048	0,0625

resultando daí os valores típicos da Tabela 3.2. Observa-se na Tabela 3.1 que o intervalo de busca foi reduzido a 6,25% do original após 6 cálculos da função f.

TABELA 3.2 VALORES DE N PARA ALGUNS PERCENTUAIS TÍPICOS

%	r	N
10	0,1	6
1	0,01	9
0,1	0,001	12

3.1.2 MÉTODOS DE APROXIMAÇÕES SUCESSIVAS

São métodos que partem de um valor inicial arbitrado e procuram se aproximar progressivamente da solução. O critério de aceitação é o erro relativo entre duas aproximações vizinhas. A esta categoria pertencem métodos, tais como "regula-falsi", secante e Newton. Nesses métodos, como no da bisseção, o valor de x para a iteração seguinte resulta de um critério que utiliza o valor da própria função $f(x)$. Por exemplo, o método de Newton utiliza o valor da função $f(x)$ e também o da sua derivada $f'(x)$:

$$x_{k+1} = x_k - f\left(x_k\right)/f'\left(x_k\right) \tag{3.7}$$

Mas o método aqui lembrado é o da **substituição direta**. Este método difere dos demais, porque se aplica a uma forma alterada de (3.2), em que a incógnita aparece explicitada parcialmente:

$$x_i = F\left(x_i\right) \tag{3.8}$$

Por exemplo, em (3.3) a incógnita x_1 pode ser explicitada de duas maneiras:

$$x_1 = -\left(1/x_2\right)\ln x_1 \quad \text{em que} \quad F\left(x_1\right) = -\left(1/x_2\right)\ln x_1 \tag{3.9}$$

$$x_1 = e^{-x_1 x_2} \quad \text{em que} \quad F\left(x_1\right) = e^{-x_1 x_2} \tag{3.10}$$

Em termos gráficos, a solução corresponde à interseção da curva $F(x_i)$ com a reta de 45°, que passa pela origem (Figura 3.2). O procedimento é iterativo e se inicia por um valor arbitrado x_1. A cada iteração k, calcula-se o valor de x para a iteração $k + 1$ seguinte pela própria (3.8), ou seja:

$$x_{k+1} = F\left(x_k\right)$$

(3.11)

o que corresponde ao rebatimento na reta de 45°. O valor de x_{k+1} é aceito como solução de (3.8) quando for satisfeito o critério

$$\delta = \left|\left(x_{k+1} - x_k\right)/x_k\right| \le \varepsilon$$

(3.12)

Este método nem sempre converge para a solução de (3.8). A condição suficiente para convergência é

$$\left|F'\left(x\right)\right| < 1$$

(3.13)

nas proximidades da solução. A Figura (3.3) mostra a evolução da busca e o tipo de convergência para quatro funções que diferem quanto ao sinal e ao valor absoluto da derivada nas vizinhanças da solução. Em (a) e (b), em que a derivada é positiva, o comportamento é monotônico. Em (a), em que a Eq. (3.13) se verifica, o método converge, mas em (b) ele diverge. Em (c) e (d), em que a derivada é negativa, o comportamento é oscilatório. Em (c), em que a Eq. (3.13) se verifica, o método converge, mas em (d) ele diverge.

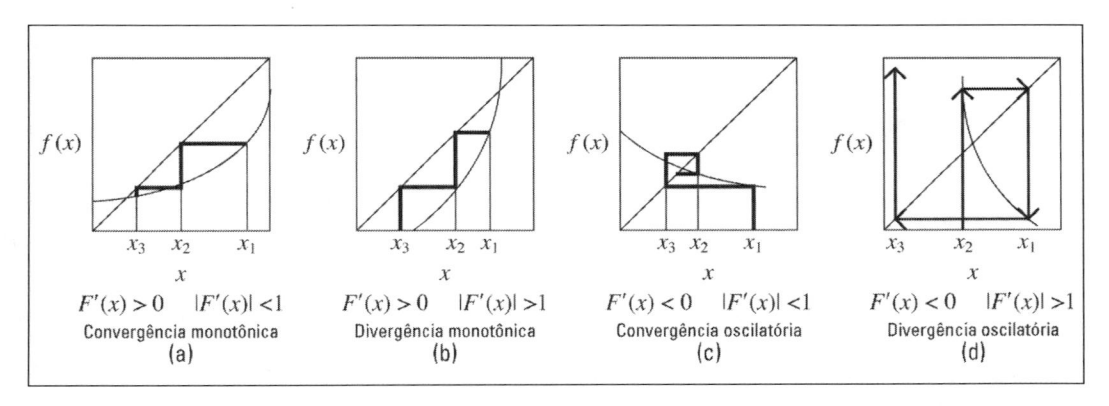

Figura 3.3
Método da substituição direta.

O algoritmo correspondente, aqui denominado DIRETA, exemplificado com a Equação (3.5), é o seguinte:

```
DIRETA
Ler x₂, Xinicial, tolerância
F = Xinicial
Repetir
        x = F
        Calcular F para x
Até |(F - x)/x| ≤ tolerância
Xsolução = F
```

A Tabela 3.3 mostra a aplicação do método da busca direta à resolução da Equação 3.5, com $x_2 = 2$. Em (a), a incógnita x_1 encontra-se explicitada como em (3.9), e em (b) como em (3.10).

**TABELA 3.3 APLICAÇÃO DO MÉTODO DA SUBSTITUIÇÃO DIRETA
À RESOLUÇÃO DA EQUAÇÃO 3.3**

x	F	δ
0,5	0,346	0,303
0,346	0,529	0,528
0,529	0,317	0,400
0,317	0,573	0,806
0,573	0,278	0,515

(a) $F(x_1) = -(1/x_2)\ln x_1$

x	F	δ
0,5	0,367	0,264
0,367	0,479	0,302
0,479	0,383	0,199
0,383	0,464	0,210
0,464	0,395	0,149

(b) $F(x_1) = e^{-x_1 x_2}$

Observa-se divergência oscilatória em (a), com os valores de x se afastando do valor inicial 0,5 e com o erro relativo $\delta = |(F - x)/x|$, oscilando divergentemente. Por outro lado, observa-se convergência oscilatória em (b), com o valor de x convergindo para a raiz e com o erro relativo δ oscilando convergentemente em direção a uma dada tolerância. Conferindo a derivada de F em $x = 0{,}4263$ (raiz) nos dois casos, encontra-se $-1{,}17$ e $-0{,}85$, respectivamente, o que explica a divergência num caso e a convergência no outro. O comportamento oscilatório nos dois casos é explicado pelo sinal negativo da derivada.

3.2 SISTEMAS DE EQUAÇÕES NÃO LINEARES

Sistemas de equações podem ser resolvidos de forma absolutamente mecânica e fria, bastando utilizar um dos inúmeros "softwares" disponíveis para tal fim. Neste texto, porém, procura-se revelar a estrutura de informação desses sistemas, cujo conhecimento é determinante para o sucesso da sua resolução eficiente, e a forma como se processa o fluxo de informação de uma equação para as demais.

3.2.1 ESTRUTURA

No seu conjunto, as **equações** (3.1) podem ser vistas como **elementos interdependentes de um sistema**, cujas **conexões** são as **variáveis comuns**. As equações processam a informação e as variáveis a transmitem de uma equação para outra. A **estrutura** do sistema é definida pela forma como as variáveis se distribuem pelas equações. A Figura 3.4 mostra os grafos de dois sistemas com estruturas distintas: uma estrutura **acíclica** e uma estrutura **cíclica**.

Em sistemas de estrutura acíclica, a solução é obtida facilmente. Por exemplo, na Figura 3.4 (a), a partir do conhecimento de x_0 as demais variáveis são calculadas sequencialmente. Em sistemas de estrutura cíclica, as variáveis dependem do seu próprio valor. Por exemplo, na Figura 3.4b x_3 depende de x_2, que depende de x_1, que vem a depender da própria x_3. Nesse caso, a solução só pode ser obtida por tentativas através de um procedimento iterativo. Os modelos de processos apresentam estruturas complexas com inúmeros trechos cíclicos e ací-

Figura 3.4
Estruturas (a) acíclica e (b) cíclica de sistemas de equações.

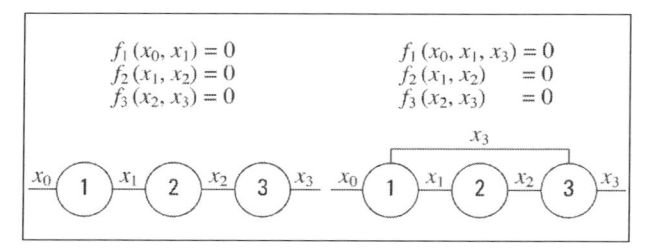

clicos interligados justificando o estabelecimento prévio de uma **estratégia de cálculo** para a sua resolução.

3.2.2 FLUXO DE INFORMAÇÃO

De acordo com o presente formalismo, a resolução de um sistema de equações implica no estabelecimento de um **fluxo de informação** de uma equação para as demais. A título de ilustração, a Figura 3.5 representa um extrator em que se processa a extração, com benzeno (B), do ácido benzoico (AB) diluido em água (A). O modelo matemático compreende o balanço material de ácido benzoico, uma relação de equilíbrio e despreza a solubilidade do benzeno em água. As variáveis relevantes são as vazões de água Q e de benzeno W, e as razões mássicas na alimentação x_0, no extrato y e no rafinado x. As correntes de entrada se encontram a 25°C, temperatura em que $k = 4$. A avaliação econômica é efetuada através de uma função Lucro simples. No grafo, os arcos referentes às variáveis especificadas já se encontram orientados. Para definir o fluxo de informação, falta orientar os três outros arcos.

Figura 3.5
Extrator com modelo matemático, modelo econômico e grafo.

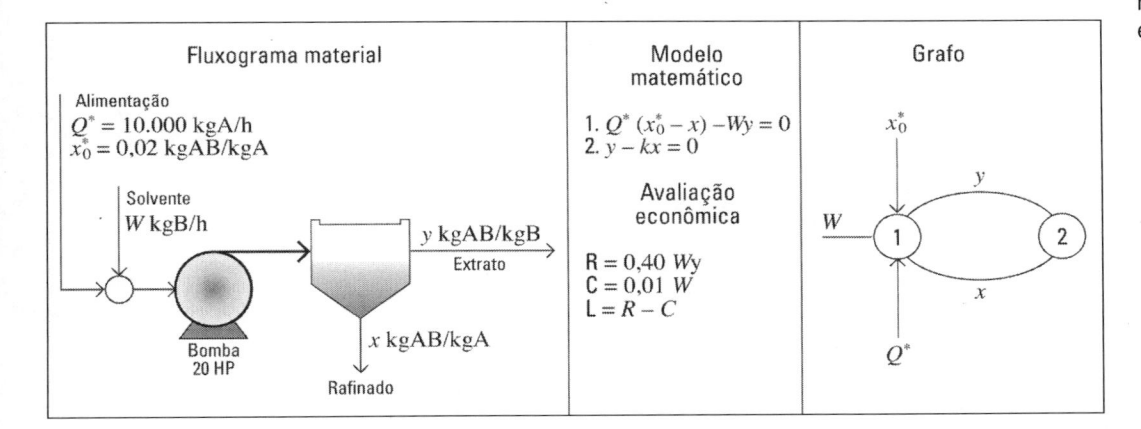

O fluxo de informação depende do conjunto de variáveis especificadas que, por sua vez, depende do problema formulado: dimensionamento, com ou sem otimização, ou simulação. A Figura 3.6 apresenta os fluxos de informação correspondentes a esses três problemas.

(a) Dimensionamento: as variáveis especificadas são as condições conhecidas Q e x_0 e a meta x, resultando G = 0 (solução única). O fluxograma de informação mostra a sequência de cálculo direta com o ciclo rompido pela especificação de x. No gráfico, observa-se que, ao valor $x_u = 0{,}01$ corresponde a vazão $W_u = 2.500$ e o Lucro $L_u = 15$.

(b) Otimização: as variáveis especificadas são apenas as condições conhecidas Q e x_0, resultando G = 1 e, por conseguinte, uma infinidade de soluções. Há que se escolher, então, uma variável de projeto e o seu valor. Por um procedimento que será apresentado a seguir, a escolha recai em x. Pode-se observar que esta escolha também provoca o rompimento do ciclo conduzindo à mesma sequência direta de cálculo do caso anterior (sem iterações). O valor escolhido $x° = 0{,}01118$ corresponde ao máximo do Lucro ($L° = 15{,}5$ \$/h), ao qual corresponde o valor ótimo $W° = 1.972$ kg/h da vazão de benzeno.

(c) Simulação: as variáveis especificadas são as condições conhecidas Q e x_0 e a vazão W de benzeno, resultando G = 0 (solução única). Como agora a terceira variável especifi-

Figura 3.6
Fluxo de Informação
dos problemas de
dimensionamento,
otimização e simulação.

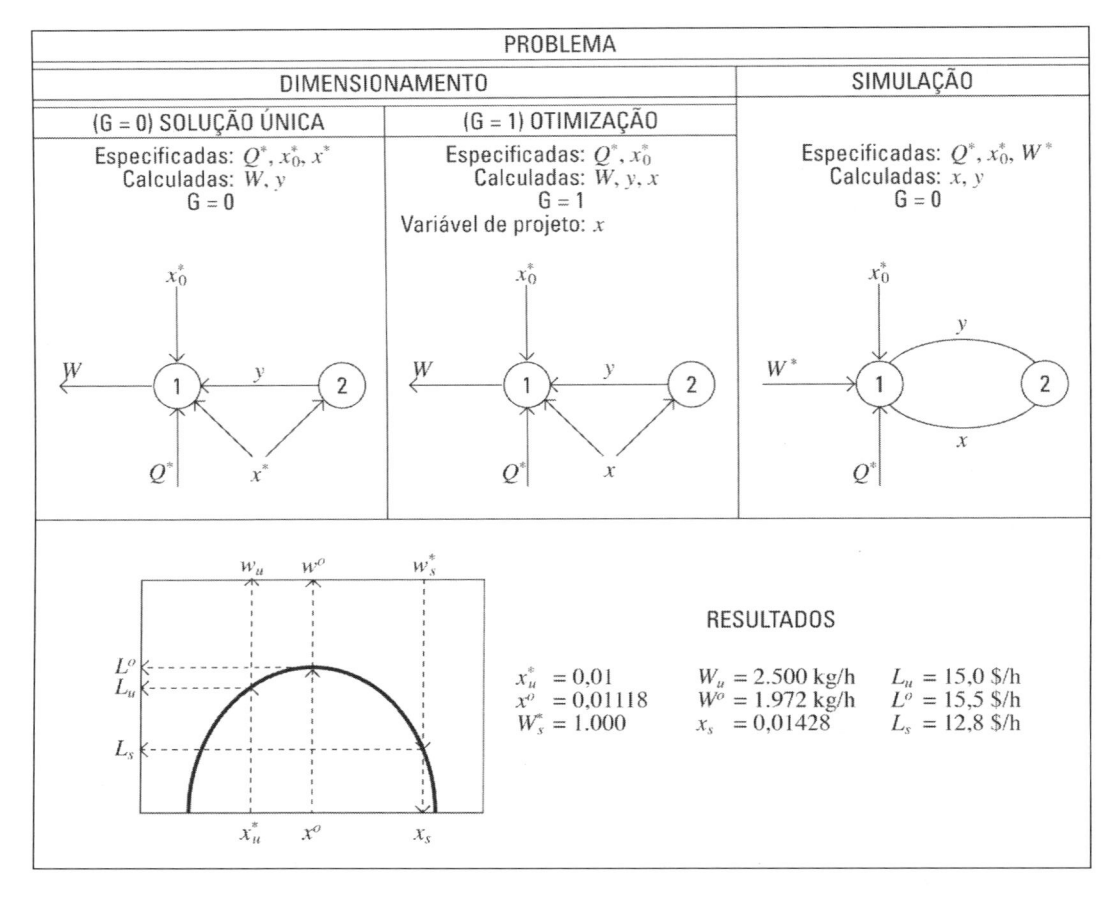

cada é W e não x, o ciclo persiste, o que exige um procedimento iterativo ou simultâneo para a resolução do sistema. No gráfico, vê-se que, para um valor $W_s = 1.000$ kg/h, diferente daquele calculado no dimensionamento, resultam $x_s = 0,01428$ e $L_s = 12,8$ $/h.

3.2.3 REPRESENTAÇÃO

A representação de um sistema é importante porque permite visualizar a sua estrutura e sugerir métodos de resolução. A título de ilustração, considere o seguinte sistema de equações, que poderia ser o modelo matemático de um processo:

$$
\begin{array}{lll}
1. & f_1\left(x_0, x_1\right) & = 0 \\
2. & f_2\left(x_1, x_2\right) & = 0 \\
3. & f_3\left(x_2, x_3, x_6\right) & = 0 \\
4. & f_4\left(x_3, x_4\right) & = 0 \\
5. & f_5\left(x_4, x_6\right) & = 0 \\
6. & f_6\left(x_5, x_6\right) & = 0 \\
7. & f_7\left(x_6, x_7\right) & = 0 \\
8. & f_8\left(x_6, x_7\right) & = 0
\end{array}
\tag{3.14}
$$

A **estrutura** desse sistema pode ser representada por uma **matriz incidência**, cujas linhas correspondem às equações e as colunas, às variáveis. Trata-se de uma matriz booleana em que os valores 1 e 0 dos seus elementos representam a incidência ou não da variável na equação, respectivamente (Figura 3.7a e b). Como se pode observar, cada equação contém algumas poucas variáveis. Com isso, os elementos 1 na matriz incidência são poucos e se encontram bastante dispersos, o que caracteriza uma **matriz esparsa**, muito comum na descrição de processos. A estrutura do sistema também pode ser representada por um **grafo** (Figura 3.7c).

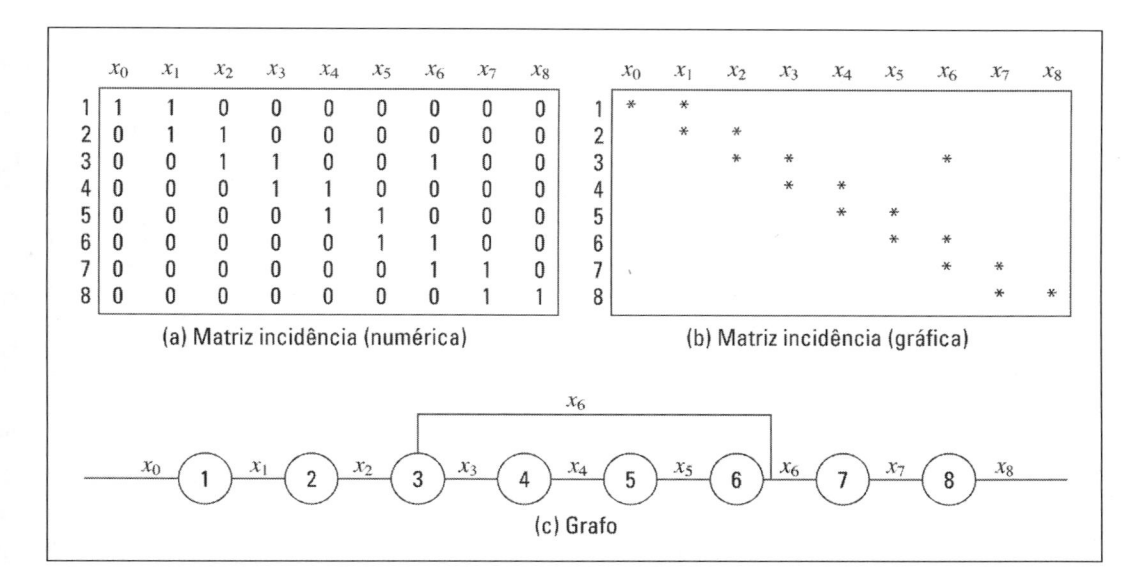

Figura 3.7
Estrutura de informação do sistema 3.3.

3.2.4 RESOLUÇÃO

O sistema (3.3) pode ser resolvido por dois tipos de métodos: métodos simultâneos ou método sequencial.

Nos **métodos simultâneos**, valores são atribuídos e a convergência é testada simultaneamente em todas as variáveis. Por exemplo, o método de Gauss-Jacobi é a versão multidimensional do método de busca direta e se aplica ao sistema (3.1) quando reescrito sob a forma

$$\begin{aligned}
x_1 &= F_1\left(x_1, x_2, ..., x_j, ..., x_V\right) \\
x_2 &= F_2\left(x_1, x_2, ..., x_j, ..., x_V\right) \\
&\;\;\vdots \qquad\quad \vdots \\
x_N &= F_N\left(x_1, x_2, ..., x_j, ..., x_V\right)
\end{aligned} \tag{3.15}$$

O procedimento é iterativo e se inicia com valores arbitrados para $x_i^{(1)}$. A cada iteração k, calcula-se o valor de x_i para a iteração seguinte através de

$$x_i^{k+1} = F_i\left(x_1^{(k)}, ..., x_V^{(k)}\right) \tag{3.16}$$

Os valores de $x_i^{(k+1)}$ são aceitos como solução do sistema, quando todos satisfizerem o critério de convergência (erro relativo)

$$\left| \frac{x_i^{(k+1)} - x_i^{(k)}}{x_i^{(k)}} \right| \leq \varepsilon \qquad (3.17)$$

adotando-se $|x_i^{(k+1)} - x_i^{(k)}| \leq \varepsilon$ quando o valor final de x_i tender para zero. Em cada equação do sistema (3.1), qualquer variável pode ser explicitada em função das demais. Isso pode produzir sistemas diferentes na forma (3.15) com diferentes características de convergência. A Figura 3.6 ilustra o método com um sistema de duas variáveis. Métodos simultâneos são objeto de disciplinas de métodos numéricos e podem ser encontrados em diversos textos, como em [1].

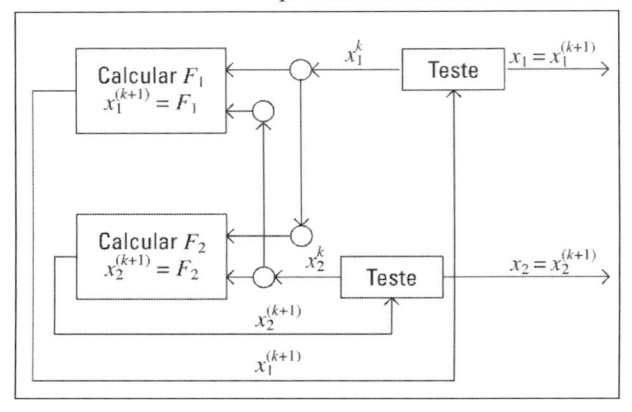

Figura 3.8
Método de Gauss-Jacobi
para um sistema com
duas variáveis.

O **método sequencial** explora a esparsidade do sistema (3.14) e resolve as equações sucessivamente, transmitindo os valores das variáveis de uma equação para outra. Quando a estrutura do sistema é acíclica (Figura 3.4a), a resolução pode ser conduzida sequencialmente do princípio ao fim. Mesmo quando ocorrem núcleos cíclicos de equações (Figura 3.7c), o método ainda se aplica porque, uma vez localizados, esses núcleos são tratados como pseudoequações numa sequência acíclica. Isso é conseguido combinando os procedimentos de **partição** ("partitioning") e de **abertura** ("tearing").

(a) Partição

O grafo da Figura 3.7 permite verificar que o sistema (3.14) é constituído de três subsistemas:

- subsistema [1, 2], de estrutura acíclica, formado pelas equações 1 e 2;
- subsistema [3, 4, 5, 6], de estrutura cíclica, formado pelas equações 3, 4, 5 e 6;
- subsistema [7, 8], de estrutura acíclica, formado pelas equações 7 e 8.

Uma simples inspeção revela que a resolução do sistema pode ser estrategicamente decomposta na resolução coordenada dos 3 subsistemas (Figura 3.9). Assim, considerando conhecido o valor de x_0^*, resolve-se o primeiro subsistema revelando-se os valores de x_1 e de x_2. Em seguida, resolve-se o segundo subsistema, resultando os valores de x_3, x_4, x_5 e x_6. Finalmente, resolve-se o último subsistema, resultando os valores de x_7 e de x_8. Nesse procedimento, cada subsistema é tratado como uma pseudoequação de um sistema de três equações. A decomposição do sistema em subsistemas para fins de resolução é chamada de **partição** ("partitioning"). As setas nos arcos do grafo da Figura 3.7 mostram o fluxo de informação do sistema.

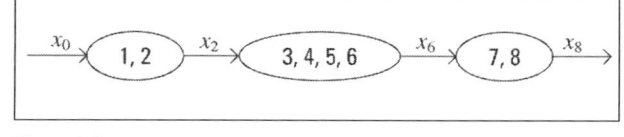

Figura 3.9
Partição do sistema
(3.14).

(b) Abertura

A resolução dos subsistemas acíclicos [1,2] e [7,8] não oferece qualquer dificuldade, pois as equações são resolvidas sucessivamente. A dificuldade surge na resolução do subsistema cíclico [3,4,5,6], porque o valor final de x_6 depende de si mesmo, ou seja, para resolver a equação 3, é necessário conhecer o valor de x_6 proveniente da equação 6 que ainda não foi resolvida. Isso exige a aplicação de um procedimento iterativo de tentativas.

A resolução desse subsistema pode ser conduzida por um dos métodos simultâneos. Mas também pode ser conduzida sequencialmente mediante a utilização do recurso da **abertura** ("tearing"), que consiste em "abrir" o ciclo em uma das suas variáveis, transformando-o numa sequência de equações. A resolução subsequente do subsistema cíclico pode ser conduzida por dois esquemas alternativos (Figura 3.10), supondo-se conhecido o valor de x_2 proveniente do primeiro subsistema:

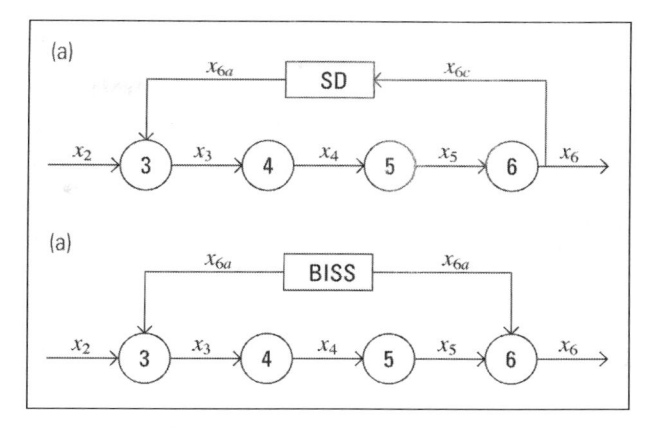

Esquema (a): a cada iteração arbitra-se um valor x_{6a} que é fornecido à equação 3. As equações 3, 4, 5 e 6 são resolvidas sequencialmente, resultando o valor calculado x_{6c}. O procedimento é repetido até que a diferença entre os valores arbitrado e calculado seja igual ou menor do que uma tolerância preestabelecida. O valor definitivo de x_6 é

Figura 3.10
Esquemas de resolução do subsistema cíclico do sistema (3.3) por abertura:
(a) Substituição Direta.
(b) Bisseção.

fornecido ao terceiro subsistema (Figura 3.10.a). Neste esquema, em que a equação final calcula o valor da variável de abertura, a sucessão de valores arbitrados pode seguir o procedimento da **substituição direta (SD)**, tomando-se o valor arbitrado igual ao calculado na iteração anterior. O procedimento pode convergir ou não.

Esquema (b): o valor x_{6a} é fornecido simultaneamente às equações 3 e 6. As equações 3, 4 e 5 são resolvidas sequencialmente, resultando o valor presumido de x_5 que também é fornecido à equação 6. Então, a função $f_6(x_5, x_6)$ é calculada. O procedimento é repetido até à convergência. Neste esquema, em que a equação final não calcula a variável de abertura, a sucessão de valores arbitrados pode seguir qualquer procedimento iterativo. Sugere-se o de **bisseção** (**BISS**), de convergência garantida.

3.2.5 ALGORITMO DE ORDENAÇÃO DE EQUAÇÕES

Em sistemas de grande porte, a partição e a ordenação das equações não podem ser efetuadas por simples inspeção. Nesta Seção, será apresentado um **Algoritmo de Ordenação de Equações** (**AEO**) [2,3] capaz de localizar os subsistemas cíclicos e acíclicos de um sistema, ordenar as equações desses subsistemas, concatená-los, indicar as variáveis de abertura dos subsistemas cíclicos e as variáveis de projeto, quando o sistema exibir graus de liberdade. Trata-se de um algoritmo de Atribuição de Tarefas, comum em Pesquisa Operacional, que consiste em atribuir n tarefas a n executores, numa sequência lógica para a execução das tarefas. Aqui, os executores são as equações. Ao ordená-las, o Algoritmo atribui a cada uma a tarefa de calcular uma das suas variáveis e indica a sua posição numa Sequência de Cálculo. Concluída a **ordenação**, inicia-se a **resolução**.

(a) Concepção do algoritmo

O Algoritmo é muito simples e pode ser montado a partir de argumentos puramente lógicos, como se segue. O grafo do sistema (3.3) é usado como ilustração.

Em primeiro lugar, entende-se que toda equação que contém uma única incógnita deve ser usada para calcular o valor desta incógnita. O valor calculado será função dos valores dos parâmetros, das variáveis especificadas e das variáveis já calculadas pelas equações anteriores. Consequentemente, essa equação deve ser colocada na primeira posição ainda disponível na Sequência de Cálculo. O valor calculado fica disponível para as equações subsequentes. Por exemplo, no sistema (3.3) a Equação 1 possui apenas x_1 como incógnita. Logo, a ela deve caber o cálculo de x_1 na primeira posição da Sequência. Removendo-se x_1 de consideração, a Equação 2 passa a ter apenas x_2 como incógnita. Logo, a ela deve caber o cálculo de x_2 na segunda posição da Sequência. Removendo-se x_2, observa-se que todas as demais equações possuem mais de uma incógnita. A (Figura 3.11) mostra o estágio atual da Sequência de Cálculo (as setas indicam as equações já ordenadas):

Figura 3.11
Estágio da sequência de cálculo, após a identificação sucessiva das equações com incógnita única.

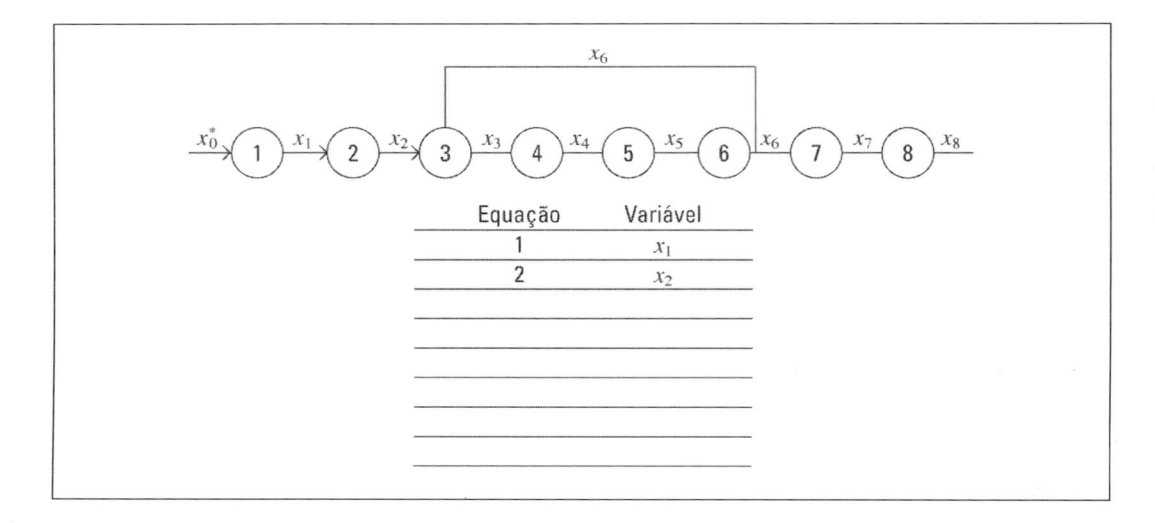

Em segundo lugar, entende-se que uma variável que aparece em uma única equação só pode ser calculada por esta equação. E isso só poderá ocorrer depois de se tornarem conhecidas as demais variáveis da equação. A equação deve ser colocada, então, na última posição disponível na Sequência de Cálculo. Por exemplo, no sistema (3.3), x_8 aparece apenas na Equação 8. A esta cabe, então, calcular x_8 na última posição da Sequência. Removida a Equação 8, x_7 é encontrada apenas na Equação 7, à qual cabe, então, calcular x_7 na penúltima posição da Sequência. Todas as demais variáveis aparecem agora em mais de uma equação. A Sequência parcial é mostrada na (Figura 3.12). O número de equações em que uma variável aparece é denominado frequência da variável. As variáveis consideradas nesta fase são chamadas como de **frequência unitária**.

Figura 3.12
Estágio da sequência de cálculo, após a identificação sucessiva das equações com incógnita única e das variáveis de frequência unitária.

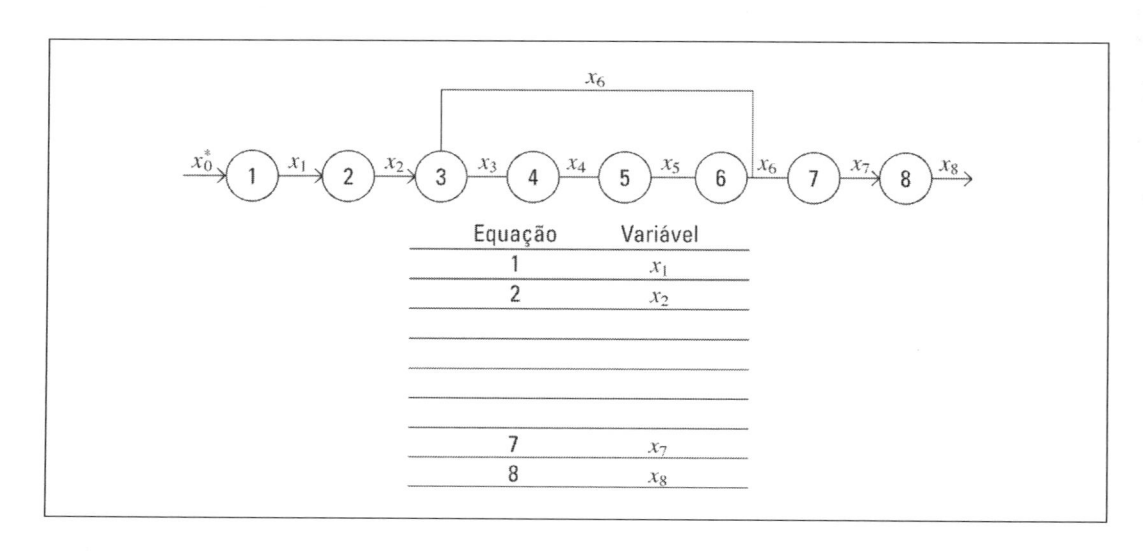

Em terceiro lugar, entende-se que, não havendo mais equações de incógnita única e nem variáveis de frequência unitária, as equações remanescentes só podem estar formando um ciclo (Figura 3.10). Essas equações tanto podem ser resolvidas simultaneamente como sequencialmente. No último caso, mediante a **abertura do ciclo**. A abertura de um ciclo dá origem a procedimento iterativo, do qual participam dois elementos importantes: a **variável de abertura** e a **equação final**. A variável de abertura é uma variável "de serviço", cujo valor é alterado a cada iteração na busca do valor final das variáveis do ciclo. A equação final é aquela colocada no final do ciclo para testar a convergência do processo iterativo. No exemplo ilustrativo, escolhendo-se 6 como equação final, esta é colocada na última posição disponível na Sequência. No caso, a 6ª posição. Retorna-se, então, à fase anterior com a identificação sucessiva de x_5, x_4 e x_3 com frequência unitária e colocação das equações 5, 4 e 3 nas últimas posições então disponíveis. Observa-se, agora, que não há mais equações a ordenar e que x_6 não foi atribuída a qualquer equação. Por conseguinte, ela é a escolha natural para variável de abertura. A Figura 3.13 mostra a Sequência de Cálculo final do sistema (3.3).

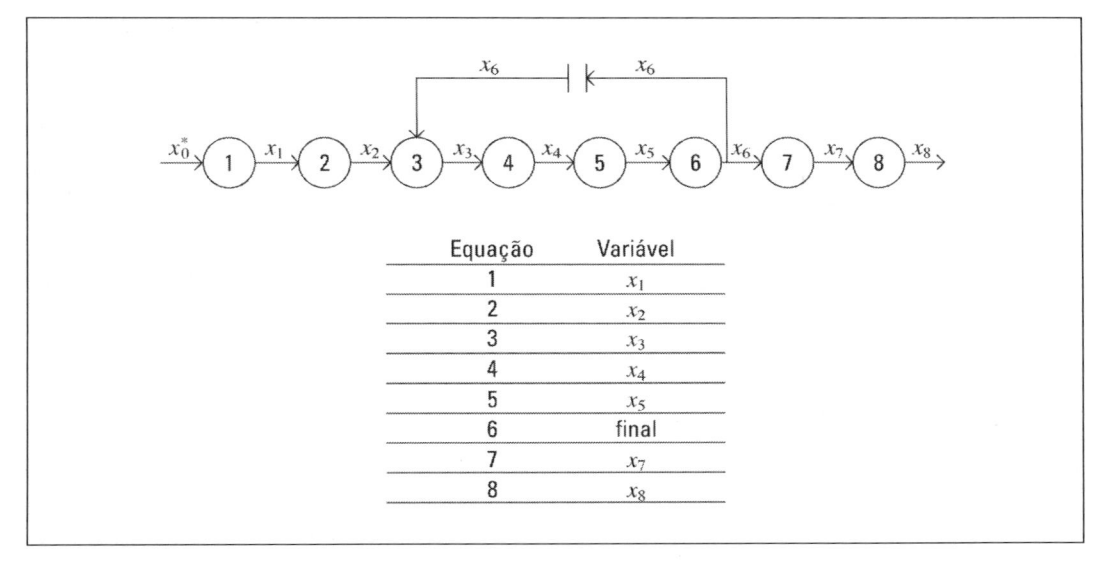

Figura 3.13
Sequência de Cálculo
final para o sistema (3.3).

Equação	Variável
1	x_1
2	x_2
3	x_3
4	x_4
5	x_5
6	final
7	x_7
8	x_8

O Algoritmo de Ordenação pode ser aplicado sobre a matriz incidência, utilizando-se a seguinte convenção:

- a cada atribuição de tarefa, coloca-se um círculo no elemento da matriz correspondente ao par (equação/variável);

- após cada atribuição, remove-se a variável ou a equação da matriz. No caso das incógnitas únicas, remove-se a variável. No caso das variáveis de freqência unitária, remove-se a equação. A remoção de uma variável é simbolizada por um x colocado em todos os demais elementos da mesma coluna ("x na vertical"). A remoção de uma equação é simbolizada por um x colocado em todos os demais elementos da mesma linha ("x na horizontal"). O símbolo x serve para indicar que a variável terá o seu valor conhecido no momento da resolução da equação. Serve, também, para evitar a atribuição da variável à equação em questão.

O enunciado formal do Algoritmo de Ordenação de Equações é o seguinte:

Repetir enquanto houver equações com **incógnita única:**
- **(a) atribuir** a incógnita à respectiva equação;
- **(b)** colocar a equação na **primeira posição** disponível da Sequência de Cálculo;
- **(c) remover a incógnita** da matriz (eliminar a coluna).

Repetir enquanto houver equações na matriz:

Repetir enquanto houver variáveis de **frequência unitária:**
- **(a) atribuir** a variável à respectiva equação;
- **(b)** colocar a equação na **última posição** disponível da Sequência de Cálculo;
- **(c) remover a equação** da matriz (eliminar a linha).

Se ainda houver equações na matriz, **então:**
- **(a)** selecionar como **equação final** uma que contenha alguma variável de frequência igual à menor de todas as frequências;
- **(b)** colocar a equação final na **última posição** disponível da Sequência de Cálculo;
- **(c)** remover a equação final da matriz.

Finalizar: definir as eventuais variáveis de abertura e de projeto.

Uma abordagem alternativa ao problema de ordenação de equações consiste na utilização da Teoria dos Grafos [4].

(b) Aplicação do Algoritmo

O Algoritmo de Ordenação será agora aplicado a 4 sistemas de equações montados especialmente para ilustrar as 4 situações que podem ocorrer na engenharia de processos. Os sistemas diferem quanto à presença de ciclos internos ao modelo do processo e do ciclo externo de otimização resultante da existência de graus de liberdade. Para cada sistema, são apresentadas a Matriz Incidência e a Matriz Sequência de Cálculo iniciais e aquelas resultantes da aplicação do Algoritmo.

Figura 3.14
Equações, matriz incidência, grafo e sequência de cálculo do sistema 1.

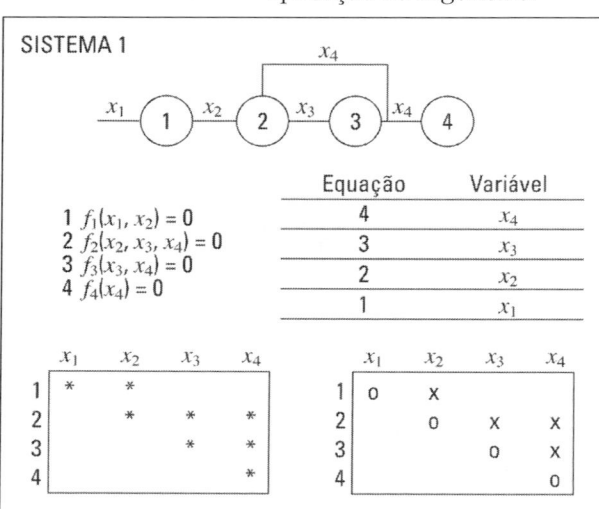

SISTEMA 1

Observe-se, na Figura 3.14, que só foi necessária a primeira fase do Algoritmo e que o ciclo identificado no início não persistiu, resultando uma sequência de cálculo inteiramente acíclica. Esta situação corresponderia à simulação ou ao dimensionamento simples ($G = 0 \Rightarrow$ solução única) de um processo. A Sequência de Cálculo seria acíclica. Considerando-se um vetor E^* de variáveis especificadas e que as variáveis calculadas possuem sentido econômico e participam do cálculo do Lucro do Empreendimento (LE), a resolução do problema seguiria o esquema da Figura 3.18a, onde os blocos representam sub-rotinas computacionais.

SISTEMA 2

A única diferença entre esse sistema e o anterior é a presença de uma variável a mais na Equação 4, dando margem a um grau de liberdade (G = 1). Consequentemente, uma das 5 variáveis resta como variável de projeto. Como o Algoritmo deixa por último as equações que formam um ciclo, é óbvio que a variável de projeto recai sobre uma das que pertencem a esse ciclo que, então, deixa de existir. O Sistema 2 exibe um grau de liberdade. Portanto, representaria um problema de dimensionamento com otimização, tendo x_4 como variável de projeto. A Sequência de Cálculo do processo também é acíclica, como no Sistema 1 (Figura 3.18b).

SISTEMA 2

1 $f_1(x_1, x_2) = 0$
2 $f_2(x_2, x_3, x_4) = 0$
3 $f_3(x_3, x_4) = 0$
4 $f_4(x_4, x_5) = 0$

Equação	Variável
3	x_3
2	x_2
1	x_1
4	x_4

	x_1	x_2	x_3	x_4	x_5
1	*	*			
2		*	*	*	
3			*	*	
4				*	*

	x_1	x_2	x_3	x_4	x_5
1	o	X			
2		o	X	X	
3			o	X	
4				X	o

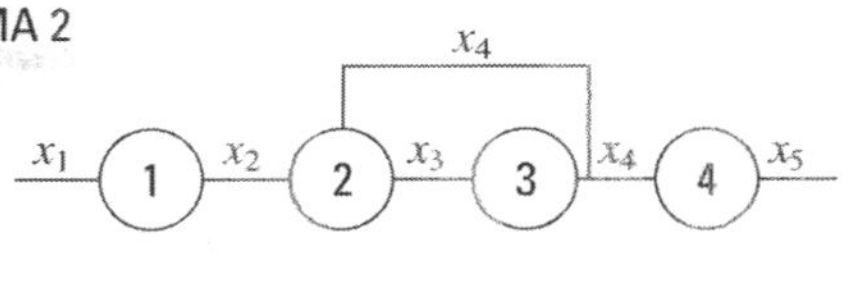

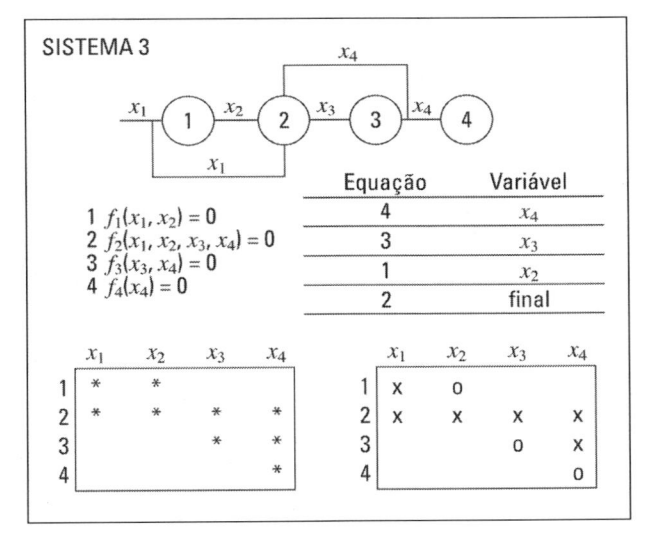

Figura 3.15
Equações, matriz incidência, grafo e sequência de cálculo do sistema 2.

SISTEMA 3

Este sistema difere do Sistema 1 apenas porque x_1 aparece também na Equação 2. Com isso, o sistema passa a exibir dois ciclos. Como G = 0, não se deveria esperar uma variável de projeto, mas uma variável de abertura. O número de variáveis de abertura deve ser igual ao número de ciclos identificados. O Sistema 3, com G = 0, representaria um problema de simulação ou de dimensionamento sem otimização, como o Sistema 1. Entretanto, a Sequência de Cálculo do processo seria cíclica, tendo x_1 como variável de abertura (Figura 3.18c).

SISTEMA 3

1 $f_1(x_1, x_2) = 0$
2 $f_2(x_1, x_2, x_3, x_4) = 0$
3 $f_3(x_3, x_4) = 0$
4 $f_4(x_4) = 0$

Equação	Variável
4	x_4
3	x_3
1	x_2
2	final

	x_1	x_2	x_3	x_4
1	*	*		
2	*	*	*	*
3			*	*
4				*

	x_1	x_2	x_3	x_4
1	X	o		
2	X	X	X	X
3			o	X
4				o

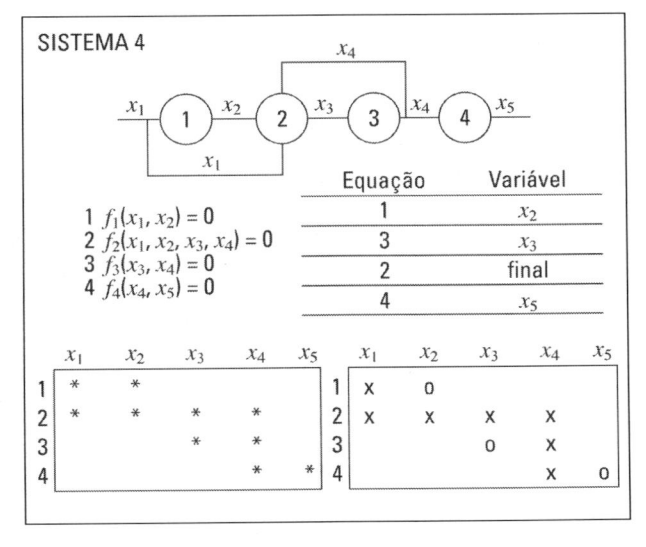

Figura 3.16
Equações, matriz incidência, grafo e sequência de cálculo do sistema 3.

SISTEMA 4

Esse sistema incorpora as modificações dos Sistemas 2 e 3 em relação ao Sistema 1: x_1 na Equação 2 e x_5 na Equação 4. O sistema exibe uma grau de liberdade (G = 1). Resultam, portanto, uma variável de projeto e uma variável de abertura. O critério para selecionar variáveis de abertura e de projeto, em situações como esta, será apresentado na Seção seguinte. O Sistema 4 exibe um grau de liberdade. Portanto, poderia estar representando um problema de dimensionamento com otimização (como o Sistema 2), tendo x_4 como variável de projeto (Figura 3.18d). A Sequência de Cálculo do processo, no entanto, é cíclica, como no Sistema 3.

SISTEMA 4

1 $f_1(x_1, x_2) = 0$
2 $f_2(x_1, x_2, x_3, x_4) = 0$
3 $f_3(x_3, x_4) = 0$
4 $f_4(x_4, x_5) = 0$

Equação	Variável
1	x_2
3	x_3
2	final
4	x_5

	x_1	x_2	x_3	x_4	x_5
1	*	*			
2	*	*	*	*	
3			*	*	
4				*	*

	x_1	x_2	x_3	x_4	x_5
1	X	o			
2	X	X	X	X	
3			o	X	
4				X	o

Figura 3.17
Matriz incidência e grafo do sistema 4.

A Figura 3.18 resume os quatro casos exemplificados.

Figura 3.18
Resultado da aplicação do Algoritmo de Ordenação de Equações a quatro problemas típicos em engenharia de processos.
(a) Sistema 1 como um problema de simulação ou de dimensionamento sem otimização - sequência do processo acíclica.
(b) Sistema 2 como um problema de dimensionamento com otimização - sequência do processo acíclica.
(c) Sistema 3 como um problema de simulação ou de dimensionamento sem otimização - sequência do processo cíclica.
(d) Sistema 4 como um problema de dimensionamento com otimização - sequência de cálculo cíclica.

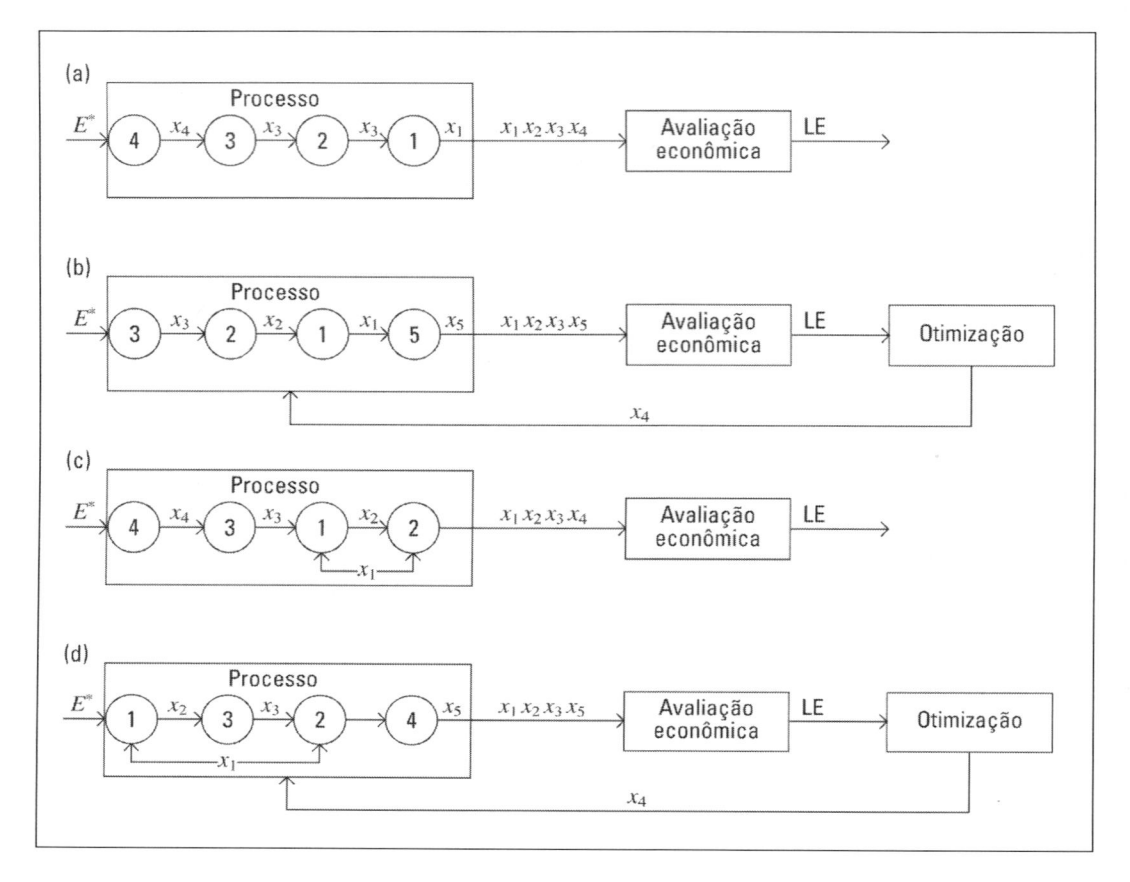

(c) Regras complementares para a aplicação do algoritmo

A formulação do Algoritmo de Ordenação de Equações se baseia exclusivamente na estrutura de informação das equações, ignorando a forma funcional das mesmas e a natureza das variáveis. No entanto, esse conhecimento é importante em situações complexas. Ele pode ser levado em conta através das regras enunciadas a seguir.

Variáveis Discretas

São variáveis que só podem assumir um número finito de valores, tais como número de estágios, diâmetros comerciais de tubos, tipos de solventes e de catalisadores. Por exemplo, se no problema ilustrativo existisse um outro solvente alternativo ao benzeno, com coeficiente de distribuição e preço diferentes, a escolha do solvente passaria a ser parte do problema. A equação de equilíbrio teria que ser escrita da seguinte forma:

$$f_{11} - k_s \left(f_{23}/f_{32} \right) f_{12} = 0$$

$$(3.18)$$

onde k_s representaria o coeficiente de distribuição do solvente s e seria uma variável a mais no modelo. Ela só poderia assumir dois valores, um para cada solvente. Como isso não acarretaria o acréscimo de qualquer equação, o problema passaria a exibir um grau de liberdade a mais, podendo se tornar um problema de otimização. Para evitar que k_s assumisse valores não permitidos durante a otimização, ela deveria ser tomada como variável de projeto. Nesse caso, o otimizador só lhe atribuiria os valores permitidos.

Generalizando: em problemas de otimização, havendo variáveis discretas, estas devem ser escolhidas preferencialmente como variáveis de projeto, antes mesmo de se iniciar a execução do Algoritmo de Ordenação.

Variáveis de Cálculo Direto e de Cálculo Iterativo

Considere a equação da diferença de temperatura média logarítmica δ que aparece no modelo de um trocador de calor. Essa equação é linear em δ e não linear nas quatro temperaturas. Assim, dadas as quatro temperaturas, δ pode ser calculada sem qualquer dificuldade. Porém, dadas δ e três temperaturas, a quarta temperatura só pode ser calculada através de um procedimento iterativo. Nessa equação, δ é então classificada como **variável de cálculo direto** e as temperaturas como de **cálculo iterativo**.

O reconhecimento dessa diferença é importante durante a aplicação do Algoritmo, porque se aparecerem δ e uma das temperaturas simultaneamente com frequência unitária naquela equação, a atribuição deve recair em δ, como na Figura 3.19. A solução para a temperatura exigiria um procedimento iterativo perfeitamente evitável. Este exemplo pode ser generalizado para situações análogas.

δ	t_1	t_2	t_3	t_4
*	*	X	X	X

$\Rightarrow$

δ	t_1	t_2	t_3	t_4
0	X	X	X	X

Figura 3.19
Trecho de matriz incidência com a equação de definição de δ.

Variáveis Limitadas

As variáveis que aparecem no modelo matemático de um processo têm os seus valores limitados pela natureza. Algumas têm os seus limites extremos bastante óbvios, como frações mássicas e frações molares limitadas por 0 e 1, e as temperaturas de saída de um trocador de calor, limitadas pelas temperaturas de entrada. Outras, como vazões, cargas térmicas e dimensões, não possuem limites muito claros e a sua identificação pode ser muito incômoda. Aquelas variáveis, cujos limites são imediatamente identificados sem maior esforço, são denominadas **variáveis limitadas**. Tanto quanto possível, a sua atribuição deve ser postergada durante a execução do Algoritmo, para que elas terminem sem atribuição resultando variáveis de abertura e de projeto.

Por exemplo, na ordenação do modelo de um trocador para dimensionamento com G = 1, as temperaturas t_2 e t_4 aparecem simultaneamente com frequência unitária, como na Figura 3.20a. Atribuindo-se t_2 e t_4 às suas respectivas equações, sobraria Q como variável de projeto. Essa escolha seria inconveniente, porque a variável Q não possui limites bem difinidos para balizar a busca durante a otimização. Se, por outro lado, apenas t_2 fosse atribuída à equação, como em (b), restariam Q e t_4 com frequência unitária na mesma equação. Atribuindo-se Q a essa equação, como em (c), t_4 ficaria como variável de projeto. Esta é uma solução mais razoável, uma vez que os limites de t_4 são os valores das temperaturas de entrada das correntes quente e fria.

Figura 3.20
Trecho de matriz
incidência, onde o
Algoritmo de Ordenação
de Equações é aplicado
de modo a deixar t_4 como
variável de projeto.

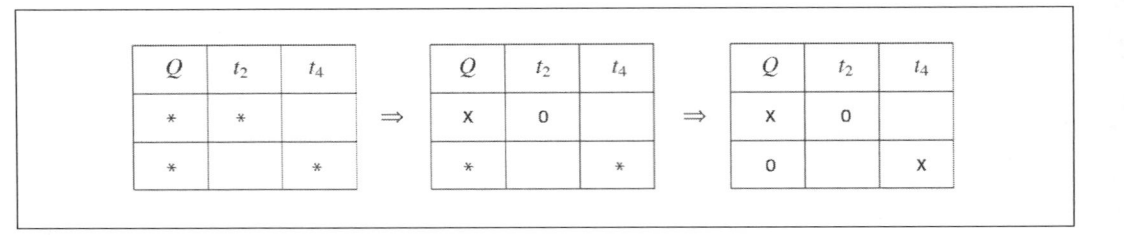

Figura 3.20
Trecho de matriz
incidência, onde o
Algoritmo de Ordenação
de Equações é aplicado
de modo a deixar t_4 como
variável de projeto.

O reconhecimento dessa característica é importante na aplicação do **Algoritmo** a problemas com ciclos e/ou graus de liberdade. Nesses casos, se aparecerem uma **variável limitada** e uma **não limitada** ambas com frequência unitária, deve-se atribuir apenas a não limitada, deixando-se a limitada para o final. Se aparecerem 2 variáveis limitadas com frequência unitária, deve-se atribuir apenas uma delas, deixando a outra para o final. Em linhas gerais, só se deve atribuir uma variável limitada a uma equação, quando não houver nenhuma outra não limitada com frequência unitária.

Deve-se alertar para o fato de que uma variável limitada apresenta limites teóricos e limites reais. No caso das frações mássicas e molares e das temperaturas de um trocador, os limites reais dependem dos valores dos parâmetros e das variáveis especificadas do problema específico e são mais restritos do que os teóricos. Por exemplo, os **limites teóricos** de uma fração molar são 0 e 1. No entanto, num determinado problema, em função de outras variáveis, os seus **limites reais** podem ser 0,6 e 0,8. Se essa variável for escolhida como de abertura ou de projeto, valores atribuídos fora dessa faixa ocasionarão valores absurdos para as variáveis calculadas posteriormente, como valores negativos para áreas, vazões e lucro. A descoberta dos limites reais de uma variável, a não ser em situações muito simples, é muito trabalhosa e exige um esforço algébrico considerável. Ela pode ser conduzida, também, por tentativas durante a resolução do problema.

Ciclos Múltiplos

Alguns sistemas de equações exibem mais de um ciclo. Nesses casos, após a ordenação das equações, os ciclos devem ser identificados associando-se cada variável de abertura a uma equação final. Para viabilizar a convergência das iterações, é preciso que os ciclos sejam **sequenciais** ou **aninhados** (um no interior do outro), nunca cruzados. A primeira providência nesse sentido consiste em localizar as **equações de entrada** das variáveis de abertura, que são as equações em que elas aparecem pela primeira vez na sequência de cálculo. Em seguida, percorrendo-se a sequência de cálculo a partir do início, **associa-se cada equação final à equação de entrada localizada imediatamente acima**.

A Figura 3.21a mostra um sistema de equações que exibe dois ciclos. As equações finais são 3 e 7. As variáveis de abertura são x_3 e x_7 cujas equações de entrada são 1 e 5, respectivamente. Neste caso, a equação 1 é associada à 3 e a equação 5 à 7, configurando-se uma

Figura 3.21
Ciclos múltiplos em
sistemas de equações (a)
sequenciais
(b) aninhados.

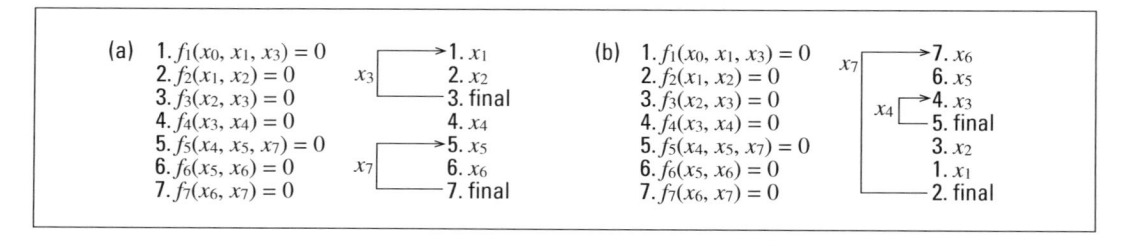

situação de ciclos sequenciais. Na Figura 3.14b, as equações finais são 5 e 2. As variáveis de abertura são x_7 e x_4, cujas equações de entrada são 7 e 4, respectivamente. Neste caso, a equação 7 não pode ser associada à 5 devido à interposição da 4. Mas a equação 4 pode ser associada à 5, restando a associação da 7 à 2. Configura-se, neste caso, uma situação de ciclos aninhados.

Variáveis de Abertura e de Projeto Simultâneas

A presença de um ciclo num problema de dimensionamento com G = 1 dá origem a uma equação final e a duas variáveis não atribuidas. Uma dessas variáveis será a de projeto e a outra a de abertura. Para que o ciclo seja o menor possível (menor número de equações resolvidas em cada iteração), a variável de abertura deve ser aquela, cuja equação de entrada seja a mais próxima da final. A Figura 3.22 corresponde a um sistema de equações com um grau de liberdade, no qual foi identificado um ciclo. A Equação 5 foi escolhida como final e as variáveis x_5 e x_7 ficaram sem atribuição. A Figura 3.22a mostra a escolha conveniente: x_5 de abertura e x_7 de projeto (ciclo com 3 equações). A Figura 3.22b mostra a escolha inconveniente (ciclo com 4 equações).

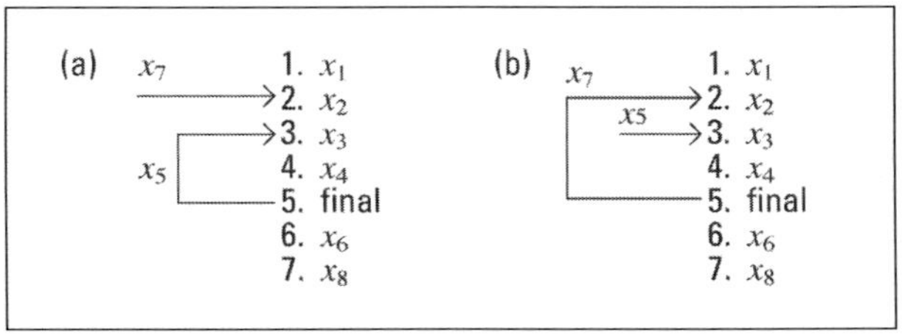

Figura 3.22
Variáveis de Abertura e de Projeto Simultâneas. (a) escolha conveniente (b) escolha inconveniente.

Eliminação de Ciclos

Em algumas situações simples, é possível eliminar um ciclo substituindo as variáveis da equação final pelas suas expressões definidas nas equações anteriores da Sequência de Cálculo. Ao se chegar à equação de entrada da variável de abertura, a equação final terá assumido um novo formato em que a única incógnita é a própria variável de abertura. Essa "nova" equação é colocada logo acima da equação de entrada. Uma vez calculado o valor da variável de abertura, basta resolver sucessivamente as equações do ciclo, que deixou de existir.

Por exemplo, seja a sequência da Figura 3.23a. Da ordenação das equações resulta um ciclo cuja equação final é a Equação 2. A variável de abertura é x_{12}. Substituindo-se W_2 , W_3 , x_{13} e x_{32} pelas suas expressões anteriores, obtém-se a equação 02′, que é colocada imediatamente acima da primeira equação do ciclo. A sua única incógnita é x_{12}, que é calculada eliminando-se o cálculo iterativo do ciclo.

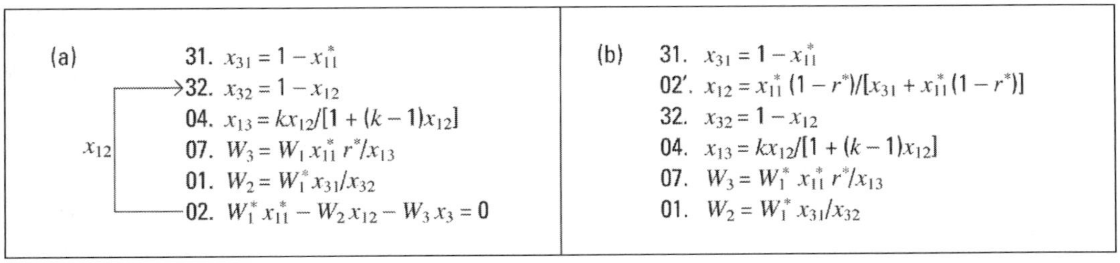

Figura 3.23
Eliminação de ciclos. (a) Sequência com ciclo. (b) Sequência com o ciclo eliminado.

3.3 DIMENSIONAMENTO E SIMULAÇÃO DE EQUIPAMENTOS

A interdependência dos equipamentos constitui uma fonte de complexidade na análise de processos. Esta dificuldade pode ser em parte reduzida ao se analisar cada equipamento previamente, tomando conhecimento das peculiaridades do seu modelo matemático, antes da interferência dos demais equipamentos. Nesta Seção, a título de ilustração, os equipamentos do processo ilustrativo são desvinculados e analisados individualmente. Sobre eles serão formulados problemas de dimensionamento e de simulação. Os modelos e os parâmetros físicos são os que constam no Capítulo 2.

O resultado da ordenação das equações para o **dimensionamento** e para a **simulação** de equipamentos é função do conjunto das variáveis especificadas, que é diferente em cada caso. No **dimensionamento**, esse conjunto é constituído de 2 subconjuntos: o das **condições conhecidas** e o das **metas de projeto**. Se uma ou mais metas não forem estipuladas, o problema exibe graus de liberdade e se configura como um problema de otimização. Na **simulação**, o conjunto é constituído pelas variáveis características das correntes de entrada e pelas **dimensões dos equipamentos**. Nos problemas de dimensionamento serão estabelecidas tantas metas de projeto quantas necessárias para consumir os graus de liberdade, de forma que os mesmos exibam solução única. A resolução dos problemas passa pela aplicação do Algoritmo de Ordenação de Equações, em cada caso. As equações ordenadas formam os módulos computacionais do programa representado na Figura 2.10.

EXTRATOR

Dimensionamento: são consideradas conhecidas a vazão da corrente de processo (W_1) e as condições das correntes de entrada (x_{11}, T_1, T_{15}). São fixadas como metas o tempo de residência (τ), necessário para o cálculo do volume (V_d), e a fração recuperada (r). Exemplificando, o objetivo consiste em determinar o volume do decantador e a vazão de benzeno necessários para recuperar 60% do ácido benzoico presente nos 100.000 kg/h de alimentação, com um tempo de residência de 5 min (0,0833 h). A temperatura do benzeno é 25°C. Resultam $V_d = 11.855\ l$ e $W_{15} = 37.425$ kg/h. Como informação adicional, obtêm-se as vazões da alimentação (f_{11}, f_{31}), do extrato (f_{13}, f_{23}) e do rafinado (f_{12}, f_{32}), e a temperatura a que deve sair a solução (T_2).

Simulação: são fixadas a dimensão do equipamento (V_d) e todas as vazões e condições das correntes de entrada $(W_1, T_1, x_{11}, W_{15}, T_{15})$. Exemplificando, o objetivo consiste em determinar as vazões das correntes de extrato e de rafinado, a fração recuperada de ácido benzoico e o tempo de residência, caso o extrator de $V_d = 11.855\ l$ fosse alimentado com 50.000 kg/h de benzeno, e não com os 37.425 kg/h de projeto (as demais condições de entrada permanecendo as mesmas de projeto). Observa-se um aumento na recuperação, uma redução no tempo de residência, um aumento substancial na vazão de extrato e uma diluição, tanto na corrente de extrato como na de rafinado.

Os resultados, juntamente com as equações ordenadas, se encontram na Figura 3.24.

RESFRIADOR

Dimensionamento: são consideradas conhecidas a vazão da corrente de processo (W_{10}) e as condições das correntes de entrada (T_{10}, T_{11}). São consideradas como metas as temperaturas de saída T_{13}, T_{12}. Exemplificando, o objetivo é determinar a vazão de água de

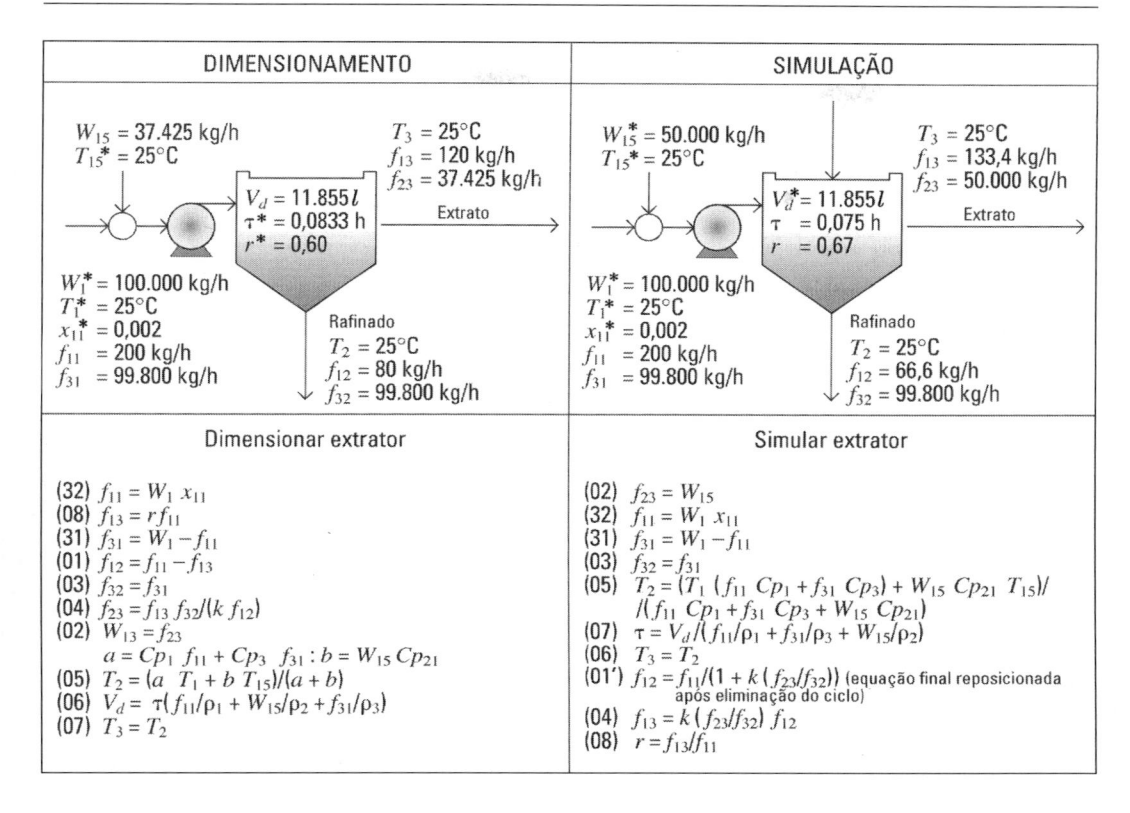

Figura 3.24
Equações ordenadas
e resultados do
dimensionamento e da
simulação do extrator.

resfriamento e a área de troca térmica do resfriador necessárias para resfriar 36.345 kg/h de benzeno líquido saturado até 25°C. A água se encontra a 15°C e deve sair a 30°C. Resultam $A_r = 361$ m^2 e $W_{11} = 59.969$ kg/h.

Simulação: são fixadas a dimensão do equipamento (A_r) e todas as vazões e condições das correntes de entrada (W_{10}, T_{10}, W_{11}, T_{11}). Exemplificando, pretende-se determinar as temperaturas de saída do benzeno e da água, caso o resfriador projetado para 361 m^2 fosse alimentado com 20.000 kg/h de benzeno, ao invés de 36.345 kg/h, mantidas a vazão e a temperatura da água de resfriamento. Observa-se que ambas as temperaturas seriam mais baixas em relação aos valores de projeto.

Os resultados e as equações ordenadas se encontram na Figura 3.25.

CONDENSADOR

Dimensionamento: são consideradas conhecidas a vazão da corrente de processo (W_5) e as condições das correntes de entrada (T_5, T_8). São fixadas como metas as temperaturas de saída (T_9, T_{10}). Exemplificando, o objetivo é determinar a vazão de água de resfriamento e a área de troca térmica necessárias para condensar 36.345 kg/h de benzeno de vapor saturado a líquido saturado. A água se encontra a 15°C e deve sair a 30°C . Resultam $Ac = 119$ m^2 e W_8 = 228.101 kg/h.

Simulação: são fixadas a dimensão do equipamento (A_c) e as condições das correntes de entrada (W_5, T_5, T_8) e mais a temperatura do benzeno condensado T_{10}. Aqui também se admite a existência de um sistema de controle para garantir que, com a área obtida no dimensionamento, o benzeno saia como líquido saturado. Logo, especifica-se $T_{10} = 80$°C e calcula-se o valor de W_8 que servirá de "set-point" para o sistema de controle. Exemplificando, pretende-se

Figura 3.25
Equações ordenadas
e resultados do
dimensionamento e da
simulação do resfriador.

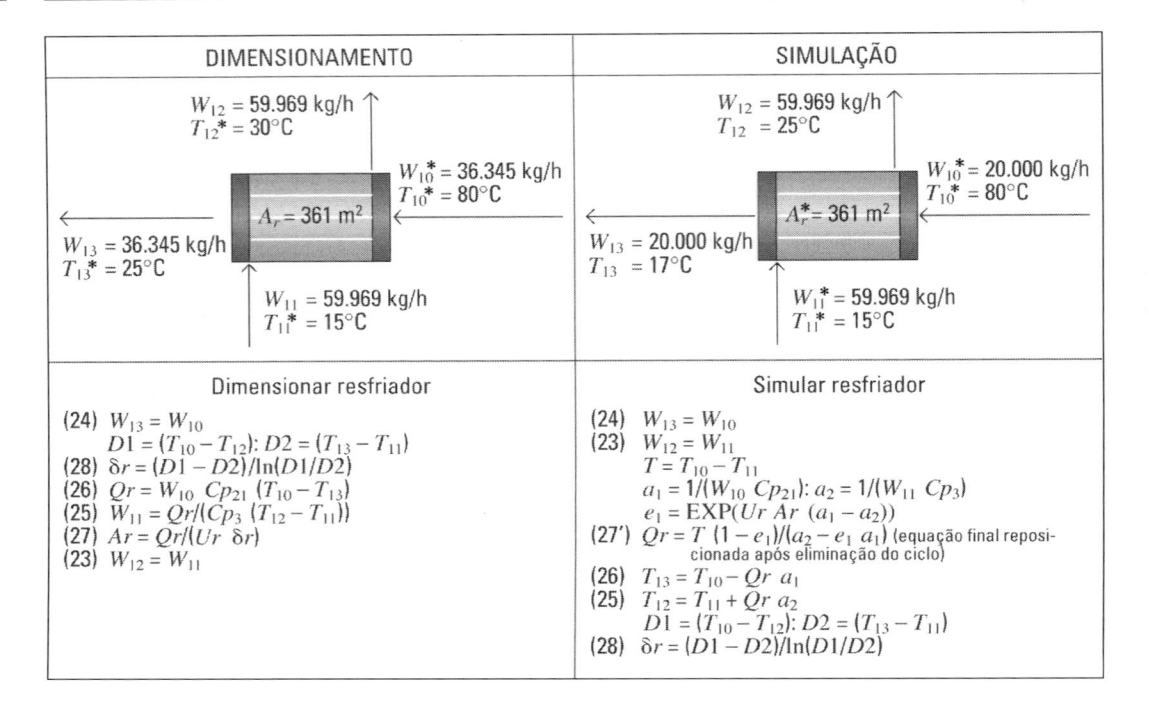

determinar a vazão de água necessária para condensar 20.000 kg/h de benzeno, ao invés dos 36.345 kg/h para os quais foi calculada a área de 119 m². O condensador conta com um sistema de controle que manipula a vazão de água, de modo a garantir a saída do benzeno como líquido saturado. O resultado é uma redução do consumo de água (W_8) e um aumento da sua temperatura de saída (T_9).

Os resultados e as equações ordenadas se encontram na Figura 3.26. As razões para a existência do sistema de controle encontram-se explicadas a seguir, quanto à simulação do evaporador.

Figura 3.26
Equações ordenadas
e resultados do
dimensionamento
e da simulação do
condensador.

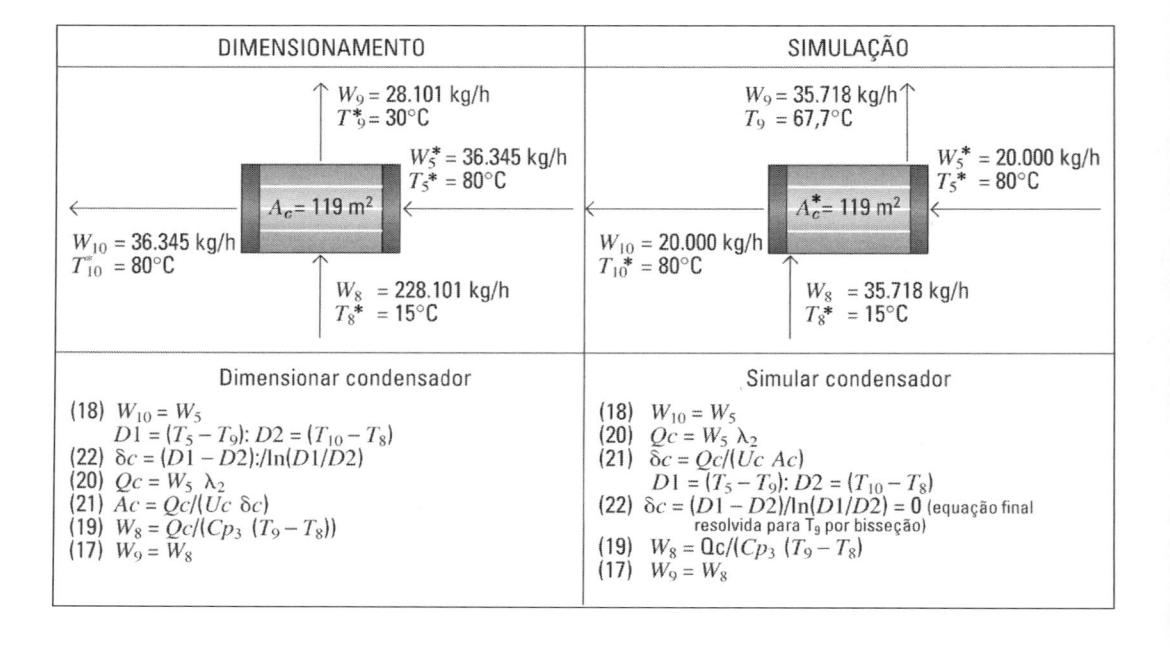

EVAPORADOR

Dimensionamento: são consideradas conhecidas as vazões dos componentes da corrente de processo (f_{13}, f_{23}) e as condições das correntes de entrada (T_3, T_6). São fixadas como metas a temperatura do vapor condensado (T_7) e a temperatura do benzeno (T_5), esta última em substituição à pressão de operação, que não figura no modelo, e a concentração de saída x_{14}. Exemplificando, o objetivo é determinar a vazão de um vapor a 150°C e a área de troca térmica necessárias para obter um concentrado com 10% de ácido benzoico, a partir da solução da corrente 3, com o vapor saindo como líquido saturado a 150°C . Resultam A_e = 124 m^2 e W_6 = 8.615 kg/h. Como resultado adicional, resultam as vazões do concentrado e do benzeno evaporado.

Simulação: são fixadas a dimensão do equipamento (A_e), as vazões e as condições das correntes de entrada (f_{13}, f_{23}, T_3, T_6), e mais as temperaturas do benzeno evaporado e do vapor condensado (T_5, T_7), nos seus valores de projeto. Observa-se uma situação diferente de uma simulação clássica: uma das variáveis de entrada (W_6) não está sendo especificada e estão sendo especificadas 2 variáveis de saída (T_5, T_7). O motivo é a existência do sistema de controle (Capítulo 1) instalado para garantir que o evaporador, com a área obtida no dimensionamento, opere à pressão de 1 atm. (T_5 = 80°C) e que o vapor saia como líquido saturado (T_7 = 150°C). Para satisfazer o balanço de informação, a especificação de T_7 exige a remoção de uma especificação normal. No caso, é W_6, cujo valor deve ser então calculado para servir de "set-point" para o sistema de controle. Exemplificando, pretende-se determinar a vazão de vapor, a vazão de evaporado, a vazão e a concentração do concentrado, caso o evaporador, com os mesmos 124 m^2 de área de projeto, fosse alimentado com uma solução mais diluída, 50.000 kg/h de solvente e não mais com 37.425 kg/h, as demais condições de entrada mantidas em seus valores de projeto. O evaporador é dotado de um sistema de controle que manipula a vazão de vapor, de modo a garantir que esse vapor saia como líquido saturado a 150°C. Verifica-se que seria necessário menos vapor, que a vazão de concentrado aumentaria e que a concentração de ácido benzco seria praticamente dobrada.

Os resultados e as equações ordenadas se encontram na Figura 3.27.

MISTURADOR

Dimensionamento: são consideradas conhecidas a vazão da corrente de processo (W_{13}) e as condições das correntes de entrada (T_{13}, T_{14}). A meta é a vazão de saída (W_{15}). Exemplificando, o objetivo é determinar a vazão de benzeno da corrente 14 necessária para produzir, com os 30.000 kg/h da corrente 13, uma corrente 15 com 40.000 kg/h. As duas correntes de entrada se encontram a 25°C, resultando 25°C também para a corrente 15. Resulta W_{14} = 10.000 kg/h.

Simulação: são fixadas todas as vazões e condições das correntes de entrada ($W_{13}, T_{13}, W_{14}, T_{14}$). Exemplificando, pretende-se determinar a temperatura da corrente 15, caso a temperatura da corrente 14 fosse 20°C, ao invés dos 25°C de projeto, mantidas as vazões de entrada nos seus valores de projeto.

Os resultados e as equações ordenadas se encontram na Figura 3.28.

Figura 3.27
Equações ordenadas
e resultados do
dimensionamento e da
simulação do evaporador.

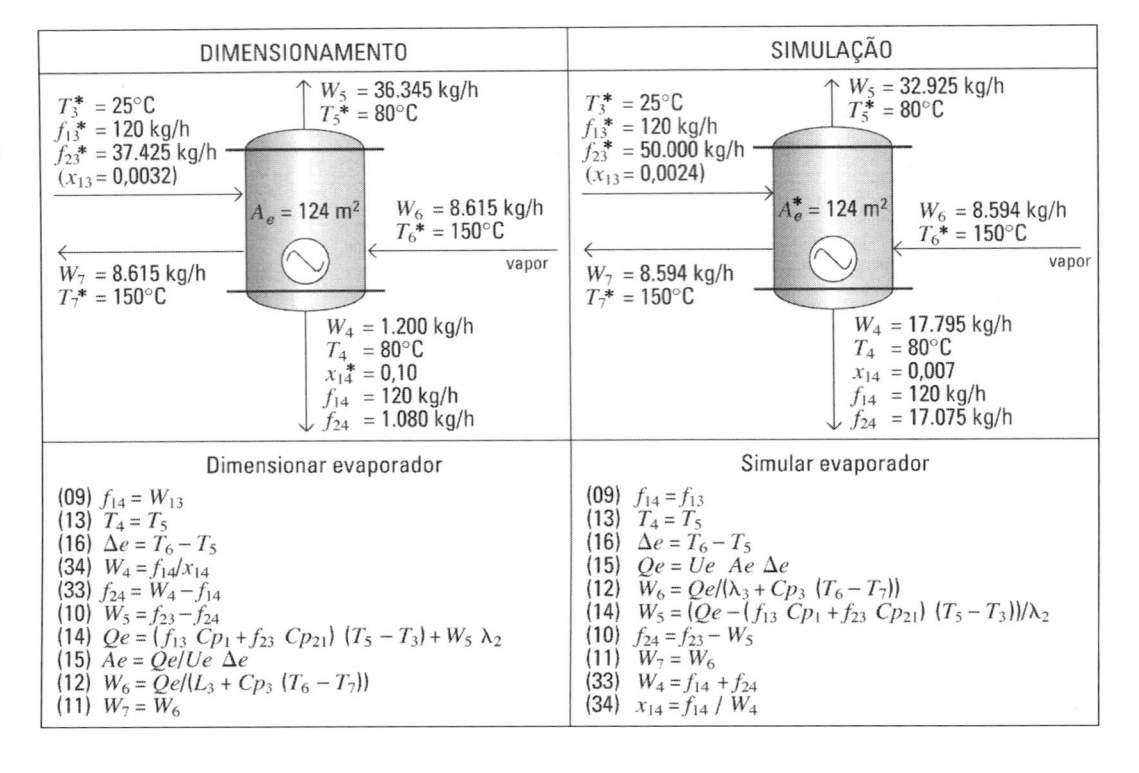

DIMENSIONAMENTO	SIMULAÇÃO
Dimensionar evaporador	Simular evaporador
(09) $f_{14} = W_{13}$	(09) $f_{14} = f_{13}$
(13) $T_4 = T_5$	(13) $T_4 = T_5$
(16) $\Delta e = T_6 - T_5$	(16) $\Delta e = T_6 - T_5$
(34) $W_4 = f_{14}/x_{14}$	(15) $Qe = Ue\ Ae\ \Delta e$
(33) $f_{24} = W_4 - f_{14}$	(12) $W_6 = Qe/(\lambda_3 + Cp_3\ (T_6 - T_7))$
(10) $W_5 = f_{23} - f_{24}$	(14) $W_5 = (Qe - (f_{13}\ Cp_1 + f_{23}\ Cp_{21})\ (T_5 - T_3))/\lambda_2$
(14) $Qe = (f_{13}\ Cp_1 + f_{23}\ Cp_{21})\ (T_5 - T_3) + W_5\ \lambda_2$	(10) $f_{24} = f_{23} - W_5$
(15) $Ae = Qe/Ue\ \Delta e$	(11) $W_7 = W_6$
(12) $W_6 = Qe/(L_3 + Cp_3\ (T_6 - T_7))$	(33) $W_4 = f_{14} + f_{24}$
(11) $W_7 = W_6$	(34) $x_{14} = f_{14} / W_4$

Figura 3.28
Equações ordenadas
e resultados do
dimensionamento e da
simulação do misturador.

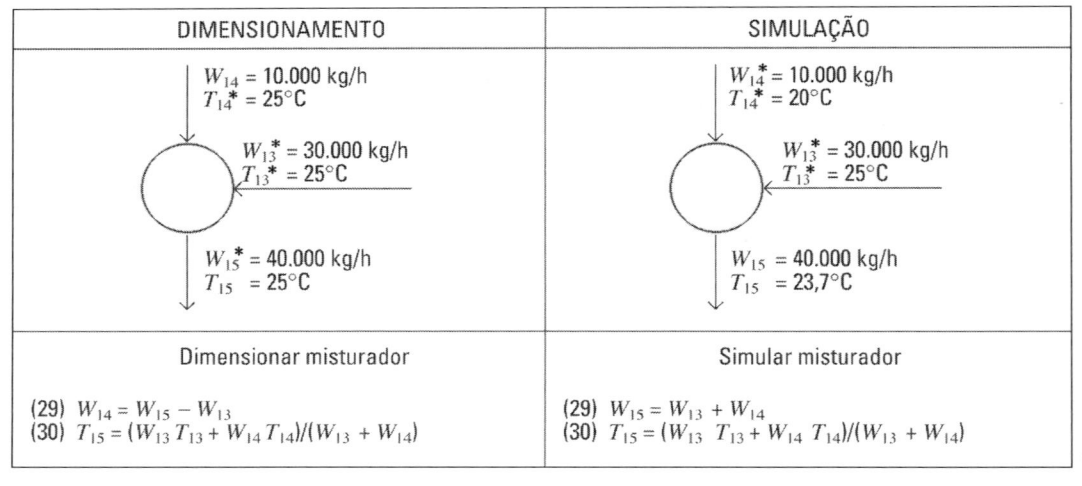

DIMENSIONAMENTO	SIMULAÇÃO
Dimensionar misturador	Simular misturador
(29) $W_{14} = W_{15} - W_{13}$	(29) $W_{15} = W_{13} + W_{14}$
(30) $T_{15} = (W_{13}\ T_{13} + W_{14}\ T_{14})/(W_{13} + W_{14})$	(30) $T_{15} = (W_{13}\ T_{13} + W_{14}\ T_{14})/(W_{13} + W_{14})$

3.4 DIMENSIONAMENTO E SIMULAÇÃO DE PROCESSOS

Existem duas estratégicas básicas para o dimensionamento e a simulação de processos: a global e a modular.

3.4.1 ESTRATÉGIA GLOBAL

É aquela em que as equações dos modelos de todos os equipamentos e as restrições de corrente são agrupadas como se o processo fosse um macroequipamento. Elas podem ser sequenciadas pelo Algoritmo de Ordenação de Equações. A sequência resultante depende das variáveis especificadas em cada caso.

(a) Dimensionamento: no dimensionamento, procura-se **calcular as dimensões dos equipamentos e as vazões das correntes auxiliares** compatíveis com a alimentação, com as condições das correntes auxiliares e com as metas estabelecidas para os equipamentos. No processo ilustrativo, as correntes auxiliares são as de água de resfriamento, de vapor e de solvente. As metas dos equipamentos estão configuradas em τ e T_2 (extrator), T_5, T_7 e x_{14} (evaporador), T_{10} (condensador), todas especificadas. As especificações para o problema ilustrativo se encontram na Tabela 2.2. No caso de se especificar r, T_9 e T_{12}, o problema admite uma solução única (G = 0) (Figura 2.3). A ordenação pela matriz incidência é direta, resultando a sequência da Tabela 3.4, não se encontrando ciclos. Esta sequência compõe o módulo computacional correspondente no programa apresentado na Figura 2.10.

TABELA 3.4 MODELO MATEMÁTICO DO PROCESSO ILUSTRATIVO ORDENADO PELO ALGORITMO DE ORDENAÇÃO DE EQUAÇÕES

Dimensionar processo	
(03) $T_3 = T_2$	(14) $Q_e = (f_{13}\,C_{p1} + f_{23}\,C_{p21})\,(T_5 - T_3) + W_5\,\lambda_2$
(13) $T_4 = T_5$	(18) $W_{10} = W_5$
(16) $\Delta_e = T_6 - T_5$	(20) $Q_c = W_5\,(\lambda_2 + C_{p21}\,(T_5 - T_{10}))$
(22) $\delta_1 = T_5 - T_9$: $\delta_2 = T_{10} - T_8$: $\delta_c = (\delta_1 - \delta_2)/\ln(\delta_1/\delta_2)$	(12) $W_6 = Q_e/(\lambda_3 + C_{p3}\,(T_6 - T_7))$
(32) $f_{11} = W_1\,x_{11}$	(15) $A_e = Q_e/(U_e\,\Delta_e)$
(08) $f_{13} = f_{11}\,r$	(24) $W_{13} = W_{10}$
(31) $f_{31} = W_1 - f_{11}$	(19) $W_8 = Q_c/(C_{p3}\,(T_9 - T_8))$
(01) $f_{12} = f_{11} - f_{13}$	(21) $A_c = Q_c/(U_c\,\delta_c)$
(09) $f_{14} = f_{13}$	(11) $W_7 = W_6$
(03) $f_{32} = f_{31}$	(29) $W_{14} = W_{15} - W_{13}$
(04) $f_{23} = f_{13}\,f_{32}/(k\,f_{12})$	(17) $W_9 = W_8$
(34) $W_4 = f_{14}/x_{14}$	(30) $T_{13} = T_{15} + W_{14}\,(T_{15} - T_{14})/W_{13}$
(02) $W_{15} = f_{23}$	(26) $Q_r = W_{10}\,C_{p21}\,(T_{10} - T_{13})$
(33) $f_{24} = W_4 - f_{14}$	(28) $\delta_1 = T_{10} - T_{12}$: $\delta_2 = T_{13} - T_{11}$: $\delta r = (\delta_1 - \delta_2)/\ln(\delta_1/\delta_2)$
(05) $T_{15} = T_2 - (f_{11}\,C_{p1} + f_{31}\,C_{p3})\,(T_1 - T_2)/(W_{15}\,C_{p21})$	(25) $W_{11} = Q_r/(C_{p3}\,(T_{12} - T_{11}))$
(07) $V_d = \tau\,(f_{11}/\rho_1 + W_{15}/\rho_2 + f_{31}/\rho_3)$	(27) $A_r = Q_r/(U_r\,\delta_r)$
(10) $W_5 = f_{23} - f_{24}$	(23) $W_{12} = W_{11}$

No caso de não se especificar r, T_9 e T_{12}, o problema passa a exibir 3 graus de liberdade, transformando-se num problema de otimização (Figura 2.3), como será visto no Capítulo 5.

(b) Simulação: na simulação, **supõe-se que o processo já se encontra instalado** e em operação. Procura-se prever os valores assumidos pelas variáveis das correntes de saída para valores das variáveis das correntes de entrada diferentes daqueles adotados no dimensionamento. Nesse caso, as **variáveis especificadas** são as dimensões dos equipamentos obtidas no dimensionamento, as vazões e as condições das correntes de entrada. A ordenação das equações pode ser conduzida da mesma forma que no dimensionamento.

3.4.2 ESTRATÉGIA MODULAR

A **Estratégia Modular** consiste em utilizar um módulo computacional para cada equipamento, em que as equações se encontram previamente ordenadas, para dimensionamento ou para simulação. Uma vantagem é que as equações são ordenadas uma só vez, quando os módulos são criados. Para cada problema, basta ordenar os módulos segundo o fluxograma do processo.

A estratégia modular pode ser utilizada tanto na simulação como no dimensionamento do processo.

(a) Simulação: em problemas de simulação, equações dos módulos são ordenadas para simulação. Assim, conhecidos os valores das variáveis das correntes de entrada e das dimensões do equipamento, o módulo calcula os valores das variáveis das correntes de saída. Para a simulação de um processo, basta acoplar os módulos segundo o fluxograma e iniciar a execução, que será mais ou menos simples, dependendo da estrutura do processo.

Em processos de estrutura acíclica, como uma bateria de extratores ou de reatores, os cálculos se iniciam pelas correntes de entrada e seguem a sequência dos módulos. O problema se complica, quando o processo exibe uma estrutura cíclica. Nesse caso, os cálculos são iniciados pelas correntes de entrada e conduzidos sequencialmente, até que seja encontrado um ciclo. De maneira análoga à abertura de ciclos em sistemas de equações (Figuras 3.9 e 3.10), seleciona-se um equipamento final e uma corrente de abertura. No caso, abrir uma corrente significa arbitrar valores iniciais e controlar a convergência de todas as variáveis que dela fazem parte. Por esse motivo, a escolha da corrente de abertura deve recair, preferencialmente, naquela com o menor número de variáveis.

A abertura de um ciclo pode ser exemplificada com o próprio problema ilustrativo, que apresenta apenas um ciclo (Figura 3.29). Neste caso, para corrente de abertura pode-se escolher a corrente 5, que só tem W_5 como incógnita. O equipamento final fica sendo o evaporador. Há que se inserir um módulo de promoção de convergência para o ciclo, utilizando-se o método da substituição direta (SD), por exemplo. Assim, a cada iteração um valor arbitrado W_{5a} é fornecido ao módulo do condensador e um outro valor W_{5c} é calculado pelo módulo do evaporador. O procedimento prossegue até que o erro relativo $|(W_{5c} - W_{5a})/W_{5a}|$ se torne menor do que uma tolerância preestabelecida.

A dinâmica da simulação do processo pode ser descrita pelo algoritmo Simular Processo, no qual os módulos de simulação dos equipamentos são aquelas das Figuras 3.24 a 3.28.

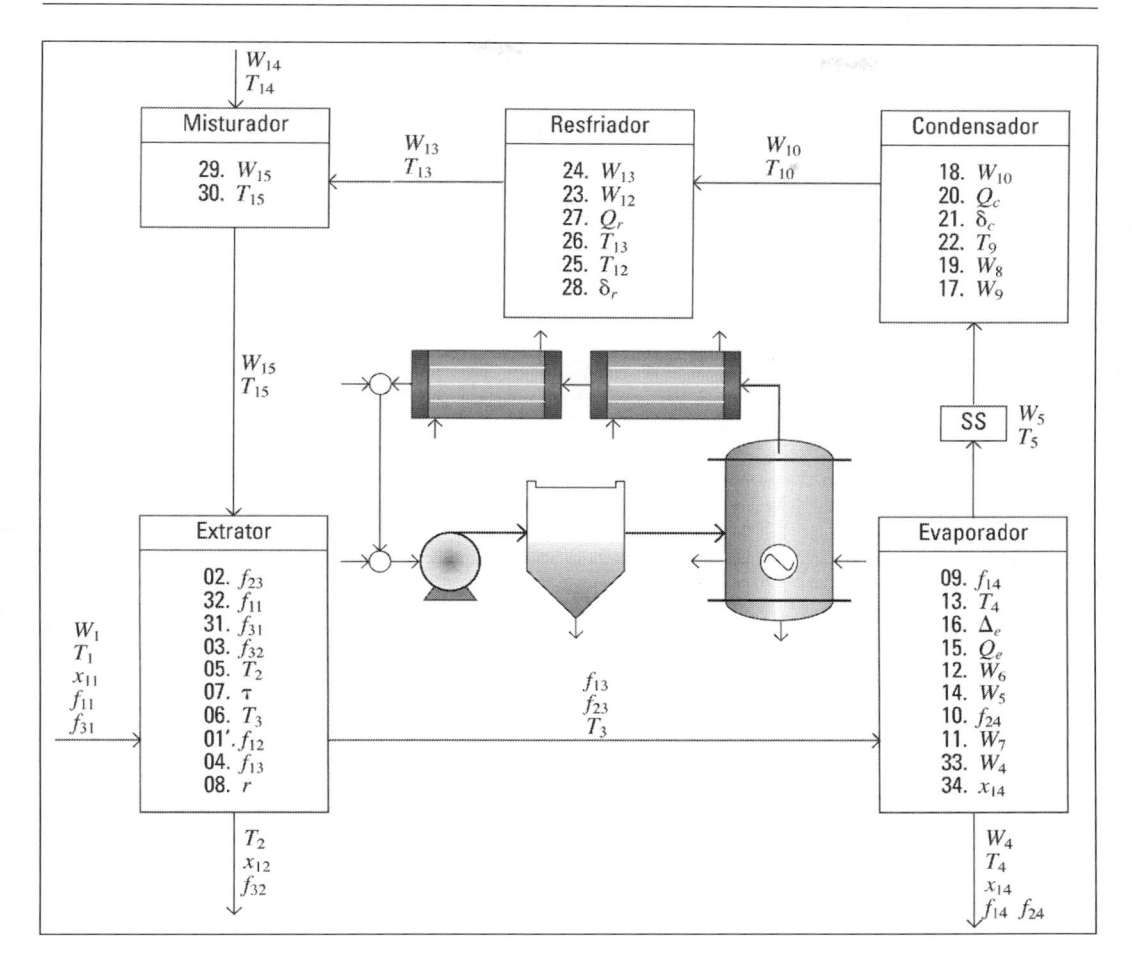

Figura 3.29
Simulação do processo
ilustrativo - Estratégia
Modular.

```
Simular Processo
Ler W₅c, tolerância
Repetir
        W₅ₐ = W₅c
        Simular Condensador
        Simular Resfriador
        Simular Misturador
        Simular Extrator
        Simular Evaporador
        ErroRelativo = |(W₅c - W₅ₐ)/W₅ₐ|
Até Erro Relativo ≤ tolerância
```

O problema de simulação se torna ainda mais complexo, quando o processo exibe diversas correntes de reciclo, com a presença de diversos ciclos, como na Figura 3.30.

Neste caso, a simulação tem que ser precedida pelas seguintes ações:

- **identificação dos ciclos:** a identificação pode ser conduzida pelo método do traçado de percursos [5]. Este método consiste em percorrer o fluxograma deixando uma marca nos equipamentos visitados. Um ciclo é identificado quando um equipamento já visitado é visitado de novo. O método pode ser aplicado visualmente sobre o fluxograma ou sobre a matriz estrutural do processo, com o auxílio de dois instrumentos:

Figura 3.30
Processo com estrutura
complexa.

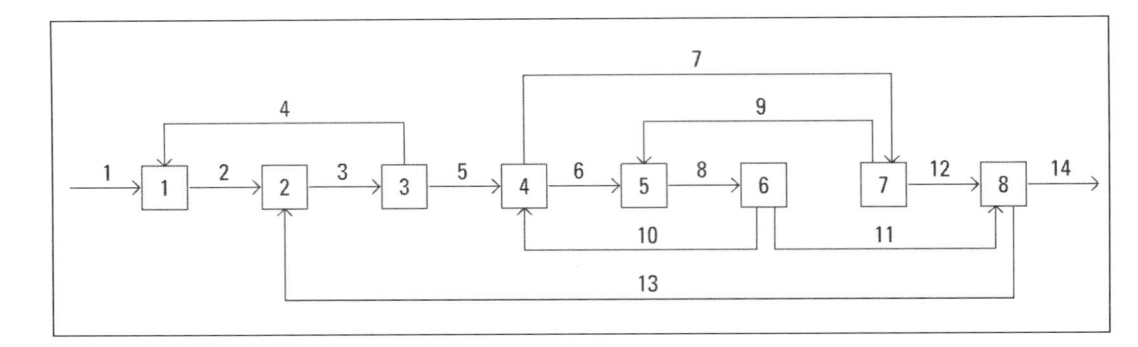

- **lista dupla:** é a lista onde são registrados os passos da busca. A cada passo é registrada a corrente de saída do equipamento anterior e o respectivo equipamento de destino. Se um equipamento possui mais de uma corrente de saída, registra-se uma delas na lista e anotam-se as demais para os passos seguintes da busca. As correntes de entrada no fluxograma são identificadas por terem 0 como equipamento de origem;

- **matriz ciclo-corrente:** é a matriz onde são registrados os ciclos encontrados. As suas linhas correspondem aos ciclos e as colunas, às correntes que os formam. Trata-se de uma matriz booleana, cujos elementos a_{ij} assumem o valor 1, se a corrente j participa do ciclo i, ou 0.

A localização dos ciclos pode ser efetuada através do algoritmo aqui denominado **CICLOR.**

```
CICLOR
C: corrente conhecida
D: equipamento de destino da corrente conhecida
L: lista dupla

Ler a Matriz do Processo e as Correntes Conhecidas
Repetir enquanto existirem Correntes Conhecidas
    Inserir C e D em L
    Se D já estiver em L
        Então: Registrar, Recuar, Avançar
        Senão: Avançar

Onde:
Registrar: inserir, na Matriz Ciclo-Corrente, todas as correntes de L a partir
        de D.

Recuar: voltar uma posição em L.
Avançar:
Repetir
    Se D tem alguma corrente de saída
        Então: inserir C e D em L e sair.
        Senão: Recuar
Até esgotar L
```

O emprego do algoritmo é agora exemplificado com o sistema da Figura 3.30, onde a corrente 1 é a única conhecida.

Iniciando-se pela corrente 1, são inseridos na Lista os pares 2/2 e 3/3, observando-se que o equipamento 3 possui duas saídas: 4 e 5. Tomam-se a corrente 4 e o seu destino 1 (a corrente 5 fica anotada para uso posterior). Verifica-se que o equipamento 1 já consta da lista. Registra-se, então, o primeiro ciclo formado pelas correntes 2, 3, 4:

				5
Corrente	1	2	3	4
Destino	1	2	3	1

Remove-se o par 4/1 e toma-se, em seu lugar, a corrente 5 com o seu destino 4. Percorrendo-se o fluxograma, inserem-se novos pares corrente/destino, registrando-se as duas saídas dos equipamentos 4 (6 e 7) e 6 (10 e 11), até ser encontrado o equipamento 4 que já consta da lista. Registra-se, então, o segundo ciclo, formado pelas correntes 6, 8, 10:

					7		11
Corrente	1	2	3	5	6	8	10
Destino	1	2	3	4	5	6	4

O par 10/4 é removido, tomando-se em seu lugar a corrente 11 e o seu destino 8. Percorrendo-se o fluxograma, é inserido o par 13/2, verificando-se que o equipamento 2 já se encontra na lista. Registra-se, assim, o terceiro ciclo, formado pelas correntes 3, 5, 6, 8, 11, 13:

					7			
Corrente	1	2	3	5	6	8	11	13
Destino	1	2	3	4	5	6	8	2

São removidos sucessivamente os pares 13/2, 11/8, 8/6 e 6/5, tomando-se em seu lugar a corrente 7 e o seu destino 7. Percorrendo-se o fluxograma, são inseridos os pares 7/7, 9/5, 8/6 e 10/4, anotando-se as duas saídas dos equipamentos 7 (9 e 12) e 6 (10 e 11) verificando-se que o equipamento 4 já se encontra na lista. Registra-se, então, o quarto ciclo, formado pelas correntes 7, 9, 8, 10:

					12		11	
Corrente	1	2	3	5	7	9	8	10
Destino	1	2	3	4	7	5	6	4

Remove-se o par 10/4, tomando-se em seu lugar a corrente 11 com o seu destino 8. Percorrendo-se o fluxograma, são inseridos os pares 11/8 e 13/2, verificando-se que o equipamento 2 já se encontra na lista. Registra-se, então, o quinto ciclo, formado pelas correntes 3, 5, 7, 9, 8, 11, 13:

					12				
Corrente	1	2	3	5	7	9	8	11	13
Destino	1	2	3	4	7	5	6	8	2

São removidos sucessivamente os pares 13/2, 11/8, 8/6 e 9/5, tomando-se em seu lugar a corrente 12 e seu destino 8. Percorrendo-se o fluxograma, são inseridos os pares 12/8 e 13/2, verificando-se que o equipamento 2 já se encontra na lista. Registra-se, então, o sexto ciclo, formado pelas correntes 3, 5, 7, 12, 13:

Corrente	1	2	3	5	7	12	13
Destino	1	2	3	4	7	8	2

São removidos sucessivamente todos os pares, a partir do par 13/2, sem que se encontre qualquer saída não explorada de qualquer equipamento. A lista fica **vazia**, encerrando-se o algoritmo.

Corrente							
Destino							

A Matriz Ciclo Corrente correspondente se encontra na Tabela 3.5.

TABELA 3.5 MATRIZ CICLO-CORRENTE DO SISTEMA DA FIGURA 3.30

	2	**3**	**4**	**5**	**6**	**7**	**8**	**9**	**10**	**11**	**12**	**13**
1	1	1	1									
2				1			1		1			
3		1		1	1		1			1		1
4						1	1	1	1			
5		1		1		1	1	1		1		1
6		1		1		1					1	1

O passo seguinte consiste em eliminar possíveis ciclos duplicados, o que não ocorre neste exemplo.

- **Seleção das correntes de abertura:** a Tabela 3.5 mostra que os ciclos do sistema podem ser abertos por numerosas combinações possíveis de correntes. A seleção deve ser conduzida, de modo a se obter um **conjunto mínimo de correntes de abertura**, que não é único. O algoritmo Seleção, descrito adiante, conduz a um dos conjuntos mínimos. O algoritmo utiliza uma lista A que, ao final, conterá as correntes selecionadas. Usa, ainda, o vetor C, de dimensão igual ao número de correntes, cujos elementos indicam o número de ciclos de que participam as correntes. Ao final, C será nulo. O algoritmo é o seguinte:

```
SELEÇÃO
Calcular os elementos de C
Repetir
        Identificar a corrente com o maior valor em C (pode ser a primeira
            encontrada)
        Inscrever a corrente em A
        Remover os ciclos abertos pela corrente (anular os elementos na linhas
            correspondentes)
        Atualizar C
Até C = 0
```

Seguem-se as sucessivas configurações resultantes da aplicação do algoritmo (Tabela 3.6).

TABELA 3.6 SELEÇÃO DAS CORRENTES DE ABERTURA

	2	3	4	5	6	7	8	9	10	11	12	13	A
1	1	1	1										
2					1		1		1				
3		1		1	1		1			1		1	
4						1	1	1	1				
5		1		1		1	1	1		1		1	
6		1		1		1					1	1	

C	1	4	1	3	2	3	4	2	2	2	1	3

	2	3	4	5	6	7	8	9	10	11	12	13	A
1													3
2					1		1		1				
3													
4						1	1	1	1				
5													
6													

C	0	0	0	0	1	1	2	1	2	0	0	0

	2	3	4	5	6	7	8	9	10	11	12	13	A
1													3
2													8
3													
4													
5													
6													

C	0	0	0	0	0	0	0	0	0	0	0	0

Na primeira etapa, foi selecionada a corrente 3, podendo ter sido a 8. Na segunda etapa, foi selecionada a corrente 8, podendo ter sido a 10. Isto mostra que o conjunto mínimo de correntes de abertura não é único.

- **Estabelecimento do algoritmo para a simulação do processo**

Esta tarefa é relativamente simples, bastando incluir as rotinas de simulação dos equipamentos na sequência do fluxograma. Ao surgir um ciclo, escolhe-se uma das correntes de abertura e inclui-se o comando Abrir (atribuir valores iniciais para as variáveis participantes da corrente aberta) seguido da abertura de um ciclo de repetição, que é fechado com a rotina Convergir (teste do erro relativo) ao se alcançar o último equipamento deste ciclo.

No exemplo, adotando-se o Conjunto [3, 8], resulta a seguinte sequência estruturada, onde C_j representa a Corrente j e E_i o Equipamento i. Entre parênteses, encontram-se as correntes que se tornam conhecidas após a simulação do respectivo equipamento.

```
Abrir C₃
Repetir
        Simular E₃ (resultando C₄, C₅)
        Simular E₁ (resultando C₂)
        Abrir C₈
        Repetir
                Simular E₆ (resultando C₁₀, C₁₁)
                Simular E₄ (resultando C₆, C₇)
                Simular E₇ (resultando C₉, C₁₂)
                Simular E₅ (resultando C₈)
        Até Convergir C₈
        Simular E₈ (resultando C₁₃)
        Simular E₂ (resultando C₃)
Até Convergir C₃
```

(b) Dimensionamento: na estratégia modular, pode-se contemplar duas abordagens para o dimensionamento.

Numa **primeira abordagem**, utilizam-se os módulos com as equações **ordenadas para simulação**. Nesse caso, como as dimensões são consideradas especificadas e as variáveis de saída são calculadas a partir das variáveis de entrada, o dimensionamento tem que ser conduzido iterativamente, por **simulações sucessivas**. A cada iteração, arbitram-se valores para as dimensões dos equipamentos e simula-se o processo, resultando as variáveis das correntes de saída. O procedimento é repetido até que as metas dos equipamentos sejam atendidas. Pode-se tomar o resfriador do processo ilustrativo como exemplo (Figura 3.25). De acordo com este procedimento, os valores-meta T_{12}^* e T_{13}^* seriam tomados como referência. Os valores de W_{10}, T_{10} e T_{11} seriam especificados como no dimensionamento. Poder-se-ia, então, em procedimento semelhante ao de uma otimização (Capítulo 5), arbitrar sucessivos valores para a A_r e a W_{11} tentando trazer para zero o valor de $|T_{12} - T_{12}^*| + |T_{13} - T_{13}^*|$.

Numa **segunda abordagem**, utilizam-se os módulos com as equações **ordenadas para dimensionamento**. Quando o processo tem estrutura acíclica, o procedimento funciona muito bem, bastando concatenar os módulos na sequência do fluxograma material, começando por aquele em que entra a corrente de alimentação. No caso de processos com estrutura cíclica, aparecem equações que não podem ser resolvidas na sequência indicada, porque os seus lados direitos exibem variáveis que não foram calculadas anteriormente. Nesse caso, pode-se "desempacotar" os módulos e trocar de posição cada uma dessas equações por outra que se encontra mais adiante e que calcula a variável desconhecida.

Figura 3.31
Módulo computacional de um extrator isotérmico.

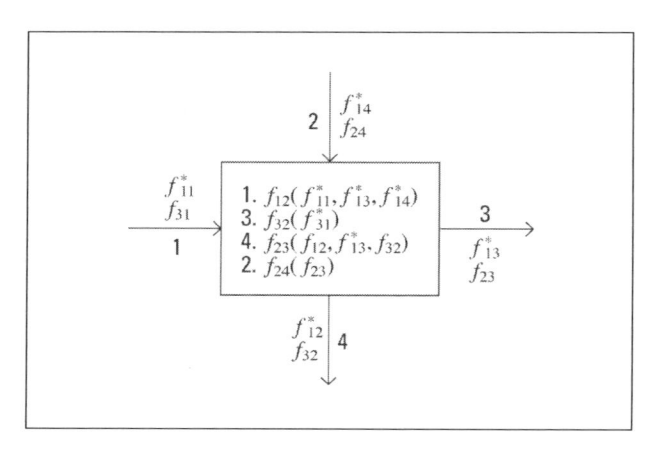

A Figura 3.31 apresenta o módulo computacional para o dimensionamento de um extrator isotérmico (dispensa o balanço de energia). O índice i das vazões f_{ij} corresponde às substâncias (1) soluto, (2) solvente, (3) água. O índice j corresponde às correntes (1) alimentação, (2) rafinado, (3) extrato e (4) solvente. Com vistas a uma situação a ser considerada adiante, admite-se que o solvente esteja contaminado com o soluto. No interior do módulo encontram-se as equações ordenadas. Nesta notação compacta, as variáveis calculadas aparecem seguidas da lista de variáveis, das quais elas dependem.

No caso de dois extratores em série (estrutura acíclica), os módulos são acoplados segundo o fluxo material do fluxograma do sistema (Figura 3.32). A mesma sequência de cálculo, previamente estabelecida para um extrator isolado, é utilizada nos dois extratores, ajustando-se apenas os índices das correntes.

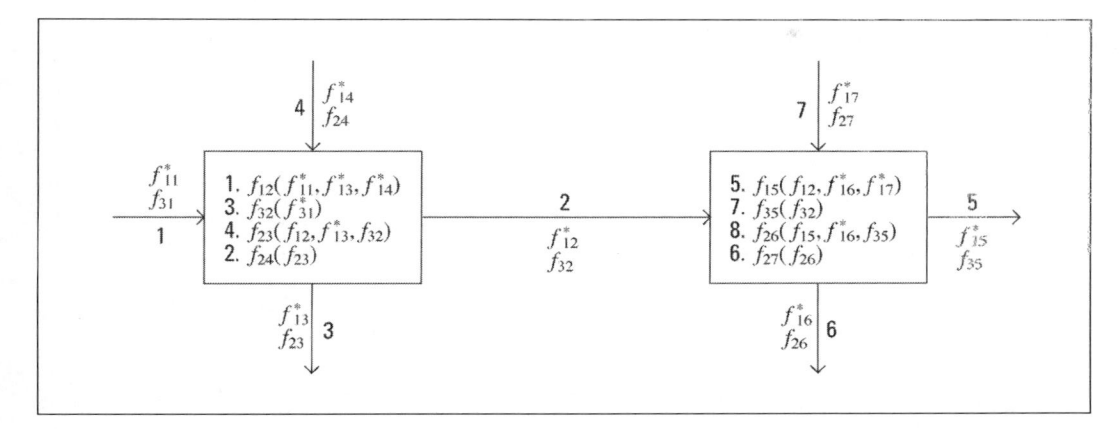

Figura 3.32
Módulos computacionais de 2 extratores isotérmicos em série.

Observe-se que o segundo módulo, ao ser acionado, já dispõe dos valores das variáveis f_{12} e f_{32}, calculados no módulo anterior.

No caso de dois extratores operando em contracorrente (Figura 3.33), a alimentação de solvente se dá no segundo extrator, cujo extrato alimenta o primeiro. No segundo módulo, os índices das correntes se encontram ajustados para a nova situação.

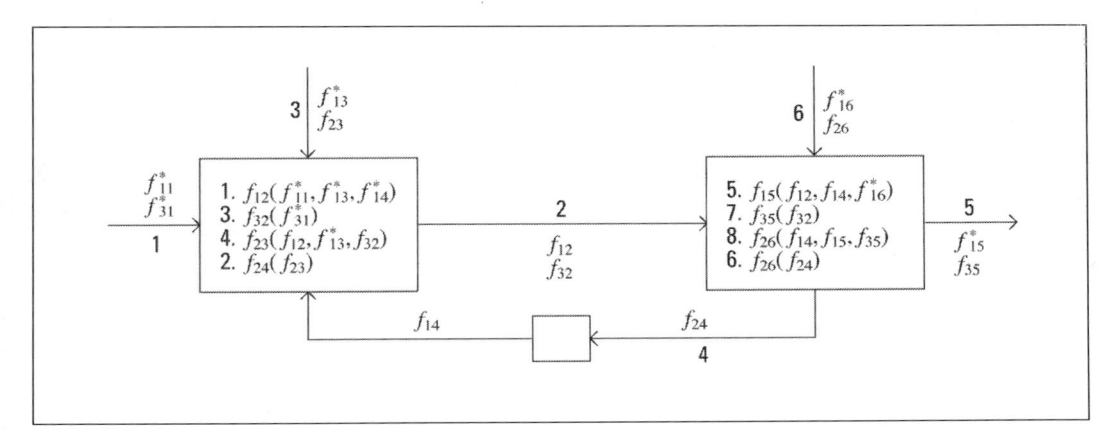

Figura 3.33
Módulos computacionais de 2 extratores isotérmicos operando em contracorrente.

Observe-se que, no segundo módulo, a variável f_{14}, necessária na equação 5, não é calculada pelo primeiro módulo. Por outro lado, há duas equações com a tarefa de calcular f_{24}, uma em cada módulo. Neste caso, o sistema não pode ser calculado diretamente como no caso anterior. Neste caso, pode-se utilizar f_{14} como variável de abertura e controlar a convergência pelos valores calculados de f_{24} nos dois módulos. De qualquer forma, esses casuísmos tornam o procedimento menos confortável do que o da abordagem global.

Aplicações da sistemática apresentada neste Capítulo podem ser encontradas em [6, 7]. Uma abordagem interessante para processos complexos de convergência muito lenta consiste em utilizar, numa primeira etapa, modelos bastante simplificados e de convergência mais rápida para produzir um bom ponto de partida para uma segunda etapa com modelos mais rigorosos [8]. Uma outra providência, na mesma direção, consiste em representar o processo por um sistema de redes neurais previamente treinadas, uma para cada equipamento [9].

3.5 INCERTEZA E ANÁLISE DE SENSIBILIDADE

O projeto de processos se desenvolve num ambiente de absoluta **incerteza**. As principais **fontes de incerteza** são os **modelos matemáticos** e os valores dos **parâmetros físicos e econômicos**.

Os **modelos matemáticos** são uma fonte de incerteza porque nem sempre representam, com precisão suficiente, os fenômenos que se passam no interior dos equipamentos e nas correntes. Por exemplo, no caso do extrator, a relação linear de equilíbrio, com o coeficiente de distribuição constante, é uma aproximação válida apenas para uma faixa estreita de concentração. No trocador de calor, o emprego de C_p e de U constantes também constitui uma aproximação.

Os valores dos **parâmetros físicos e econômicos** são incertos pelos seguintes motivos principais:

- os valores de alguns parâmetros físicos são obtidos experimentalmente, sob condições de erro experimental, ou são estimados a partir de dados conhecidos para condições que não aquelas previstas no projeto. É o caso do coeficiente de distribuição utilizado no extrator, das capacidades caloríficas e do coeficiente global de transferência de calor, utilizados no trocador de calor;

- os valores dos parâmetros físicos, além de imprecisos, variam durante a operação do processo, devido a modificações estruturais dos equipamentos (deposição nos trocadores, por exemplo) e à influência de outras unidades a montante e a jusante (perturbações nas condições de fronteira). Esse é o caso das vazões, das concentrações e das temperaturas de entrada.

Assim sendo, **ao se concluir o dimensionamento de um processo, não há garantia de que o resultado estará correto e nem de que o processo, uma vez instalado, irá alcançar as metas estabelecidas**.

O objetivo da análise de sensibilidade é avaliar o efeito da incerteza sobre o **resultado do dimensionamento** e sobre o **desempenho futuro do processo** [3]. A **base** da análise é formada pelos valores das variáveis especificadas, dos parâmetros e dos resultados do **dimensionamento**. Por exemplo, no caso do trocador de calor da Figura 3.35, a base são os valores apresentados na Tabela 3.7:

Figura 3.34
Trocador de calor.

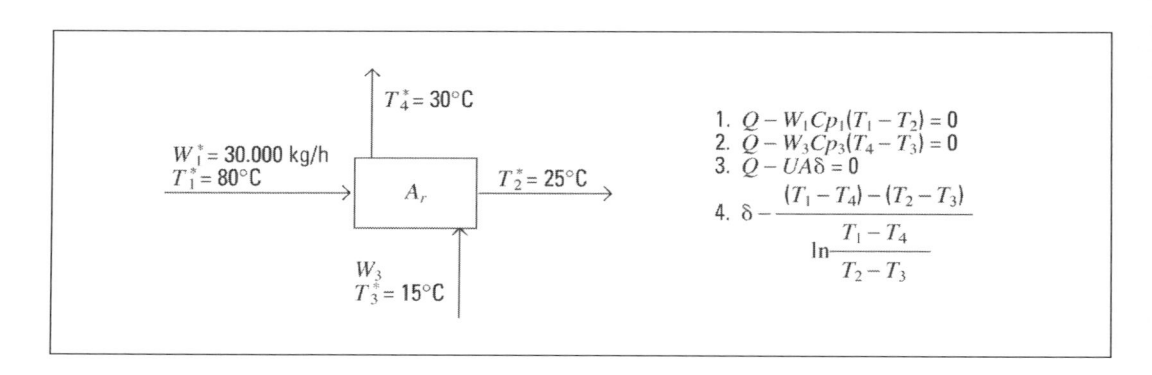

TABELA 3.7 BASE PARA A ANÁLISE DE SENSIBILIDADE DO TROCADOR DE CALOR DA FIGURA 3.34

Variáveis Especificadas	Parâmetros	Resultados
$W_1 = 30.000$ kg/h	$U = 100$ kcal/h m^2 °C	$W_3 = 44.000$ kg/h
$T_1 = 80$°C	$C_{p1} = 0,4$ kcal/kg °C	$A = 265,6$ m^2
$T_2 = 25$°C	$C_{p3} = 1$ kcal/kg °C	
$T_3 = 15$°C		
$T_4 = 30$°C		

No que se segue, F é uma variável relevante no dimensionamento ou na operação futura do processo e ξ é um parâmetro de valor incerto. O efeito da incerteza inerente a ξ sobre F é medido pela derivada $\partial F/\partial \xi$ calculada no ponto-base $\bar{\xi}$, ou seja, com todos os parâmetros e variáveis especificadas em seus valores-base. No entanto, para que o resultado independa das unidades de F e de ξ, utilizam-se valores relativos aos valores-base, ou seja, $F(\xi)/F(\bar{\xi})$ e $\xi/\bar{\xi}$. Define-se, então, a função Sensibilidade da variável F em relação ao parâmetro ξ como:

$$S(F;\xi) = \left| \frac{\partial[F(\xi)/F(\bar{\xi})]}{\partial(\xi/\bar{\xi})} \right|_{\bar{\xi}} = \left| \frac{\partial F(\xi)}{\partial \xi} \right|_{\bar{\xi}} \cdot \frac{\bar{\xi}}{F(\bar{\xi})} \tag{3.19}$$

A Figura 3.35 mostra a função Sensibilidade correspondente à Equação 3.19, tendo assinalado o ponto-base, onde $\xi/\bar{\xi} = 1$. Observa-se, no caso desta função, que a Sensibilidade diminui para valores menores do que o base e que aumenta para valores acima do base.

Em algumas situações muito especiais, a derivada $\partial F/\partial \xi$ pode ser obtida analiticamente, permitindo o cálculo exato da Sensibilidade. Entretanto, na maioria dos casos, isso se mostra impraticável, tendo-se que recorrer à sua aproximação numérica:

$$\frac{\partial F}{\partial \xi} \approx \frac{F(\bar{\xi} + \Delta\xi) - F(\bar{\xi})}{\Delta\xi} \tag{3.20}$$

onde $\Delta\xi$ é um incremento tomado a partir do ponto-base.

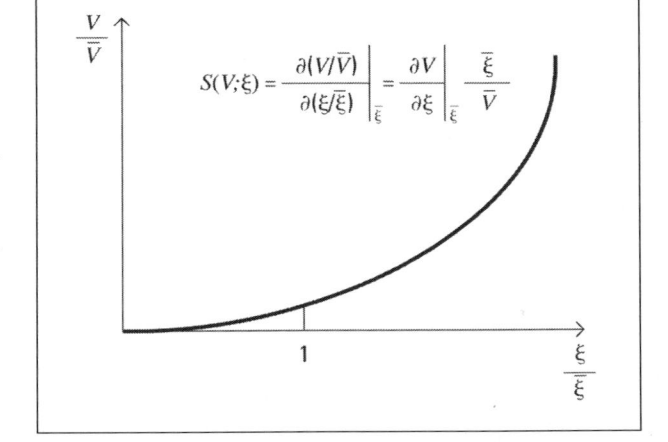

$$S(V;\xi) = \left. \frac{\partial(V/\bar{V})}{\partial(\xi/\bar{\xi})} \right|_{\bar{\xi}} = \left. \frac{\partial V}{\partial \xi} \right|_{\bar{\xi}} \frac{\bar{\xi}}{\bar{V}}$$

Figura 3.35
Função Sensibilidade.

Nesse caso, a Sensibilidade fica:

$$S(F;\xi) \approx \frac{F(\bar{\xi} + \Delta\xi) - F(\bar{\xi})}{\Delta\xi} \cdot \frac{\bar{\xi}}{F(\bar{\xi})} = \frac{F(\bar{\xi} + \Delta\xi) - F(\bar{\xi})}{F(\bar{\xi})} \cdot \frac{\bar{\xi}}{\Delta\xi} \tag{3.21}$$

Tomando-se um incremento de 1%, ou seja, $\frac{\Delta\xi}{\bar{\xi}} = 0,01$:

$$S(F;\xi) \approx \frac{F(1,01 \cdot \bar{\xi}) - F(\bar{\xi})}{F(\bar{\xi})} \cdot 100 \tag{3.22}$$

A incerteza provoca dois tipos de preocupação. Uma em relação ao **resultado do dimensionamento** e outra sobre o **desempenho futuro do processo**.

3.5.1 QUESTIONAMENTO DO DIMENSIONAMENTO

Esse tipo de análise permite avaliar o efeito da incerteza sobre o resultado do próprio dimensionamento, procurando responder a perguntas do tipo: qual seria o valor calculado de F, se o valor real de ξ fosse diferente? Quais os parâmetros, em relação aos quais o resultado do dimensionamento se mostra mais sensível?

No caso do trocador de calor, as variáveis relevantes no dimensionamento são W_3 e A. Se o parâmetro de interesse fosse U, poder-se-ia questionar o seguinte: quais seriam os valores calculados de W_3 e de A, caso o valor real de U fosse diferente de 100? Quais são os parâmetros em relação aos quais W_3 e A são mais sensíveis?

As Sensibilidades de W_3 e de A em relação a U podem ser determinadas pela Equação (3.19). Para tanto, são necessárias as equações resolvidas para dimensionamento e o resultado numérico, a saber:

1. $Q = W_1^* \, Cp_1^* \, (T_1^* - T_2^*) = 660.000 \text{ kcal/h}$

4. $\delta = [(T_1^* - T_4^*) - (T_2^* - T_3^*)]/\ln [(T_1^* - T_4^*)/(T_2^* - T_3^*)] = 24,85^{\circ}\text{C}$

2. $W_3 = Q/[C_{P3} \, (T_2^* - T_3^*)] = 44.000 \text{ kg/h}$

3. $A = Q/U \, \delta = 265,6 \text{ m}^2$

A Sensibilidade de W_3 em relação a U é zero, porque W_3 só depende de Q que não depende de U. Logo, W_3 é insensível a U. A Sensibilidade de A em relação a U, sendo Q independente de U, pode ser calculada por:

$$S(A;U) = \left(\frac{\partial A}{\partial U} \right)_{\bar{U}} \frac{\bar{U}}{\bar{A}} = -\frac{Q}{\bar{U}^2 \delta} \frac{\bar{U}}{\bar{A}} = -\frac{Q}{UA\delta} = -1$$

Este resultado significa que, se o valor real de U for 1% maior do que o valor-base, o valor da área teria que ser 1% menor para se alcançar as metas de projeto. A Sensibilidade pode ser alternativamente estimada pela Equação (3.22), com o resultado do redimensionamento do trocador com $U = 101 \text{ kcal/h m}^2 \, ^{\circ}\text{C}$:

$$S(A;U) \approx \frac{A - \bar{A}}{\bar{A}} \times 100 = \frac{262,93 - 265,56}{265,56} \times 100 = -0,99$$

Observa-se que o valor estimado é muito próximo do rigoroso e mais simples de se obter, bastando redimensionar o equipamento. O procedimento aqui adotado encontra-se resumido na Figura 3.36.

A Equação (3.22) foi utilizada para a estimativa da sensibilidade de W_3 e de A em relação aos dois outros parâmetros, C_{p1} e C_{p3}, bem como às condições conhecidas que afetam o resultado do dimensionamento, sobre cujos valores pode pairar alguma incerteza. A título de curiosidade, foi também calculada a Sensibilidade do Custo do trocador em relação aos mesmos parâmetros e às mesmas variáveis. O resultado se encontra na Tabela 3.8.

A Tabela mostra que o resultado de W_3 é influenciado principalmente pela incerteza em T_1, sofre uma influência linear quanto a W_1, T_3 e C_{p3} e é insensível à incerteza em U. Por outro lado, o resultado de A é influenciado linearmente pela incerteza em W_1, C_{p1} e U, tem a influência de T_1 e de T_3 amortecida (< 1) e é insensível à incerteza em C_{p3}. Observa-se, também, que a incerteza associada aos parâmetros e às variáveis especificadas é também amortecida pelo sistema e pouco afeta o Custo do trocador de calor.

TABELA 3.8 SENSIBILIDADE DE W_3 E DE A NO PROJETO DO TROCADOR DE CALOR

ξ	$S(W_3; \xi)$	$S(A; \xi)$	$S(C; \xi)$
W_1	1	1	0,48
T_1	1,45	0,45	0,21
T_3	1,01	0,56	0,27
Cp_1	1	1	0,48
Cp_3	–0,99	0	0
U	0	–0,99	–0,48

3.5.2 QUESTIONAMENTO DO DESEMPENHO FUTURO

Ao dimensionamento de um processo, seguem-se as seguintes providências:

- a aquisição dos equipamentos, com as dimensões ditadas pelo projeto;
- a montagem dos equipamentos e das instalações gerais;
- o início da operação com o ajuste das condições das correntes de entrada aos seus valores de projeto.

Por exemplo, o trocador de calor da Figura 3.34, depois de dimensionado (resultados na Tabela 3.7), seria adquirido e instalado com a área $A = 265,6$ m^2. Em seguida, seria colocado em operação com uma vazão de alimentação $W_1^* = 30.000$ kg/h, na temperatura $T_1^* = 80°C$, ambas de projeto, e com uma vazão de fluido refrigerante $W_3 = 44.000$ kg/h, na temperatura $T_3^* = 15°C$, também de projeto. Seria de se esperar, então, que as temperaturas de saída, uma vez medidas, viessem a exibir os valores-base $T_2^* = 25°C$ e $T_4^* = 30°C$. No entanto, isso não ocorreria, devido à diferença entre o **comportamento previsto** e o **comportamento real** do trocador.

O **comportamento previsto** é aquele ditado pelo **modelo matemático**, caracterizado pelos valores especificados ou calculados no dimensionamento para as variáveis de saída. No caso do trocador, seriam os valores das metas de projeto: $T_2^* = 25°C$ e $T_4^* = 30°C$. Por outro lado, o **comportamento real** é aquele que o equipamento exibe depois de colocado em operação, caracterizado pelos **valores medidos** das variáveis das correntes de saída. No caso, T_2 e T_4. Os comportamentos previsto e real de um processo diferem, devido à incerteza nos modelos e nos parâmetros.

A diferença entre o comportamento real e o comportamento previsto pode ser de ordem a comprometer o sucesso de um empreendimento. Por esse motivo, antes da implementação física, torna-se indispensável estimar o efeito dessa diferença sobre o comportamento futuro do processo, buscando-se a resposta a perguntas do tipo: que valor uma dada variável de saída assumirá, caso o valor real de um parâmetro seja diferente daquele utilizado no dimensionamento?

No caso do trocador de calor, as variáveis relevantes no desempenho futuro são T_2 e T_4. Se o parâmetro de interesse fosse U, poder-se-ia questionar o seguinte: que valores T_2 e T_4 assumiriam, caso o valor real de U fosse diferente de 100? Quais são os parâmetros, em relação aos quais T_2 e T_4 são mais sensíveis?

As Sensibilidades de T_2 e de T_4 em relação a U podem ser determinadas pela Equação (3.19). Para tanto, são necessários os valores-base resultantes do dimensionamento e as equações resolvidas para simulação. No caso, as quatro equações formam um ciclo. Escolhendo (4) como equação final, resulta Q como variável de abertura, a saber:

$$
\begin{array}{l}
\rightarrow 1.\ T_2 = T_1^* - a_1 Q \left(a_1 = 1/W_1^* C_{p1} \right) \\[2mm]
\ \ \ 2.\ T_4 = T_3^* + a_3 Q \left(a_3 = 1/W_3^* C_{p3} \right) \\[2mm]
\ \ \ 3.\ \delta = A/UA^* \\[2mm]
\ \ \ 4.\ \delta - \left[\left(T_1^* - T_4^* \right) - \left(T_2^* - T_3^* \right) \right] / \ln \left[\left(T_1^* - T_4^* \right) / \left(T_2^* - T_3^* \right) \right] = 0 \quad \text{(final)}
\end{array}
$$

O ciclo pode ser eliminado substituindo-se as equações 1, 2 e 3 em 4, resultando a equação 4′:

$$
4'.\ Q = \left(E - 1 \right) \left(T_1^* - T_3^* \right) / \left(E a_1 - a_3 \right), \quad \text{em que} \quad E = \exp\left(a_1 - a_3 \right) UA^*
$$

As Sensibilidades de T_2 e de T_4 em relação a U podem ser calculadas a partir das equações abaixo:

$$
S\left(T_2; U \right) = -a_1 \left(\frac{\partial Q}{\partial E} \right) \left(\frac{\partial E}{\partial U} \right) = -a_1 A E \left(T_1 - T_3 \right) \left(\frac{a_1 - a_3}{E a_1 - a_3} \right)^2 \frac{\bar{U}}{\bar{T}_2} = -0,681
$$

$$
S\left(T_4; U \right) = a_3 \left(\frac{\partial Q}{\partial E} \right) \left(\frac{\partial E}{\partial U} \right) = a_3 A E \left(T_1 - T_3 \right) \left(\frac{a_1 - a_3}{E a_1 - a_3} \right)^2 \frac{\bar{U}}{\bar{T}_4} = -0,155
$$

Este resultado significa que, se o valor real de U for 1% maior do que o valor-base utilizado no dimensionamento, o valor de T_2 do processo em operação deverá ser 0,681% menor e o de T_4, 0,155% maior. São valores baixos para a sensibilidade.

As Sensibilidades podem ser alternativamente estimadas pela Equação (3.22), com o resultado da simulação do trocador com $U = 101$ kcal/h m^2 °C:

$$
S\left(T_2; U \right) \approx \frac{T_2 - \bar{T}_2}{\bar{T}_2} \times 100 = \frac{24,828 - 25}{25} \times 100 = -0,686
$$

$$
S\left(T_4; U \right) \approx \frac{T_4 - \bar{T}_4}{\bar{T}_4} \times 100 = \frac{30,047 - 30}{30} \times 100 = -0,156
$$

Observa-se que os valores estimados praticamente coincidem com os rigorosos, o que justifica o seu uso. O eventual arredondamento decimal dos valores de T_2 e de T_4 causaria o afastamento dos valores rigorosos e estimados e prejudicaria a conclusão acima. O procedimento aqui adotado encontra-se resumido na Figura 3.36.

A Equação (3.22) foi utilizada para a estimativa da sensibilidade de T_2 e de T_4 em relação aos dois outros parâmetros, C_{p1} e C_{p3}, bem como às variáveis especificadas na simulação que afetam as variáveis de saída, sobre cujos valores pode pairar alguma incerteza. O resultado se encontra na Tabela 3.9.

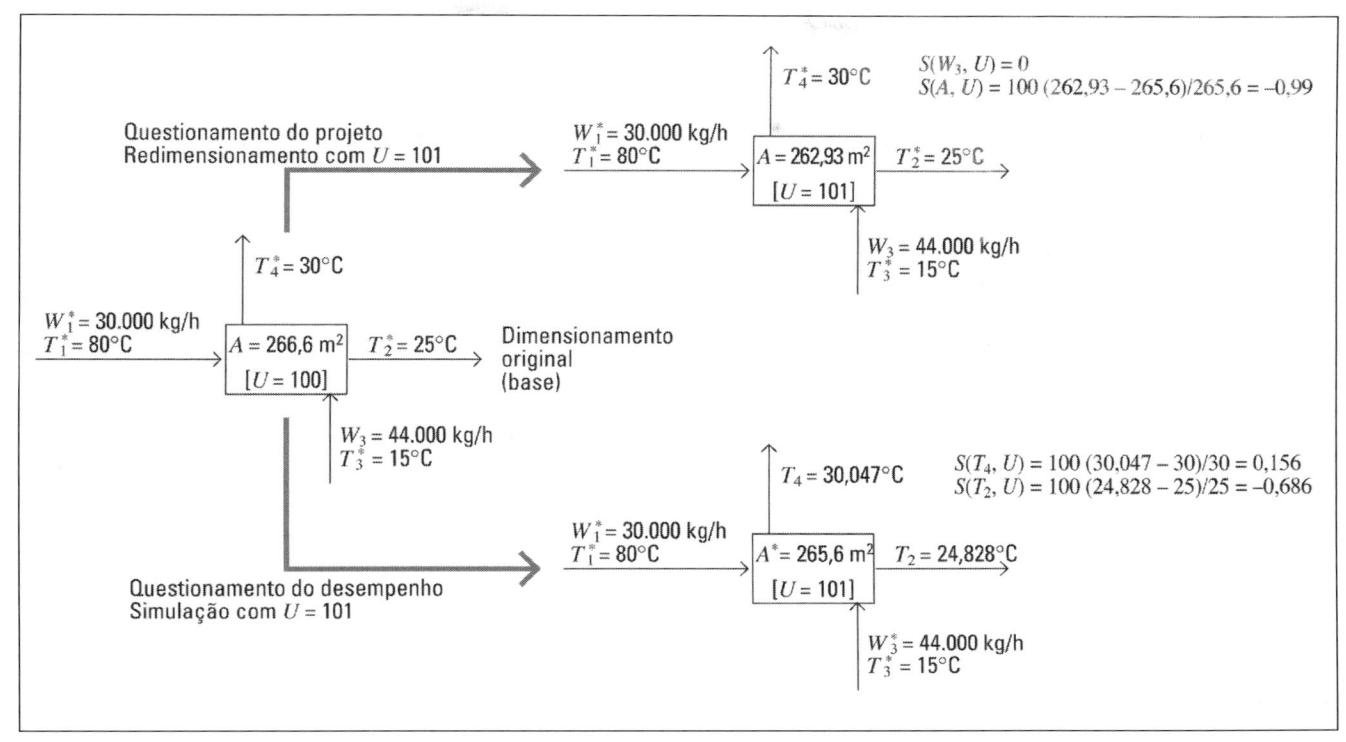

Figura 3.36
Avaliação da
sensibilidade do projeto
e do desempenho em
relação ao parâmetro U.

TABELA 3.9 SENSIBILIDADE DE T_2 E DE T_4 NO TROCADOR DE CALOR

ξ	$S(T_2; \xi)$	$S(T_4; \xi)$
W_1	0,80	0,32
T_1	0,48	0,62
T_3	0,50	0,39
W_3	–0,14	–0,46
A	–0,69	0,16
Cp_1	0,80	0,32
Cp_3	–0,14	–0,46
U	–0,69	0,16

A Tabela mostra que a incerteza inerente aos parâmetros, à área instalada e às condições operacionais de entrada é amortecida pelo sistema, devendo provocar desvios irrelevantes em relação às metas de projeto estabelecidas para T_2 e T_4 para o dimensionamento.

Uma aplicação da sistemática aqui apresentada a reatores químicos pode ser encontrada em [10].

REFERÊNCIAS

1. Westerberg, A. W., Hutchinson, H. P., Motard, R. L. e Winter, P., *Process Flowsheeting*, Cambridge University Press (1979).

2. Myers, A. L., *Introduction to Chemical Engineering and Computer Calculations*, Prentice-Hall (1976).

3. Rudd, D. F. & Watson, C. C., *Strategy of Process Engineering*, J. Wiley (1968).

4. Boaventura Netto, P. O.; Machado, G.; Carrillo, E.; Souza, A.; Lugon, E. e Perlingeiro, C. A. G., Sequenciamento na Resolução de Sistemas Indeterminados de Equações não lineares, Anais do XXI Simpósio Brasileiro de Pesquisa Operacional/IV Congresso Latino Americano de Investigación Operacional, Rio de Janeiro, Vol.1 (1988), 208-18.

5. Crowe, C. M., Hamielec, A. E., Hoffman, T. W., Johnson, A. I., Woods, D. R. & Shannon, P. T., *Chemical Plant Simulation*, Prentice Hall (1971).

6. Taqueda, E. R., "Análise de Processos Complexos por Computador Digital", Tese de M. Sc., COPPE/UFRJ (1973).

7. Gianotto, W. R., "Estratégias de Cálculo para Processos Complexos", Tese de M. Sc., COPPE/UFRJ (1983).

8. Pessoa, F. L. P., Rajagopal, K., Perlingeiro, C. A. G., "Uso de Modelos Simplificados como Aceleradores de Convergência na Simulação de Processos Químicos", *Revista Brasileira de Engenharia*, vol.5, n. 2, (1989), 45 - 63.

9. Camargo, P. R. C., Perlingeiro, C. A. G., Carvalho, L. A. V., Redes Neuronais no Dimensionamento e na Simulação Estática de Processos Químicos, *Anais do 11º Congresso Brasileiro de Engenharia Química*, Rio de Janeiro (1996), V 1, 667-672.

10. Knoth, Y., M., R., "A Sensitividade Paramétrica e o Projeto Ótimo de um Reator Químico", Tese de M. Sc., COPPE/UFRJ (1975).

PROBLEMAS PROPOSTOS

DIMENSIONAMENTO E SIMULAÇÃO DE EQUIPAMENTOS

Análise de um extrator

Objetivo: Cobrir os aspectos físicos e econômicos mais importantes da análise de processos utilizando um processo conceitual e matematicamente simples. Para que a sua finalidade seja cumprida, os problemas devem ser resolvidos e os seus resultados, interpretados e comparados.

Contexto: Uma corrente de processo é constituída de uma solução diluída de ácido benzco (AB) em água (A). O ácido benzco presente nesta corrente deve ser extraído por benzeno (B), resultando as correntes de extrato e de rafinado. Como pano de fundo para os problemas de **dimensionamento**, considera-se a **existência prévia** de dois extratores de dimensões idênticas e o desejo de determinar o **arranjo economicamente mais vantajoso** (ver fluxogramas adiante): (a) um só extrator; (b) dois extratores operando com correntes cruzadas; (c) dois extratores operando em contracorrente. Os problemas de **simulação** visam à previsão do desempenho do extrator para diferentes condições de entrada. Problemas de sensibilidade paramétrica visam a determinar os fatores físicos e econômicos, em relação aos quais o projeto e a operação do extrator são mais sensíveis.

Os problemas se encontram ordenados em nível de complexidade crescente, começando com apenas um extrator, desprezando a solubilidade do benzeno em água e considerando as correntes de entrada com temperaturas iguais. Os problemas seguintes consideram a solubilidade do benzeno em água, as correntes de entrada com temperaturas diferentes e mais de um extrator.

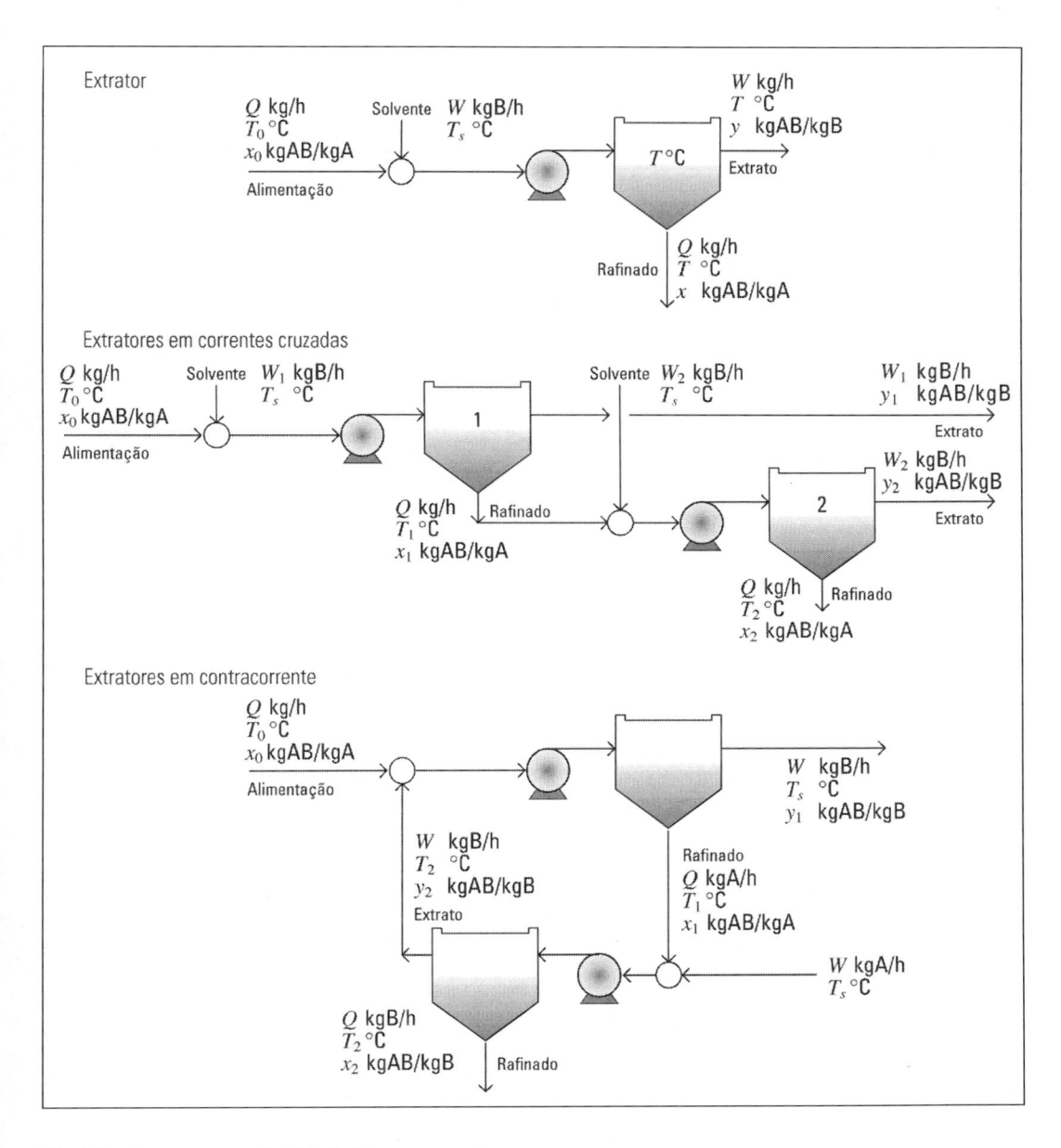

Variáveis características das correntes:

Alimentação: vazão de água Q, razão mássica de ácido benzco x_0 e temperatura T_0.

Solvente (Benzeno): vazão W e temperatura T_S.

Extrato: vazão de benzeno W (ou W' ao se considerar a solubilidade do benzeno em água), razão mássica do ácido benzco y e temperatura T.

Rafinado: vazão de água Q, razão mássica do ácido benzco x e temperatura T.

Modelo Físico (equações que poderão ser utilizadas/adaptadas na resolução dos problemas de acordo com o enunciado):

Balanço material do ácido benzco: $Q\,(x_0 - x) - Wy = 0$ (ou W')

Relação de equilíbrio: $y - kx = 0$

Constante de equilíbrio: $k - (3 + 0{,}04\ T) = 0$

Balanço de energia: $Q\,(Cp_A + x_0\,Cp_{AB})(T_0 - T) + WCp_B\,(T_S - T) = 0$

Balanço material de benzeno $(s > 0)$: $W - W' - sQ = 0$

Fração recuperada do ácido benzco no extrato: $r - Wy/Qx_0 = 0$.

Modelo Econômico: como os extratores já existem, não há Custos de Investimento. A corrente de alimentação não tem valor comercial.

Lucro : L = R – C \$/h

Receita: R = 0,4 Wy \$/h

Custo Operacional: C = 0,01 W \$/h

Problemas Propostos

Nos problemas abaixo, a corrente de alimentação apresenta uma vazão $Q = 10.000$ kgA/h e uma composição expressa pela razão mássica $x_0 = 0{,}02$ kgAB/kgA. A não ser que especificadas de outras forma, considerar o sistema isotérmico: $T = T_0^* = T_s^* = 25^{\circ}$C. Em cada problema, considerar apenas as variáveis e equações pertinentes ao enunciado.

3.1 Dimensionar o extrator com uma meta de projeto $x^* = 0{,}005$ kgAB/kgA. Esta especificação está de acordo com os limites físicos de x? E com os limites econômicos?

3.2 Repetir o dimensionamento para $x^* = 0{,}008$ kgAB/kgA. E agora?

3.3 Simular o extrator para as seguintes modificações das variáveis de entrada, tomadas independentemente e em conjunto: (a) $Q^* = 10.010$ kgA/h; (b) $x_0^* = 0{,}022$ kgAB/kgA; (c) $W^* = 2.750$ kgB/h. Comparar os resultados entre si e com os do Problema 3.2.

3.4 Repetir o Problema 3.2 considerando, agora, a solubilidade do benzeno em água ($s = 7 \times 10^{-4}$ kgB/kgA). Comparar os resultados com os do Problema 3.2. Justifica-se manter a solubilidade no modelo? Caso negativo, desprezem-na nos Problemas subsequentes.

3.5 Repetir o dimensionamento para $x^* = 0{,}008$ com a temperatura da alimentação $T_0^* = 25^{\circ}$C e a do solvente $T_s^* = 30^{\circ}$C. A temperatura de operação T deixa de ser 25°C e k passa a depender da temperatura. Comparar os resultados com os do Problema 3.2.

3.6 Simular a operação do extrator nas condições do Problema 3.5, para as seguintes modificações das variáveis de entrada, tomadas independentemente e em conjunto: (a) $Q^* = 10.010$ kgA/h; (b) $x_0^* = 0{,}022$ kgAB/kgA; (c) $T_0^* = 28^{\circ}$C; (d) $W^* = 2.750$ kgB/h; (e) $T_s^* = 33^{\circ}$C. Comparar os resultados entre si e com o do Problema 3.5.

3.7 Considerar 2 extratores isotérmicos em série. Dimensionar o sistema para $x_1^* = 0{,}015$ e $x_2^* = 0{,}008$. Comparar os resultados com os do Problema 3.2.

3.8 Simular os dois extratores isotérmicos em série para as seguintes modificações das correntes de entrada, tomadas independentemente e em conjunto: (a) $Q^* = 10.100$ kgA/h; (b) $x_0^* = 0{,}022$; (c) $W_1^* = 1.300$ kgB/h; (d) $W_2^* = 1.300$ kgB/h. Comparar os resultados com os do Problema 3.7.

3.9 Considerar 2 extratores isotérmicos em arranjo contracorrente. Meta de projeto: $x_2^* = 0{,}008$. Comparar os resultados com os dos Problemas 3.2 e 3.7.

3.10 Simular os dois extratores isotérmicos em contracorrente para as seguintes modificações das variáveis de entrada, tomadas independentemente e em conjunto: (a) $Q^* =$ 10.100 kgA/h; $x_0^* = 0{,}022$; $W^* = 2.260$ kgB/h. Comparar os resultados com o do Problema 3.9.

3.11 Repetir o Problema 3.2 dimensionando o extrator por simulações sucessivas.

3.12 Incorporar ao Modelo Físico a fração recuperada de soluto r. Dimensionar o extrator para $r^* = 0{,}6$ e operação isotérmica, como no Problema 3.2. Qual o efeito desta incorporação sobre o Modelo Físico, a Sequência de Cálculo e sobre os Graus de Liberdade? Comparar os resultados com os do Problema 3.2.

3.13 Dimensionado o extrator (Problema 3.2), efetuar uma Análise de Sensibilidade das variáveis pertinentes, incluindo o Lucro, em relação ao parâmetro k.

3.14 Conferir a ordenação das equações e as respostas correspondentes aos valores "default" das variáveis especificadas para o dimensionamento e a simulação dos equipamentos do processo ilustrativo, conforme as Figuras 3.24 a 3.28. Repetir o problema para modificações isoladas ou conjuntas de ± 10% (sugestão) nos mesmos valores "default". Utilizar os valores dos parâmetros físicos e coeficientes técnicos da Tabela 2.3. Observar os sistemas de controle virtuais do condensador e do evaporador. Utilizar os recursos computacionais que estiverem ao alcance.

Dimensionamento e Simulação de Processos

3.15 Conferir a ordenação das equações (Tabela 3.4) e as respostas correspondentes aos valores "default" das variáveis especificadas para o dimensionamento (Tabelas 2.4 e 2.5) do processo ilustrativo, conforme a Figura 2.5. Repetir o problema para modificações isoladas ou conjuntas de ± 10% (sugestão) nos mesmos valores "default". Utilizar os valores dos parâmetros físicos e coeficientes técnicos da Tabela 2.3. Utilizar os recursos computacionais que estiverem ao alcance.

3.16 Conferir a ordenação das equações (Figuras 3.24 a 3.28) e dos módulos de simulação (Tabela 3.4) e as respostas correspondentes aos valores das variáveis especificadas (dimensões calculadas no dimensionamento e os valores de projeto das correntes de entrada, apenas com a modificação $W_1 = 150.000$ **kg/h**) para a simulação do processo ilustrativo pelo procedimento modular, conforme a Figura 2.7. Repetir o problema para modificações isoladas ou conjuntas de ± 10% (sugestão) nos valores das variáveis especificadas. Utilizar os valores dos parâmetros físicos e coeficientes técnicos da Tabela 2.3. Observar os sistemas de controle virtuais do condensador e do evaporador. Utilizar os recursos computacionais que estiverem ao alcance.

3.17 Apresentar um algoritmo estruturado para a simulação dos processos abaixo. Considere os modelos dos blocos ordenados para simulação e que as correntes de entrada são as únicas conhecidas. O número de variáveis de cada corrente é ignorado nos três primeiros processos, aparecendo entre parênteses no processo (D).

(a)

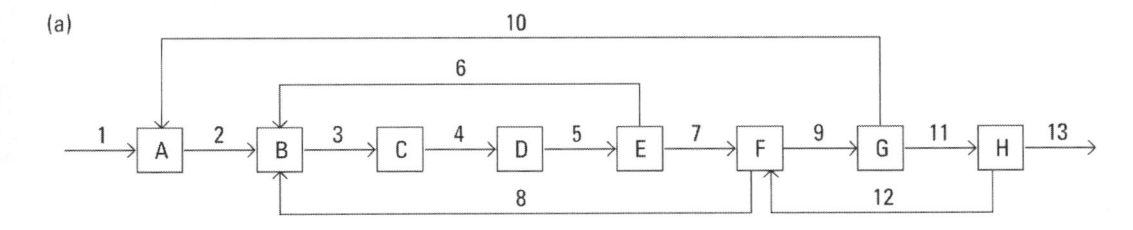

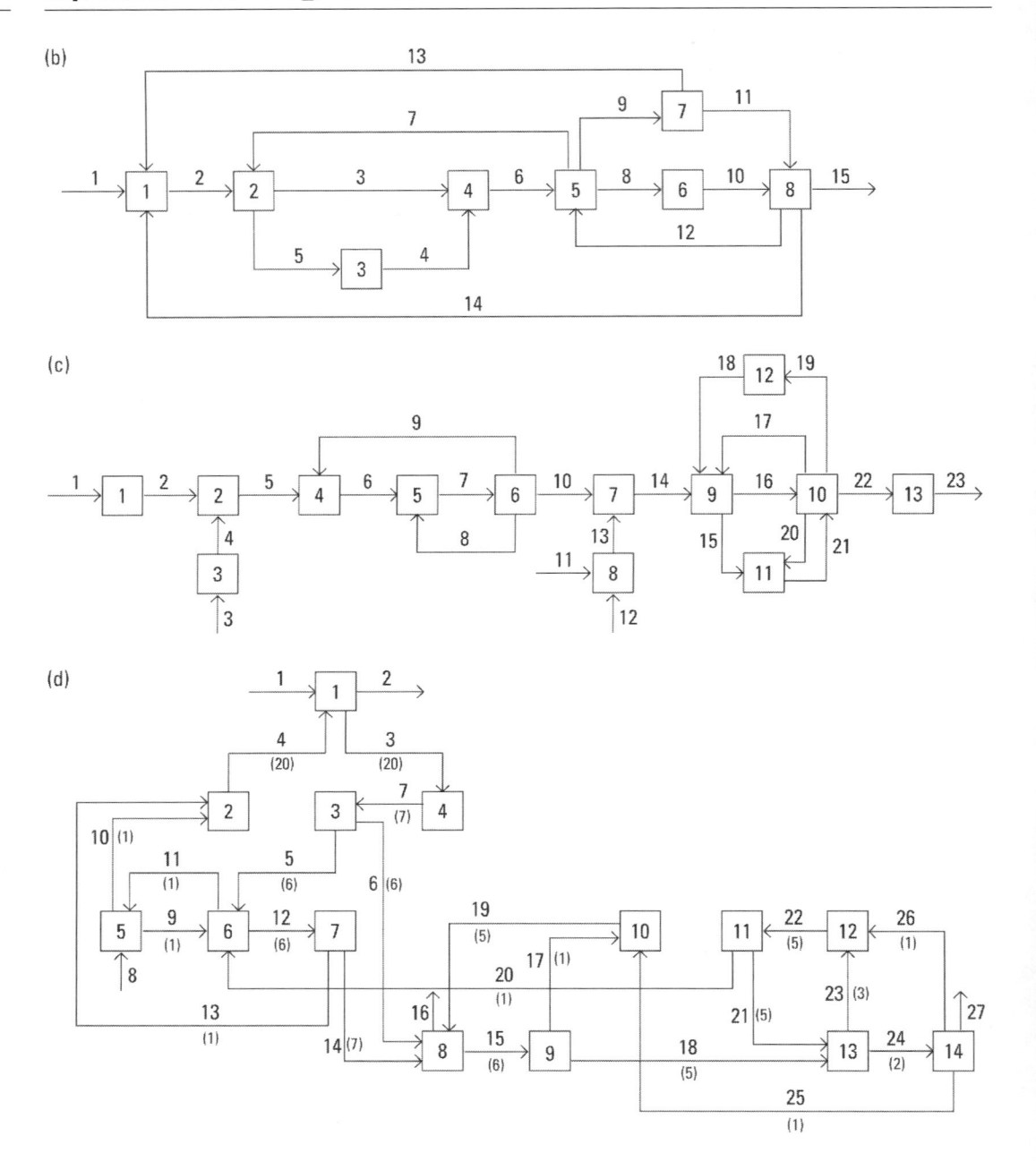

Análise de Sensibilidade

3.18 Efetuar uma Análise de Sensibilidade, de Projeto e Desempenho, para os equipamentos isolados e para o processo completo, com base nos resultados dos respectivos dimensionamentos.

AVALIAÇÃO ECONÔMICA PRELIMINAR 4

Este Capítulo tem por finalidade apresentar o critério de avaliação econômica adotado neste texto. São apresentadas, também, formas simples para a estimativa de custos operacionais e de investimento. Trata-se de um procedimento adequado para a discriminação de alternativas de fluxogramas na fase preliminar do projeto. Um tratamento mais detalhado do tema pode ser encontrado nos textos referenciados ao final do Capítulo.

4.1 INTRODUÇÃO

O desempenho econômico previsto para um processo em fase de projeto e o desempenho econômico real de um processo em operação podem ser medidos através de critérios expressos por funções do tipo lucro ou custo. Esses critérios são utilizados tanto em problemas de simulação como de dimensionamento. Em problemas com graus de liberdade ($G > 0$), o critério serve para nortear a busca do dimensionamento ótimo.

Existem diversos critérios de avaliação econômica descritos na literatura especializada e praticados nas empresas, e que são utilizados diferentemente de acordo com as circunstâncias. O critério adotado neste texto é o ***Venture Profit***, criado por Happel [1] e recomendado por Rudd & Watson [2], aqui traduzido como **Lucro do Empreendimento, LE**. Trata-se de um **lucro relativo** que estima a vantagem de investir no processo industrial, sujeito a um risco comercial, em detrimento de um outro investimento que oferece uma taxa de retorno garantida i [(\$/a)/\$ investido], com risco zero. A explicação do critério pode ser acompanhada pelo fluxograma financeiro da Figura 4.1.

O fluxo se inicia no bloco à esquerda que representa o "caixa" da empresa, do qual sai o montante I_{total} \$ investido na implantação e no início da operação do processo. Esse montante, estimado na fase de projeto preliminar, deve ser totalmente recuperado pela empresa ao final da vida útil das instalações.

Uma vez em operação, o empreendimento deve gerar uma **Receita R \$/a**, decorrente da venda do produto:

$$R = p \text{ Prod } \$/a \tag{4.1}$$

em que p \$/t é preço de venda e Prod t/a é a taxa de produção prevista.

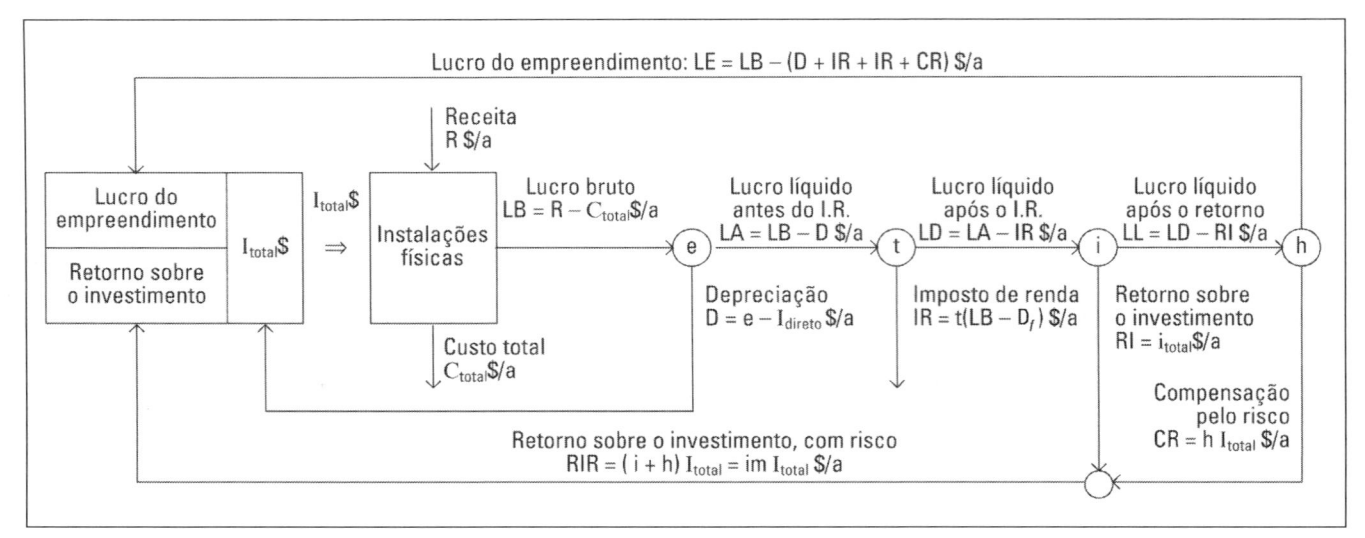

Figura 4.1
Fluxograma ilustrativo
do Lucro do
Empreendimento.

Simultaneamente, a empresa incorre em custos diversos, dentre os quais o custo com matérias-primas e insumos, C_{matprim}. Com R e C_{matprim} pode-se calcular a **Margem Bruta**

$$\text{MB} = R - C_{\text{matprim}} \ \$/\text{a} \tag{4.2}$$

que permite a primeira avaliação do potencial econômico do processo. Sendo MB > 0, o projeto pode prosseguir com o seu dimensionamento e a inclusão dos demais custos que, somados, resultam no **Custo Total C_{total} \$/a**.

A diferença entre a Receita e o Custo Total é o **Lucro Bruto**

$$\text{LB} = R - C_{\text{total}} \ \$/\text{a} \tag{4.3}$$

O Lucro Bruto não avalia definitivamente o desempenho do empreendimento, porque não retorna integralmente para o "caixa". Em primeiro lugar, a empresa há que se ressarcir do valor investido nas instalações físicas que se deterioram durante a vida útil do processo. Isso corresponde ao **Investimento Direto, I_{direto} \$**. A parcela deduzida contabilmente para essa finalidade é chamada de **Depreciação, D \$/a**

$$D = e \, I_{\text{direto}} \ \$/\text{a} \tag{4.4}$$

em que e [(\$/a)/\$ investido] é a Taxa de Depreciação.

Entre as diferentes formas de depreciação adotadas, a mais simples é a depreciação linear, em que se considera $e = 1/n$, onde n é número de anos previstos como vida útil do processo, de tal forma que, depois de n anos, o Investimento Direto já terá retornado integralmente ao "caixa" da empresa. O que resulta dessa dedução é o chamado **Lucro Líquido Antes do Imposto de Renda (LA \$/a)**:

$$\text{LA} = \text{LB} - D \ \$/\text{a} \tag{4.5}$$

que também não avalia definitivamente o desempenho do empreendimento, porque dele deve ser deduzido o **Imposto de Renda (IR \$/a)**. O valor dessa dedução corresponde a uma **Taxa Anual de Imposto de Renda, t [(\$/a)/\$ investido]**, aplicada sobre o **Lucro Tributável (LB – D_f)**. Este, por sua vez, corresponde à diferença entre o Lucro Bruto e a **Depreciação Fiscal (D_f)**, que é uma depreciação calculada com uma taxa d [(\$/a)/\$ investido] estipulada por autoridades tributárias:

$$D_f = d \, I_{\text{direto}} \ \$/\text{a} \tag{4.6}$$

$$IR = t\ (LB - D_f)\ \$/a \qquad (4.7)$$

Resulta, então, o **Lucro Líquido Depois do Imposto de Renda (LD \$/a)**:

$$LD = LA - IR\ \$/a \qquad (4.8)$$

que deve ser positivo, para que o investimento no processo seja rentável. Neste ponto se inicia a caracterização do Lucro do Empreendimento como um critério comparativo. Inicialmente, é deduzida, contabilmente, uma parcela equivalente ao que a empresa lucraria com um outro empreendimento que lhe garanta uma **Taxa de Retorno i [(\$/a)/\$investido]** sobre o I_{total} que seria investido no processo. Essa parcela é denominada **Retorno sobre o Investimento Alternativo**:

$$RI = i\ I_{total}\ \$/a \qquad (4.9)$$

Alguns valores típicos para a Taxa de Retorno sobre o Investimento Alternativo, para alguns tipos de indústria, podem ser encontrados na (Tabela 4.1) [2]:

TABELA 4.1 VALORES TÍPICOS DA TAXA DE RETORNO SOBRE O INVESTIMENTO

Tipo de Indústria	i [(\$/a)/\$ investido]
Papel e Celulose. Borracha	0,08 - 0,10
Fibras Sintéticas. Produtos Químicos.Petróleo	0,11 - 0,13
Produtos Farmacêuticos. Extração.Mineração	0,16 - 0,18

Resulta, então, o **Lucro Líquido Descontado o Retorno sobre o Investimento Alternativo**:

$$LL = LD - RI\ \$/a \qquad (4.10)$$

Finalmente, há que se deduzir, contabilmente, uma parcela referente ao risco comercial, que a empresa entende correr com o empreendimento. Essa parcela é denominada **Compensação pelo Risco, CR \$/a**, estimada aplicando ao I_{total} uma Taxa de Risco, h [(\$/a)/\$ investido]:

$$CR = h\ I_{total}\ \$/a \qquad (4.11)$$

Valores típicos para a Taxa de Risco encontram-se na (Tabela 4.2) [2].

TABELA 4.2 VALORES TÍPICOS PARA A TAXA DE RISCO

Tipo de risco	h [(\$/a)/\$ investido]	Tipo de Projeto
Elevado	0,20 - 1,00	projetos que compreendem grande novidade ou baseados em informações incertas sobre vendas, produtos e matérias-primas
Razoável	0,10 - 0,20	projetos um pouco fora do campo de atividade da empresa, ou produtos ou processos relativamente novos ainda não devidamente comprovados
Médio	0,05 - 0,10	projetos dentro do campo da atividade da empresa, porém com algumas novidades ou com informações indefinidas quanto ao mercado
Bom	0,01 - 0,05	expansão de atividades existentes num mercado conhecido
Excelente	0,00 - 0,01	redução de custos em processo existente, num ambiente estável

As taxas i e h podem ser somadas gerando a **Taxa de Retorno com Risco**:

$$i_m = i + h \ [(\$/a)/\$ \text{ investido}] \tag{4.12}$$

podendo-se definir a **Taxa de Retorno sobre o Investimento com Risco** como:

$$\text{RIR} = i_m \ I_{\text{total}} \ \$/a \tag{4.13}$$

As parcelas RI e CR são retornadas ao "caixa" da empresa.

O Lucro do Empreendimento (LE) vem a ser, então, o Lucro Bruto (LB), deduzidos a Depreciação (D), o Imposto de Renda (IR), o Retorno sobre o Investimento Alternativo (RI) e a Compensação pelo Risco (CR):

$$\text{LE} = \text{LB} - (\text{D} + \text{IR} + \text{RI} + \text{CR}) \ \$/a \tag{4.14}$$

Um valor positivo de LE significa que o investimento no processo, com uma taxa de risco h, deverá ser mais vantajoso do que o investimento alternativo que oferece uma taxa de retorno i e risco zero.

Resta traduzir a Equação 4.14 para uma forma de uso direto a partir do resultado do dimensionamento do processo. A forma desejada é a expressa pela Equação 4.15

$$\text{R} = a \ \text{R} - b \ (C_{\text{matprim}} + C_{\text{util}}) - c \ \text{ISBL} \ \$/a \tag{4.15}$$

em que R é a Receita, C_{matprim} é o custo com matérias-primas, C_{util} é o custo com utilidades e insumos e ISBL corresponde ao investimento nos equipamentos. Os coeficientes a, b e c dependem dos detalhes de cada processo e da forma como são realizadas as estimativas econômicas.

4.2 ESTIMATIVAS ECONÔMICAS

Inicialmente, há que se distinguir as estimativas **detalhada** e **aproximada** praticadas em etapas diferentes do projeto. A primeira é conduzida por especialistas com base em desenhos e especificações sobre o processo com a finalidade de formalizar propostas para a compra dos equipamentos. A segunda se baseia nas dimensões principais dos equipamentos mais importantes e nas estimativas de consumo de matérias-primas, de insumos e de utilidades. Diversos itens de estimativa mais incerta são correlacionados, através de fatores empíricos, com outros que podem ser estimados com maior precisão em função da experiência acumulada no projeto de processos. Por este motivo, a sua precisão é inferior, mas a sua execução é muito mais rápida. Esse tipo de estimativa é usado para discriminar diferentes alternativas nos estágios preliminares do projeto, etapa em que a precisão não é relevante. A Tabela 4.3 mostra como se pode chegar à Equação 4.15 a partir da Equação 4.14 através de uma série de correlações empíricas. As correlações adotadas foram adaptadas de [3].

De início, o Lucro do Empreendimento (LE) aparece na sua forma original, com a posterior incorporação do Imposto de Renda (IR). Por simplicidade, as taxas de depreciação e e d foram consideradas iguais, de modo que D e D_f também foram consideradas iguais e representadas por D. Com a inclusão da definição de LB e das estimativas de D, t e RIR, a expressão fica em função de C_{total}, I_{fixo} e I_{total}, detalhados a seguir.

4.2.1 ESTIMATIVA DOS CUSTOS

O **Custo Total** é a soma dos custos diversos em que incorre o empreendimento. Incluem os Custos de Produção (C_{prod}), e os Custos Gerais (C_{gerais}). Os Custos de Produção (C_{prod})

incluem os Custos Diretos ($C_{diretos}$) e os Custos Fixos (C_{fixos}). Os Custos Diretos ($C_{diretos}$) são os custos diretamente proporcionais à produção. Incluem custos com matéria-prima ($C_{matprim}$), com utilidades (C_{util}), com manutenção (C_{manut}), com suprimentos operacionais (C_{supr}), com mão-de-obra operacional e de supervisão (C_{mobra}), com administração (C_{adm}), com a utilização de laboratórios (C_{lab}), com patentes e "royalties" (C_{roy}). Os custos com matéria-prima e utilidades são calculados por:

$$C_{matprim} + C_{util} = (\Sigma p_i \cdot q_i) \cdot f_0 \ (\$/a) \tag{4.16}$$

p_i: preço ou custo unitário do item i (\$/kg);

q_i: taxa de consumo horário do item i (kg/h);

f_0: fator anual de operação da planta (horas/a).

Nos custos com utilidades, pode-se incluir custos com insumos, como solventes. Os custos unitários das utilidades são fornecidos na Seção 4.3. Os demais custos referentes a $C_{diretos}$ são estimados como mostra a Tabela 4.3. Com isso, $C_{diretos}$ fica expresso em termos de $C_{matprim}$, C_{util}, I_{fixo} e do próprio C_{total}. Os Custos Fixos (C_{fixos}) são aqueles que permanecem, mesmo quando interrompida a produção. Incluem impostos (C_{imp}), seguros (C_{seg}), aluguéis (C_{alug}) e juros (C_{jur}). Com as correlações mostradas na Tabela 4.3, C_{fixos} fica expresso apenas em termos de I_{fixo}. Consolidando-se esses últimos resultados, C_{prod} fica expresso em termos de $C_{matprim}$, C_{util}, I_{fixo} e C_{total}. Os Custos Gerais (C_{gerais}) correspondem a despesas administrativas que incluem salários de executivos e auxiliares, material de escritório, comunicações, etc. e que se encontram correlacionadas apenas com a Receita (R). Reunindo-se C_{prod} e C_{gerais}, resulta C_{total} em termos de $C_{matprim}$, C_{util}, I_{fixo} e R. Substituindo-se na expressão de LB juntamente com D, que é função de I_{fixo}, e RIR, que é função de I_{fixo}, resulta a expressão de LE em termos apenas de R, $C_{matprim}$, C_{util}, I_{fixo} e I_{total}. Como R, $C_{matprim}$ e C_{util} podem ser calculados com facilidade, o prosseguimento deste detalhamento fica na dependência de I_{fixo} e I_{total}, apresentados a seguir.

4.2.2 ESTIMATIVA DO INVESTIMENTO

O **Investimento Total** (**I$_{total}$** \$) corresponde ao total de recursos empatados e arriscados no empreendimento. É constituído do **Investimento Fixo** (I_{fixo}), do **Capital de Giro** (**I$_{giro}$**) e do **Investimento para a Partida** ($I_{partida}$). O Investimento Fixo (I_{fixo}) corresponde aos recursos necessários à construção do processo, incluindo o **Investimento Direto** (**I$_{direto}$**) e o **Investimento Indireto** (**I$_{indireto}$**). O Investimento Direto (I_{direto}) inclui os recursos para o material necessário para a montagem das instalações, incluindo investimentos em **ISBL** e em **OSBL**. O Capital de Giro (I_{giro}) corrresponde aos recursos necessários para manter a empresa em funcionamento durante as interrupções ocasionais da produção. O Investimento para a Partida ($I_{partida}$) serve para cobrir custos que ocorrem antes e durante a partida do processso, como contratação antecipada de certo tipo de pessoal e a operação ineficiente do processo durante essa fase inicial.

O investimento em **ISBL** é aquele realizado na aquisição, no transporte e na instalação dos equipamentos que participam diretamente no processamento. Inclui suportes estruturais, isolamento, pintura, instrumentação, tubulações, válvulas, equipamento e material elétrico. ISBL é a abreviatura de "InSide Battery Limits" que significa o interior dos "limites de bateria" e se refere às baterias de destiladores das refinarias nos primórdios da indústria química. O seu valor pode ser calculado, somando-se o preço de compra dos equipamentos, cujas dimensões principais são determinadas no projeto, multiplicando-se o somatório por 3 fatores experimentais :

$$ISBL = f_T \ f_D \ f_L \ \Sigma \ I_{Ei} \ (\$) \tag{4.17}$$

I_{Ei} é o preço de compra do equipamento i, estimado num determinado ano e numa determinada região. f_L é um fator experimental que leva em conta a aquisição de outros itens indispensáveis à instalação dos equipamentos (isolamento térmico, tubulações, etc.). Estimativa mais simples e menos precisa consiste no emprego do fator de Lang, f_L, como na Tabela 4.4 em função do tipo de processamento [3]. Estimativa mais complexa e mais precisa consiste no emprego de fatores individuais referentes a itens específicos, como será mostrado adiante.

TABELA 4.3 EXEMPLO DE ESTIMATIVA DE CUSTOS E DE INVESTIMENTO

$$\mathbf{LE} = LB - (D + IR + RIR)$$
$$IR = t\,(LB - D)$$
$$LB = R - C\text{total}$$
$$D = 0{,}10\,I_{\text{fixo}},\ RIR = 0{,}10\,I_{\text{total}},\ t = 0{,}5$$
$$LE = 0{,}5\,(R - C_{\text{total}} - 0{,}1\,I_{\text{fixo}}) - 0{,}5\,I_{\text{Total}}$$

$$\boldsymbol{C}_{\mathbf{total}} = C_{\text{prod}} + C_{\text{gerais}}$$
$$C_{\text{prod}} = C_{\text{diretos}} + C_{\text{fixos}}$$
$$C_{\text{diretos}} = (C_{\text{matprim}} + C_{\text{util}}) + C_{\text{manut}} + C_{\text{supr}} + (C_{\text{mobra}} + C_{\text{adm}} + C_{\text{lab}}) + C_{\text{roy}}$$
$$C_{\text{manut}} = 0{,}04\,I_{\text{fixo}}$$
$$C_{\text{supr}} = 0{,}15\,C_{\text{manut}} = 0{,}006\,I_{\text{fixo}}$$
$$C_{\text{adm}} = 0{,}20\,C_{\text{mobra}}$$
$$C_{\text{lab}} = 0{,}15\,C_{\text{mobra}}$$
$$C_{\text{mobra}} = 0{,}20\,C_{\text{total}}$$
$$\boldsymbol{C}_{\mathbf{diretos}} = (C_{\text{matprim}} + C_{\text{util}}) + 0{,}046\,I_{\text{fixo}} + 0{,}27\,C_{\text{total}}$$
$$C_{\text{fixos}} = C_{\text{imp}} + C_{\text{seg}} + C_{\text{alug}} + C_{\text{jur}}$$
$$(C_{\text{imp}} + C_{\text{seg}}) = 0{,}03\,I_{\text{fixo}}$$
$$C_{\text{alug}} = C_{\text{jur}} = 0$$
$$\boldsymbol{C}_{\mathbf{fixos}} = 0{,}03\,I_{\text{fixo}}$$
$$\boldsymbol{C}_{\mathbf{prod}} = (C_{\text{matprim}} + C_{\text{util}}) + 0{,}076\,I_{\text{fixo}} + 0{,}27\,C_{\text{total}}$$
$$\boldsymbol{C}_{\mathbf{gerais}} = 0{,}025\,R$$
$$C_{\text{total}} = (C_{\text{matprim}} + C_{\text{util}}) + 0{,}076\,I_{\text{fixo}} + 0{,}27\,C_{\text{total}} + 0{,}025\,R$$
$$\boldsymbol{C}_{\mathbf{total}} = 1{,}37\,(C_{\text{matprim}} + C_{\text{util}}) + 0{,}104\,I_{\text{fixo}} + 0{,}034\,R$$
$$\mathbf{LB} = 0{,}97\,R - 1{,}37\,(C_{\text{matprim}} + C_{\text{util}}) - 0{,}104\,I_{\text{fixo}}$$
$$\mathbf{LE} = 0{,}5\,[0{,}97\,R - 1{,}37\,(\boldsymbol{C}_{\mathbf{matprim}} + \boldsymbol{C}_{\mathbf{util}}) - 0{,}204\,\boldsymbol{I}_{\mathbf{fixo}}] - 0{,}1\,\boldsymbol{I}_{\text{total}}$$

$$\boldsymbol{I}_{\mathbf{total}} = I_{\text{fixo}} + I_{\text{giro}} + I_{\text{partida}}$$
$$I_{\text{fixo}} = I_{\text{direto}} + I_{\text{indireto}}$$
$$I_{\text{direto}} = ISBL + OSBL$$
$$\mathbf{ISBL} = fT \cdot fD \cdot fL \cdot \Sigma I_{ei}$$
$$\mathbf{OSBL} = 0{,}45\,ISBL$$
$$\boldsymbol{I}_{\mathbf{direto}} = 1{,}45\,ISBL$$
$$I_{\text{indireto}} = C_{\text{proprios}} + C_{\text{eventuais}}$$
$$\boldsymbol{C}_{\mathbf{próprios}} = 0{,}05\,I_{\text{direto}}$$
$$\boldsymbol{C}_{\mathbf{eventuais}} = 0{,}20\,I_{\text{direto}}$$
$$\boldsymbol{I}_{\mathbf{indireto}} = 0{,}25\,I_{\text{direto}}$$
$$\boldsymbol{I}_{\mathbf{fixo}} = 1{,}81\,ISBL$$
$$\boldsymbol{I}_{\mathbf{giro}} = 0{,}15\,I\text{total}$$
$$\boldsymbol{I}_{\mathbf{partida}} = 0{,}10\,I\text{fixo}$$
$$\boldsymbol{I}_{\mathbf{total}} = 2{,}34\,ISBL$$

$$\mathbf{LE} = (0{,}5)\,[0{,}97\,\mathbf{R} - 1{,}37\,(\boldsymbol{C}_{\mathbf{matprim}} + \boldsymbol{C}_{\mathbf{util}}) - (0{,}204)(1{,}81)\,\mathbf{ISBL}\,] - (0{,}1)(2{,}34)\,\mathbf{ISBL}$$
$$\mathbf{LE} = 0{,}48\,R - 0{,}68\,(\boldsymbol{C}_{\mathbf{matprim}} + \boldsymbol{C}_{\mathbf{util}}) - 0{,}54\,\mathbf{ISBL}$$

TABELA 4.4 FATOR DE LANG PARA DIFERENTES TIPOS DE PROCESSAMENTO

Tipo de processamento	f_L
Sólido	3,9
Sólido e fluido	4,1
Fluido	4,8

f_D é um fator de atualização de preços para o ano vigente. É calculado através de índices de custo:

$$f_D = IC_a/IC_b \tag{4.18}$$

IC_a: valor do índice no ano a.
IC_b: valor do índice no ano-base, no qual foi estimado o investimento no equipamento.

Os índices mais recomendados são o Chemical Engineering Cost Index e o Marshal & Swift Index, ambos divulgados mensalmente na revista Chemical Engineering. O primeiro foi estabelecido com o valor 100 em 1958 e vem evoluindo, resumidamente, da seguinte forma: 102 (1960), 104 (1965), 126 (1970), 182 (1975), 261 (1980), 325 (1985), 359 (1990), 381 (1995), 394 (2000). Assim, de acordo com este índice, um equipamento com preço estimado em 1970 deverá ter este preço multiplicado por $f_D = (394/126)$ para se obter a estimativa em 2000.

f_T é um fator experimental de transferência da região, na qual foi estimado o preço, para a região, onde será erguida a instalação:

$$f_T = p_i f_i + p_b f_b \tag{4.19}$$

p_i: % do valor do equipamento que deve ser importado;
f_i: fator multiplicativo que leva em conta despesas de importação (frete, seguros, etc.);
p_b: % do valor do equipamento nacional ($= 1 - p_i$);
f_b: fator multiplicativo que relaciona o preço de compra, no Brasil, de um equipamento de preço I_{Ei} no país ou região em que este preço foi estimado (Gulf Coast, por exemplo).

O **OSBL** ("outside battery limits") é o investimento realizado em itens relacionados com o processo, porém localizados fora da área de processamento. Inclui edificações para abrigar os equipamentos (estrutura, escadas, elevadores, etc.), edificações auxiliares (administração, serviço médico, refeitório, etc.), oficinas de manutenção com seus instrumentos e equipamentos, e serviços gerais (aquecimento, ventilação, condicionamento de ar, comunicações, alarmes contra incêndio, etc.). Inclui, ainda, melhorias da área da planta (pavimentação, cercas, etc.), serviços de utilidades (água, vapor, ar comprimido, etc.), facilidades (incineração, poços, tratamento de água, etc.), acondicionamento e armazenamento do produto e investimento no terreno, onde é construída a planta. Na ilustração, está sendo estimado em 45% do ISBL.

Com isso, o Investimento Direto fica estimado em 1,45 ISBL. O Investimento Indireto ($I_{indireto}$, $) inclui despesas com o projeto, com a construção (próprios) e eventuais, estimados como mostra a Tabela 4.3. Assim, o Investimento Fixo fica estimado em 1,81 ISBL. O Capital de Giro (I_{giro}, $) inclui os recursos necessários à operação da planta, incluindo estoque de matéria-prima, estoque de produtos, contas a receber, dinheiro em caixa para despesas gerais, contas e impostos a pagar. No exemplo, está estimado em 15% do I_{total}. O Investimento para a Partida ($I_{partida}$, $) compreende os recursos para modificações eventuais no processo, pessoal adicional para a partida e perdas eventuais. Com as estimativas de I_{giro} e $I_{partida}$, o

Investimento Total fica estimado em:

$$I_{total} = 2,34 \text{ ISBL} \qquad (4.20)$$

Com as estimativas de 50% para o Imposto de Renda e 15% para a Taxa de Retorno com Risco, obtém-se uma expressão para LE em termos apenas de R, $C_{matprim}$, C_{util} e ISBL, que são itens calculados facilmente a partir do dimensionamento do processo:

$$LE = 0,48\, R - 0,68\, (C_{matprim} + C_{util}) - 0,54 \text{ ISBL} \qquad (4.21)$$

cuja forma corresponde à da equação 4.15.

4.3 DADOS PARA A ESTIMATIVA DE CUSTOS E DE INVESTIMENTO

Serão apresentados, a seguir, dois conjuntos consistentes de dados que podem ser utilizados na estimativa de custos e de investimentos: um conjunto proposto em Rudd & Watson [2] e outro proposto em Douglas [4]. O primeiro tem como base o ano de 1961 e o segundo, o de 1968. O fato de esses dados se encontrarem desatualizados não invalida o seu uso neste texto. O que importa é que se trata de conjuntos consistentes que podem ser utilizados na resolução de problemas.

4.3.1 DADOS APRESENTADOS EM RUDD & WATSON [2]

(a) Dados para Estimativa de Investimento

Aqui, o termo I_{Ei} da Equação (4.17) é estimado para uma capacidade Q_i pela expressão exponencial

$$I_{Ei} = I_{Ebi} \left(\frac{Q_i}{Q_{bi}} \right)^{M_i} \qquad (4.22)$$

onde I_{Ebi} é o preço do equipamento i para uma dimensão ou capacidade de referência Q_{bi} e M_i é um fator experimental de escala para o equipamento i. Valores de I_{Ebi}, Q_{bi} e M_i são encontrados na Tabela 4.5.

O Fator de Lang, f_L, pode ser detalhado em termos de fatores individuais f_i, que indicam o percentual de acréscimo referente a itens de natureza física, e f_j, que indicam o percentual de acréscimo relativo a certas despesas adicionais associadas à instalação dos equipamentos:

$$f_L = \left(1 + \sum_i f_i \right) \left(1 + \sum_j f_j \right) \qquad (4.23)$$

Esses fatores se encontram na Tabela 4.6.

Rudd & Watson [2] apresentam, como exemplo, uma unidade de produção de amônia (30 t/d), cujos equipamentos totalizam um investimento (preço de compra) $I_E = \$ 250.000$. Para este processo, foram estimados os seguintes fatores:

f_1, Instalação: 0,15

f_2, Isolamento: 0,15

f_3, Tubulações: 0,75

f_4, Fundações: 0,10

f_5, Edificações: 0,07

f_6, Estruturas: 0,06

f_7, Prevenção de Incêndios: 0,06

f_8, Instalações Elétricas: 0,10

f_9, Pintura e Limpeza: 0,06

Σf_i = **1,50**

f_1, "Overhead" e lucro na montagem: 0,30

f_2, Serviços de engenharia: 0,13

f_3, Eventuais: 0,13

Σf_i = **0,56**

O fator de Lang e o ISBL, ficam

$$f_L = (1 + 1,5)(1 + 0,56) = 3,125$$
$$ISBL = (3,125)(\$ \; 250.000) = \$ \; 975.000$$

TABELA 4.5 CORRELAÇÕES DE CUSTO PARA ALGUNS EQUIPAMENTOS TÍPICOS

Equipamento	IE_b ($, 1961)	Q_b	Faixa de Q	M
Sopradores				
1 psi	360	70 cfm	70 - 1400	0,46
7 psi	6900	1400	1400 - 6000	0,35
Caldeira	9800	4000	4000 - 20000	0,67
Centrífugas				
Aço carbono	28700	40	40 - 66	0,81
Aço inoxidável	43000	in.(cesta) 40 in.	40 - 66	0,63
Compressor de ar	80000	240 hp	240 - 2000	0,29
Cristalizador	22100	10 t/d	10 - 1000	0,63
Evaporadores				
(película)	9200	4 ft2	4 - 9	0,24
	11200	9 ft2	9 - 33	0,36
	17900	33 ft2	33 - 66	0,55
Filtros-prensa	800	10 ft2	10 - 300	0,85
Trocadores de calor				
casco-e-tubo	1350	50 ft2	50 - 300	0,48
tubos aletados	5400	700	700 - 3000	0,58
refervedor	4070	400	400 - 600	0,25
Misturador	3900	15 hp	15 - 25	0,19
Vasos de pressão	1060	3000 lb	3000 - 6000	0,60
(aço carbono)	4830	30000 lb	30000 - 100000	0,80
Bombas centrífugas	1300	10 hp	10 - 25	0,68
(ligas)	2480	25 hp	25 - 100	0,86
Tanques				
Aço carbono	240	300 gal	300 - 1400	0,66
Aço inoxidável	730	150	150 - 500	0,69

**TABELA 4.6 FATORES EMPÍRICOS PARA O CUSTO INSTALADO
DE EQUIPAMENTO DE PROCESSO [2]**

FATORES EMPÍRICOS COMO FRAÇÕES DE I_E (f_i)	
Tubulações	f_1
Processamento de sólidos	0,07 - 0,10
Processamento misto	0,10 - 0,30
Processamento de fluidos	0,30 - 0,60
Instrumentação	f_2
Pouca instrumentação	0,02 - 0,05
Alguma instrumentação	0,05 - 0,10
Instrumentação sofisticada	0,10 - 0,15
Construções Especiais	f_3
Construções exteriores	0,05 - 0,20
Construções exteriores-interiores	0,20 - 0,60
Construções interiores	0,60 - 1,00
Instalações Auxiliares	f_4
Acréscimos menores a instalações existentes	0,00 - 0,05
Acréscimos maiores a instalações existentes	0,05 - 0,25
Completas em novas instalações	0,25 - 1,00
Linhas Externas	f_5
Entre instalações existentes	0,00 - 0,05
Unidades de processamento separadas	0,05 - 0,15
Unidades de processamento espalhadas	0,15 - 0,25
FATORES EMPÍRICOS COMO FRAÇÕES DO CUSTO FÍSICO (f_j)	
Engenharia e Montagem	f_1
Engenharia simples	0,20 - 0,35
Engenharia complexa	0,35 - 0,50
Fator de Escala	f_2
Unidade comercial grande	0,00 - 0,05
Unidade comercial pequena	0,05 - 0,15
Unidade experimental	0,15 - 0,35
Eventuais	f_3
Processo desenvolvido pela empresa	0,10 - 0,20
Processo sujeito a modificações	0,20 - 0,30
Processo em fase experimental	0,30 - 0,50

(b) Dados para a Estimativa dos Custos de Utilidades (Tabela 4.7)

TABELA 4.7 CUSTOS UNITÁRIOS DE UTILIDADES [2]

TIPO DE UTILIDADE	CUSTO UNITÁRIO
Vapor	
400 psi	$ 0,50 - 0,90/1000 lb
100 psi	$ 0,25 - 0,70/1000 lb
Energia Elétrica	
Comprada	$ 0,01 - 0,02/kwh
Gerada	$ 0,0055 - 0,01/kwh
Água de Resfriamento	
Poço	$ 0,02 - 0,10/1000 gal
Rio	$ 0,01 - 0,04/1000 gal
Torre	$ 0,01 - 0,05/1000 gal
Água de Processo	
Cidade	$ 0,07 - 0,25/1000 gal
Poço	$ 0,02 - 0,10/1000 gal
Filtrada	$ 0,10 - 0,20/1000 gal
Destilada	$ 0,60 -1,00/1000 gal
Ar Comprimido	
Ar para processo	$ 0,015 - 0,03/1000 ft^3
Filtrado e seco para instrumentos	$ 0,04 - 0,10/1000 ft^3
Carvão	$ 6,00 - 10,00/t
Óleo combustível n.º 6	$ 0,04 - 0,08/gal
Gás	
Natural	$ 0,30 - 0,80/1000 ft^3
Manufaturado	$ 0,60 - 1,30/1000 ft^3
Refrigeração	
"Steam-jet", 50 °F	$ 0,55/td
Amônia, 34 °F	$ 0,50/td
Amônia, 0 °F	$ 0,90/td
Amônia, –17 °F	$ 1,20/td

4.3.2 DADOS APRESENTADOS EM DOUGLAS [4]

(a) Dados para a Estimativa de Investimentos

Esses dados são baseados em preços de 1968, quando o valor do índice Marshal & Swift (M&S) era 280. O valor em 1995 estava em cerca de 900.

(a.1) Custo Instalado de Trocadores de Calor

$$C = \frac{M\&S}{280}(101,3)A^{0,65}(2,29 + F_c) \ \ US\$$$

$$(4.24)$$

onde A é a área de troca térmica ($200 < A < 5.000$ ft$_2$) e F_c é um fator global de correção calculado a partir de fatores de correção que levam em conta o material do trocador (Tabela 4.8), a pressão de operação (Tabela 4.9) e o tipo de trocador (Tabela 4.10):

$$F_c = (F_d + F_p)F_m$$

$$(4.25)$$

TABELA 4.8 FATOR DE CORREÇÃO PARA O MATERIAL DO CASCO E DO TUBO

Casco	Aço Carbono	Aço Carbono	Aço Inox.	Monel	Aço Carbono	Titânio
Tubo	Aço Carbono	Aço Inox.	Aço Inox.	Monel	Titânio	Titânio
F_m	1,00	2,81	3,75	4,25	8,95	13,05

TABELA 4.9 FATOR DE CORREÇÃO PARA A PRESSÃO DE PROJETO

Pressão de Projeto (psi)	até 150	até 300	até 400	até 800	até 1000
F_p	0	0,10	0,25	0,52	0,55

TABELA 4.10 FATOR DE CORREÇÃO PARA O TIPO DE TROCADOR DE CALOR

Tipo de Trocador	Vaso Refervedor	Cabeça Flutuante	Tubo	Tubo Fixo
F_d	1,35	1,00	0,85	0,80

(a.2) Custo Instalado de Colunas de Destilação

O custo do casco da coluna é dado por

$$C = \frac{M\&S}{280}101,9D^{1,066}H^{0,802}(2,19 + F_c) \ \ US\$$$

$$(4.26)$$

onde D é o diâmetro (ft), H a altura (ft) e F_c um fator de correção calculado a partir de fatores que levam em conta a pressão de projeto (Tabela 4.11) e o material do casco (Tabela 4.12) da coluna:

$$F_c = F_p F_m$$

$$(4.27)$$

TABELA 4.11 FATOR DE CORREÇÃO PARA A PRESSÃO DE PROJETO

Pressão de Projeto (psi)	até 50	até 100	até 200	até 300	até 500	até 700	até 1000
F_p	1,00	1,05	1,15	1,2	1,45	1,80	2,50

TABELA 4.12 FATOR DE CORREÇÃO PARA O MATERIAL DO CASCO DA COLUNA

Material do Casco	Aço Carbono	Aço Inoxidável	Monel	Titânio
F_m	1,00	2,25	3,89	4,25

O custo instalado dos internos da coluna pode ser considerado como 20% do custo instalado do vaso [4].

(a.3) Custo Instalado dos Refervedores

$$C = \frac{M \& S}{208} (328) \left(\frac{Q_c}{3.000} \ln \frac{T_b - 90}{T_b - 120} \right)^{0,65}$$
(4.28)

onde Q_c é a carga térmica do condensador (BTU/lb) e T_b, a temperatura de bolha do destilado (°F).

(a.4) Custo Instalado dos Condensadores

$$C = \frac{M \& S}{280} (328) \left(\frac{Q_R}{11.250} \right)^{0,65} \quad \text{US\$}$$
(4.29)

onde Q_R é a carga térmica do refervedor (BTU/lb).

(b) Dados para a Estimativa de Custos de Utilidades

(b.1) Utilidades Quentes

$$CC = (8,74)10^{-4} Q_R C_v \frac{f_0}{8.150} \quad \text{US\$/a}$$
(4.30)

onde Q_R é a carga térmica do refervedor (BTU/lb) e C_v é o custo do vapor (US\$2.000/1000 lb) a 220°C e f_0 é o fator de operação da instalação (h/a).

(b.2) Utilidades Frias

$$C = (3,26)10^{-4} Q_c Q_a \frac{f_0}{8.150} \quad \text{US\$/a}$$
(4.31)

onde Q_c é a carga térmica do condensador (BTU/lb) e Q_a é o custo da água (US\$ 0,1335/1000 gal), a 30°C.

REFERÊNCIAS

1. Happel, J., Jordan, D. G., *Chemical Process Economics*, Marcel Dekker (1975).

2. Rudd, D. F. & Watson, C. C., *Strategy of Process Engineering*, J. Wiley (1968).

3. Timmerhaus, K. D. e Peters, M. S., *Plant Design And Economics For Chemical Engineers*, (3.ª ed.), McGraw-Hill (1980)

4. Douglas, J. M., *Conceptual Design Of Chemical Processes*, McGraw-Hill (1988).

5. Biegler, L. T., Grossmann, I. E. e Westerberg, A. W., *Systematic Methods Of Chemical Process Design*, Prentice-Hall (1997).

6. Turton, R., Bailie, R. C., Whiting, W. B. e Shaeiwitz, J. A., *Analysis, Synthesis And Design Of Chemical Processes*, Prentice Hall (2003).

7. Seider, W., Seader, J. D. e Lewin, D. R., *Product And Process Design Principles,* J.Wiley (2004).

PROBLEMA PROPOSTO

Calcular o Lucro do Empreendimento do processo ilustrativo, com os dados obtidos no dimensionamento **(Figura 2.4)**. Usar os parâmetros econômicos da tabela abaixo.

PARÂMETROS ECONÔMICOS		
PARÂMETRO	SÍMBOLO	VALOR
Custo unitário do ácido benzoico no produto	p_1	0,97 $/kg
Custo unitário do benzeno de reposição	p_2	0,022 $/kg
Custo unitário da água de resfriamento	p_3	0,00005 $/kg
Custo unitário do vapor	p_v	0,0015 $/kg
Taxa de depreciação	e	0,1 ($/a)/$
Taxa de depreciação fiscal	d	0,1 ($/a)/$
Taxa de imposto de renda	t	0,3 ($/a)/$
Taxa de retorno do investimento	i	0,1 ($/a)/$
Taxa de risco	h	0,05 ($/a)/$
Fator de Lang	f_L	3
Fator de deflação	f_D	1
Fator de transferência ou localização	f_T	1
Fator de operação	f_0	8.640 h/a

OTIMIZAÇÃO PARAMÉTRICA 5

No Capítulo 1, o Projeto foi apresentado como um problema complexo de otimização constituído de três subproblemas interdependentes: otimização tecnológica, otimização estrutural e otimização paramétrica, como mostra a Figura 1.6. No âmbito da análise de processos, o interesse reside na otimização paramétrica, que consiste na busca dos valores ótimos das dimensões dos equipamentos e das condições das correntes.

5.1 CONCEITO DE OTIMIZAÇÃO

A resolução de qualquer problema de dimensionamento resulta numa das seguintes situações:

- o problema não admite solução;
- o problema admite uma única solução;
- o problema admite mais de uma solução.

A primeira situação ocorre quando as metas de projeto são em número excessivo ou inconsistentes. A segunda, quando as metas são consistentes, mas não deixam graus de liberdade. A terceira, quando as metas de projeto são insuficientes dando margem a graus de liberdade. Neste último caso, torna-se imperioso buscar a melhor dentre as soluções viáveis, a **solução ótima**. Nesse contexto, otimizar significa tornar ótimo ou buscar o ótimo, e **otimização**, a busca da solução ótima. O termo otimização se refere, ainda, ao campo da Matemática dedicado ao desenvolvimento de métodos eficientes de determinação de extremos de funções de uma ou mais variáveis.

É importante reconhecer que todo problema de otimização compreende uma conjugação de **fatores conflitantes**. Por exemplo, o dimensionamento do extrator da Figura 5.13 admite inúmeros valores fisicamente viáveis da vazão W de benzeno. Esses valores se localizam entre um valor mínimo igual a zero, quando nenhum soluto seria extraído, e um valor máximo, teoricamente infinito, que corresponderia à extração de todo o soluto da solução original. A Figura 5.1 mostra a função Lucro (L) e os seus componentes Receita (R) e Custo (C). Observa-se que um aumento de W acarreta dois efeitos conflitantes sobre o Lucro. Por um lado, aumenta a quantidade recuperada de soluto, que aumenta a Receita e, por conseguinte, aumenta o Lucro. Por outro lado, aumenta o Custo e, por conseguinte, reduz-se o Lucro. A vazão ótima W^o, que produz o lucro ótimo L^o é o "ponto de equilíbrio" desses dois fatores.

Figura 5.1
Receita e custos
contribuem de forma
conflitante para o
lucro *L*.

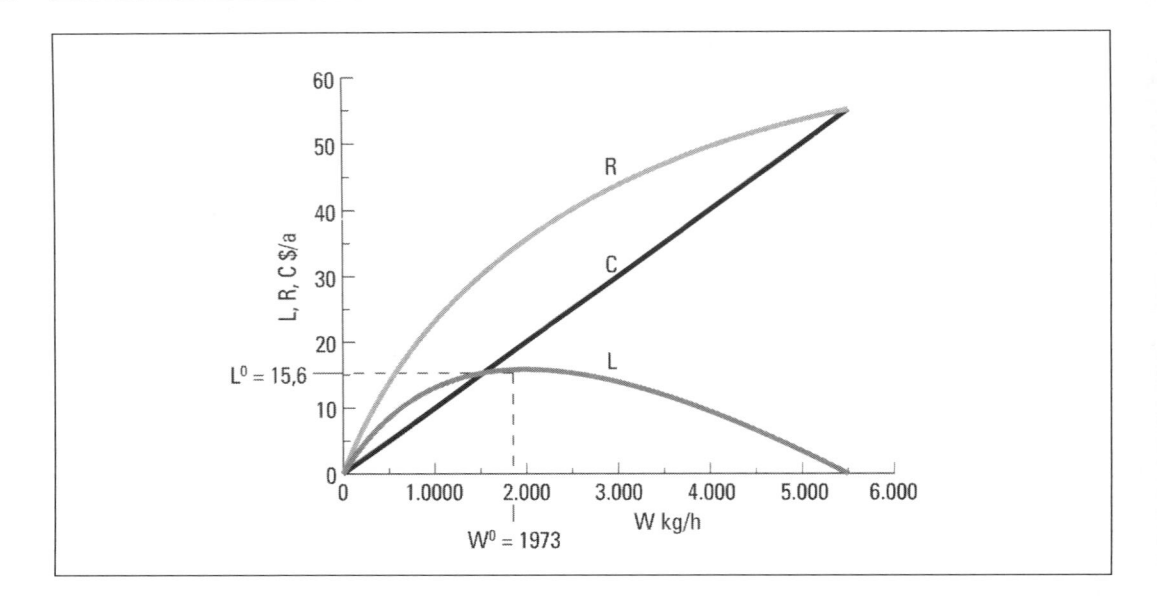

5.2 ELEMENTOS COMUNS EM PROBLEMAS DE OTIMIZAÇÃO

Todo problema de otimização, independentemente do campo de aplicação, compreende os seguintes elementos que devem ser identificados em cada situação específica:

- Variáveis de Decisão
- Critério
- Função Objetivo
- Restrições
- Região Viável

5.2.1 VARIÁVEIS DE DECISÃO

É a denominação atribuída às variáveis independentes do problema de otimização. São também chamadas de variáveis manipuladas. Os métodos de otimização chegam à solução ótima, manipulando essas variáveis. Na engenharia de processos, elas são as **Variáveis de Projeto** e correspondem, em número, aos graus de liberdade do problema (Capítulo 2). As variáveis de projeto são escolhidas dentre as não especificadas. A escolha não afeta a solução ótima, mas apenas o **esforço computacional** envolvido. Por exemplo, na otimização do extrator da Figura 5.13, a escolha de x resulta numa sequência de cálculo **direta**. Pelo contrário, a escolha de W resulta numa sequência de cálculo **cíclica**. O resultado é o mesmo, independentemente da escolha. Para escolher as variáveis de projeto mais convenientes em termos de esforço computacional, basta utilizar o Algoritmo de Ordenação de Equações, como foi demonstrado no Capítulo 3.

5.2.2 CRITÉRIO

É o que define a solução ótima do problema. O critério mais comum é da natureza econômica: lucro ou custo. Segurança, controlabilidade e outros critérios também podem ser adotados.

A solução ótima segundo um critério pode não ser a ótima segundo um outro. Por exemplo, a solução de menor custo pode não ser a mais segura. Soluções que atendam simultaneamente a mais de um critério podem ser obtidas por métodos de otimização com objetivos múltiplos, em que o projetista pode atribuir pesos diferentes a cada critério em função da importância relativa de cada um.

5.2.3 FUNÇÃO OBJETIVO

É a expressão matemática do critério de otimização em termos das variáveis físicas do sistema. A função objetivo pode assumir aspectos os mais diversos, influindo decisivamente no modo de abordar o problema de otimização e na probabilidade de sucesso da sua resolução. Por isso, antes de se resolver um problema de otimização, é indispensável analisar a função objetivo segundo as suas três características fundamentais: continuidade, modalidade e convexidade.

(a) Continuidade

em termos de continuidade, a função objetivo pode ser:

- **contínua:** quando $y(x) = \lim y(x + h)$ para todas as maneiras possíveis em que $h \to 0$ (Figura 5.2a). É o tipo de função que menos problemas oferece durante a busca do seu ponto extremo. Uma função pode ser contínua, mas apresentar descontinuidades na sua derivada em relação à variável de decisão (Figura 5.2b). Esse tipo de função pode oferecer problemas ao se usar algum método que empregue a sua derivada durante a busca do ótimo;

- **descontínua:** quando não é contínua. O exemplo mais comum de descontinuidade é o "salto", em que a função apresenta dois valores diferentes para o mesmo valor da variável de decisão (Figura 5.2c). Esse tipo de função pode oferecer dificuldades na busca do ótimo;

- **discreta:** é um tipo de descontinuidade em que a variável de decisão assume apenas valores discretos, como número de estágios e diâmetros de tubos, por exemplo (Figura 5.2.d). Aqui, pode-se usar diretamente métodos de otimização discreta ou contínua, tomando-se o valor discreto mais próximo da solução encontrada.

(b) Modalidade

Uma função é dita unimodal quando exibe apenas um valor extremo (máximo ou mínimo). As Figuras 5.2 (a), (b), (c) e (d) mostram funções unimodais de apenas uma variável, contínua, descontínua e discreta, respectivamente. A Figura 5.3 mostra uma função unimodal de duas variáveis: $f(\mathbf{x}) = 1 - x_1^2 - x_2^2$.

Uma função é dita multimodal quando apresenta mais de um extremo, um dos quais é o global e os demais locais. A Figura 5.4a mostra uma função multimodal de uma variável, onde A, C e E são máximos locais (a qualquer ponto vizinho corresponde um valor inferior da função), e B, D e F são mínimos locais. O ponto A é o máximo global e F, o mínimo global. A Figura 5.4b mostra uma função bimodal de duas variáveis, onde A e B são mínimos locais, sendo B o mínimo global, e C é um ponto de sela. A multimodalidade é uma das fontes de dificuldades na otimização, uma vez que o método utilizado pode convergir para um extremo local e não para o extremo global desejado.

Figura 5.2
Tipos de Função Objetivo
quanto à continuidade.

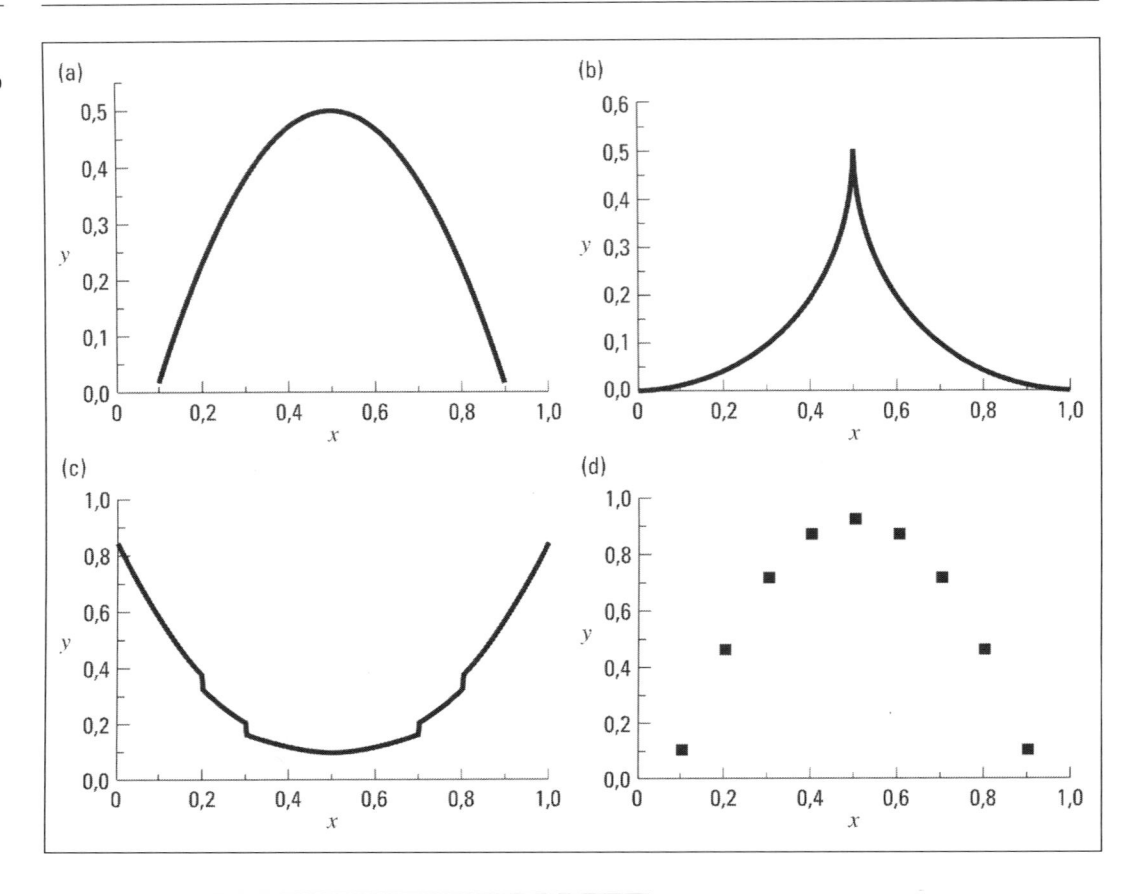

Figura 5.3
Função unimodal em 2
dimensões.

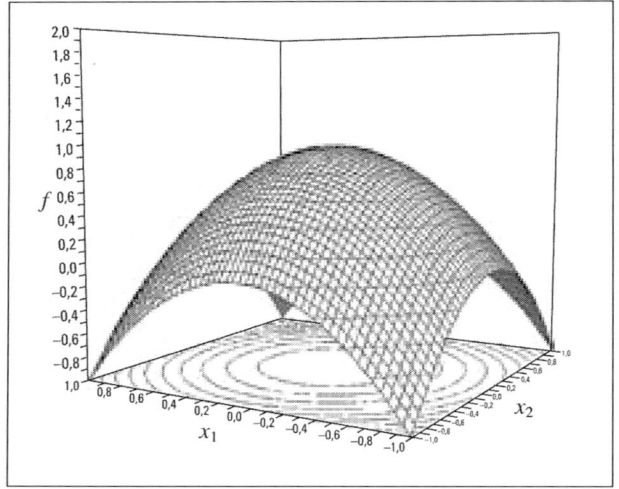

(c) Convexidade

Trata-se de uma propriedade exibida por certas funções unimodais. No caso de apenas uma variável de decisão, a função é côncava (Figura 5.5a) se entre dois pontos x_1 e x_2 o valor da função é sempre superior àquele dado pela reta que une esses dois pontos, ou seja, se

$$f\left[(1-a)x_1 + a\,x_2\right] \ge (1-a)f(x_1) + a f(x_2) \quad (0 \le a \le 1) \tag{5.1}$$

Uma função é convexa quando (5.1) se verifica com a desigualdade invertida ($\leq$) (Figura 5.5 b). Quando as linhas que unem $f(x_1)$ a $f(x_2)$ só tocam a curva nesses pontos, a função é dita estritamente convexa ou estritamente côncava. Um exemplo típico de uma função côncava (ou convexa), mas não estritamente côncava (ou estritamente convexa), é a linha reta.

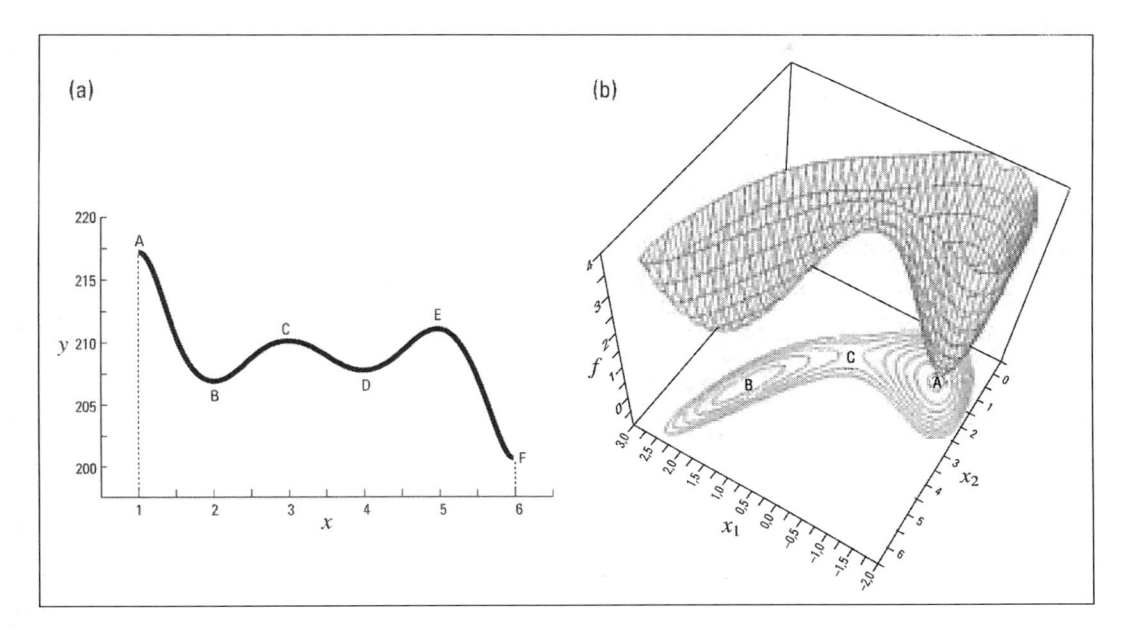

Figura 5.4
Funções bimodais: (a) em uma dimensão; (b) em duas dimensões.

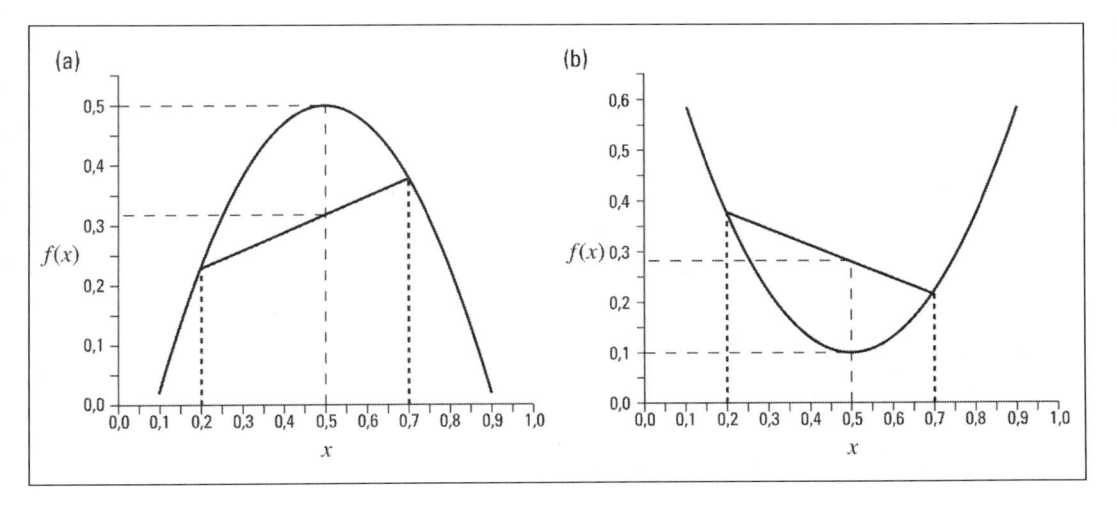

Figura 5.5
Convexidade: (a) função côncava; (b) função convexa.

A forma mais conveniente para testar a convexidade de uma função, no entanto, é através do sinal da segunda derivada no ponto ótimo: se positivo, a função é convexa; se negativo, é côncava.

No caso multivariável, a convexidade pode ser analisada através de valores característicos da Matriz Hessiana H(x) da função, cujos elementos são as segundas derivadas da função. A compreensão desses conceitos é facilitada pela visualização de funções quadráticas de duas dimensões, cuja expressão geral é:

$$f(x) = b_0 + b_1 x_1 + b_2 x_2 + b_{11} x_1^2 + b_{22} x_2^2 + b_{12} x_1 x_2 \qquad (5.2)$$

Designando $\mathbf{f_{ij}} = \frac{\partial^2 \mathbf{f}}{\delta \mathbf{x_i} \delta \mathbf{x_j}}$, a matriz Hessiana de (5.2) é:

$$H(x) = \begin{bmatrix} f_{11} & f_{12} \\ f_{21} & f_{22} \end{bmatrix} \tag{5.3}$$

Os valores característicos são as raízes da sua equação característica:

$$\det \begin{bmatrix} f_{11} - \alpha & f_{12} \\ f_{21} & f_{22} - a \end{bmatrix} = 0$$

$$\alpha^2 - \left(f_{11} + f_{22}\right)\alpha + \left(f_{11}f_{22} - f_{12}f_{21}\right) = 0 \tag{5.4}$$

Dependendo dos coeficientes de (5.2), os valores característicos α_1 e α_2 poderão exibir valores e sinais iguais ou diferentes. De uma forma geral:

(a) Quanto aos Sinais:

- sinais iguais indicam mesma curvatura nas duas direções;
- sinais positivos indicam convexidade, como num vale;
- sinais negativos indicam concavidade, como numa colina;
- sinais diferentes indicam curvaturas diferentes, como num ponto de sela;
- um valor zero indica ausência de curvatura numa das direções, como numa calha.

(b) Quanto aos Valores:

- valores iguais indicam simetria na forma da função. Por exemplo, curvas de nível como círculos concêntricos;
- valores diferentes indicam assimetria, ou seja, a figura é mais alongada numa das direções. Por exemplo, as curvas de nível são elipses concêntricas.

A Tabela 5.1 resume a questão da convexidade para uma função de duas variáveis com os exemplos da Figura 5.6.

TABELA 5.1 CONCAVIDADE E CONVEXIDADE EM FUNÇÃO DOS VALORES CARACTERÍSTICOS DA MATRIZ HESSIANA.

α_1, α_2	$H(x)$	$f(x)$
$\alpha_1 < 0, \alpha_2 < 0$	negativa definida	estritamente côncava (Figura 5.6 a)
$\alpha_1 > 0, \alpha_2 = 0$	negativa semidefinida	côncava (Figura 5.6 b)
$\alpha_1 > 0, \alpha_2 > 0$	positiva definida	estritamente convexa (Figura 5.6 c)
$\alpha_1 > 0, \alpha_2 = 0$	positiva semidefinida	convexa (Figura 5.6 d)
$\alpha_1 > 0, \alpha_2 < 0$	indefinida	ponto de sela (Figura 5.6 e, f)

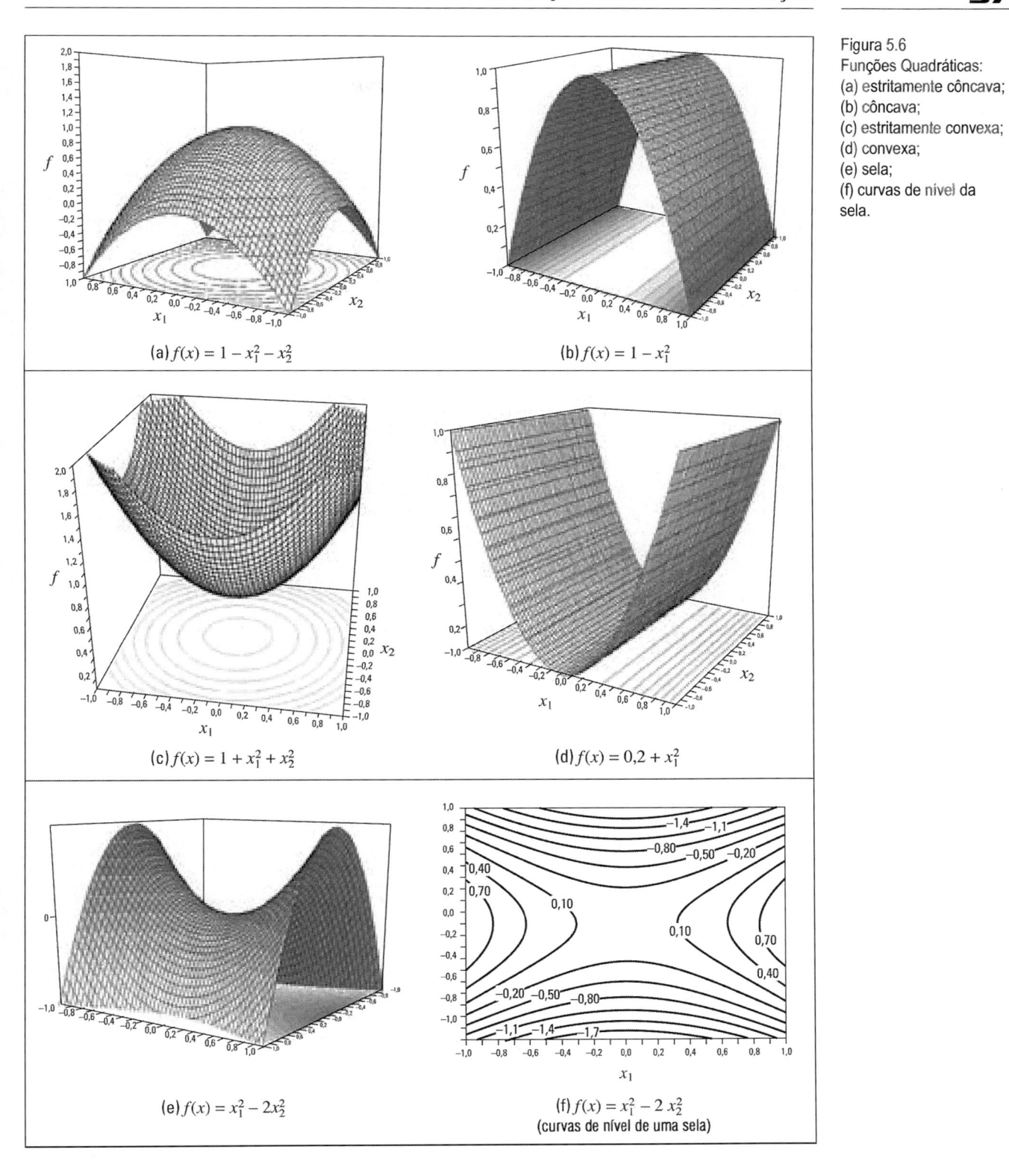

(a) $f(x) = 1 - x_1^2 - x_2^2$

(b) $f(x) = 1 - x_1^2$

(c) $f(x) = 1 + x_1^2 + x_2^2$

(d) $f(x) = 0,2 + x_1^2$

(e) $f(x) = x_1^2 - 2x_2^2$

(f) $f(x) = x_1^2 - 2\,x_2^2$
(curvas de nível de uma sela)

Figura 5.6
Funções Quadráticas:
(a) estritamente côncava;
(b) côncava;
(c) estritamente convexa;
(d) convexa;
(e) sela;
(f) curvas de nível da sela.

5.2.4 RESTRIÇÕES

São os limites estabelecidos pelas leis naturais que governam o comportamento do sistema. As restrições podem ser de 2 tipos, citados abaixo com as suas representações convencionais:

- de igualdade: $h(\mathbf{x}) = 0$;
- de desigualdade: $g(\mathbf{x}) \leq 0$ ou $g(\mathbf{x}) \geq 0$.

As restrições de igualdade são as equações do modelo matemático do processo, como as 34 equações do modelo do exemplo ilustrativo do Capítulo 2. As restrições de desigualdade se referem aos limites físicos de variáveis de projeto, como os limites 0 e 1 para frações molares. Em vista das restrições, o problema de otimização é formalizado da seguinte maneira, para minimização:

$$
\begin{aligned}
&Min\, f(\mathbf{x}) \\
&\quad (\mathbf{x}) \\
&\mathbf{s.a.}: g(\mathbf{x}) \leq 0 \\
&\qquad h(\mathbf{x}) = 0
\end{aligned}
\tag{5.5}
$$

A leitura é a seguinte: "minimizar a função f em relação a x sujeito às restrições $g(x)$ e $h(x)$".

As restrições condicionam os valores que as variáveis podem assumir durante a solução do problema, como mostram as Figuras 5.7 a 5.9. Em todos os exemplos, deve-se considerar as restrições adicionais $x_1 \geq 0$ e $x_2 \geq 0$.

A Figura 5.7a mostra a função $f(\mathbf{x}) = 1 - (x_1 - 1)^2 + (x_1 - 1)(x_2 - 1) - (x_2 - 1)^2$, cujo máximo irrestrito é o ponto A, onde $f(1, 1) = 1,0$. Porém, submetida à restrição de igualdade, o máximo (restrito) passa a ser o ponto B, onde $f(0,3535; 0,3535) = 0,5821$, que é o ponto de maior valor da função objetivo sobre a restrição. A Figura 5.7b mostra a mesma função submetida a outra restrição exibindo dois máximos restritos locais: o ponto B, onde $f(x^o) = 0,8$ e o ponto C, onde $f(x^o) = 0,6$. O máximo restrito global é o ponto B. Na Figura 5.7.c, a função encontra-se submetida a duas restrições de igualdade. O ponto máximo restrito é a interseção B, que é o único que satisfaz às duas restrições, onde $f(0,4472; 0,2236) = 0,5208$. Na Figura 5.7d, as restrições não apresentam pontos comuns. Logo, são incompatíveis e o problema não tem solução.

Nas Figura 5.8a e Figura 5.8b, a mesma função se encontra submetida a duas restrições de desigualdade opostas (as regiões achuriadas violam as restrições). Submetida à restrição $g_1(\mathbf{x}) = x_1^2 + x_2^2 - 0,25 \leq 0$, o ponto máximo é o ponto B. No entanto, submetida à restrição $g_2(\mathbf{x}) = x_1^2 + x_2^2 - 0,25 \geq 0$ o ponto máximo é o próprio máximo irrestrito A.

A Figura 5.9 mostra a função submetida a duas restrições de desigualdade. Em (a), a restrição g_1 é a predominante e o ponto máximo restrito é B. Em (b), o máximo restrito é C, sendo g_2 a restrição predominante. Em (c), as restrições são de sinais opostos, sendo A o ponto máximo. Em (d), as duas restrições são incompatíveis e o problema não tem solução.

5.2.5 REGIÃO VIÁVEL

É a região do espaço definida pelas Variáveis de Decisão, delimitada pelas Restrições, em cujo interior ou em cuja fronteira se localiza o máximo ou o mínimo da Função Objetivo. A região viável é também chamada de Região de Busca. O conhecimento da localização e da natureza dessa região é de fundamental importância para a aplicação de diversos métodos de

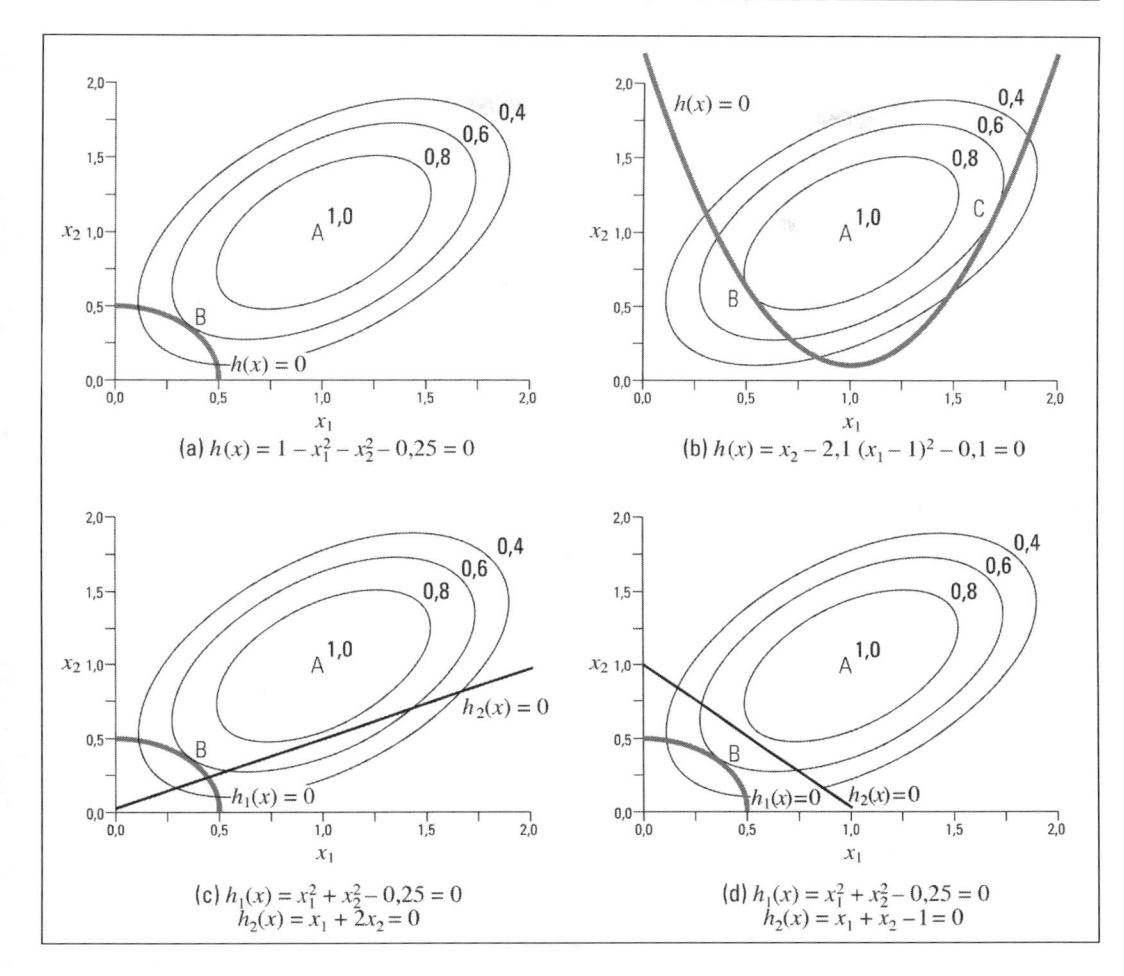

Figura 5.7
Função $f(x) = 1 - (x_1 - 1)^2 + (x_1 - 1)(x_2 - 1) - (x_2 - 1)^2$ submetida a restrições de igualdade.

(a) $h(x) = 1 - x_1^2 - x_2^2 - 0{,}25 = 0$

(b) $h(x) = x_2 - 2{,}1\,(x_1 - 1)^2 - 0{,}1 = 0$

(c) $h_1(x) = x_1^2 + x_2^2 - 0{,}25 = 0$
$h_2(x) = x_1 + 2x_2 = 0$

(d) $h_1(x) = x_1^2 + x_2^2 - 0{,}25 = 0$
$h_2(x) = x_1 + x_2 - 1 = 0$

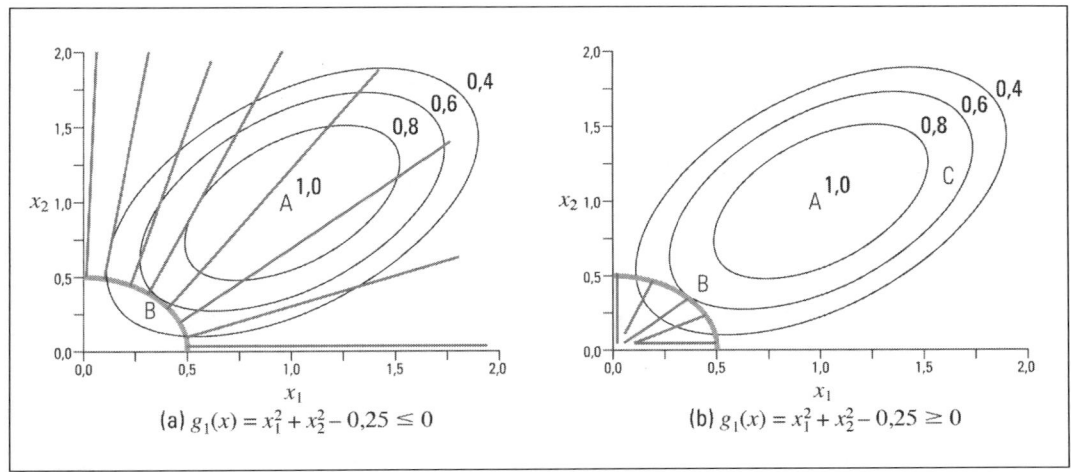

Figura 5.8
Função $f(x) = 1 - (x_1 - 1)^2 + (x_1 - 1)(x_2 - 1) - (x_2 - 1)^2$ submetida a uma restrição de desigualdade.

(a) $g_1(x) = x_1^2 + x_2^2 - 0{,}25 \leq 0$

(b) $g_1(x) = x_1^2 + x_2^2 - 0{,}25 \geq 0$

otimização. A Figura 5.10 mostra uma região viável, em 3 dimensões, em que uma restrição de igualdade restringe a busca a uma superfície, e uma restrição adicional, de desigualdade, confina a busca a uma região nessa superfície.

Figura 5.9
Função $f(x) = 1 - (x_1 - 1)^2 + (x_1 - 1)(x_2 - 1) - (x_2 - 1)^2$ submetida a duas restrições de desigualdade.

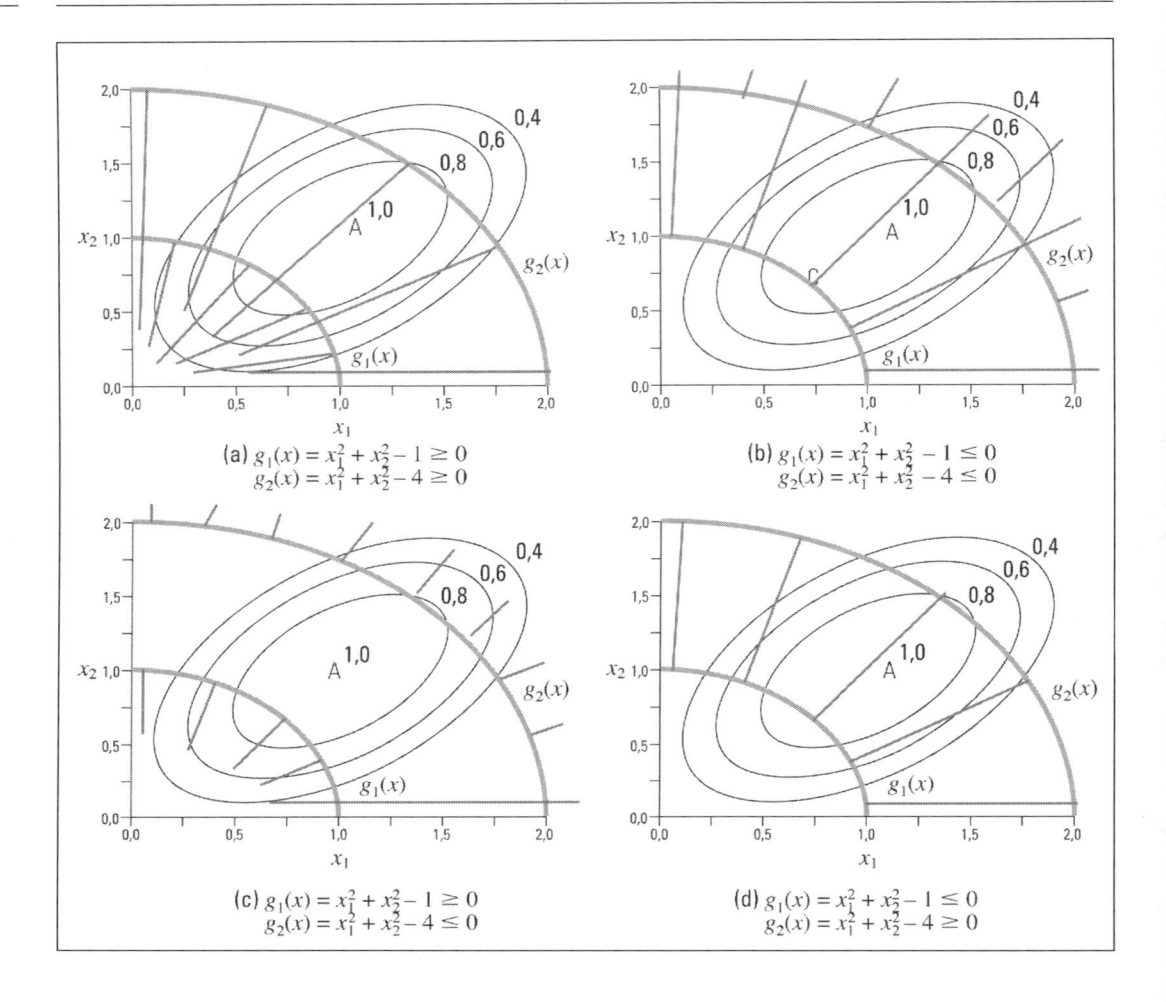

(a) $g_1(x) = x_1^2 + x_2^2 - 1 \geq 0$
$g_2(x) = x_1^2 + x_2^2 - 4 \geq 0$

(b) $g_1(x) = x_1^2 + x_2^2 - 1 \leq 0$
$g_2(x) = x_1^2 + x_2^2 - 4 \leq 0$

(c) $g_1(x) = x_1^2 + x_2^2 - 1 \geq 0$
$g_2(x) = x_1^2 + x_2^2 - 4 \leq 0$

(d) $g_1(x) = x_1^2 + x_2^2 - 1 \leq 0$
$g_2(x) = x_1^2 + x_2^2 - 4 \geq 0$

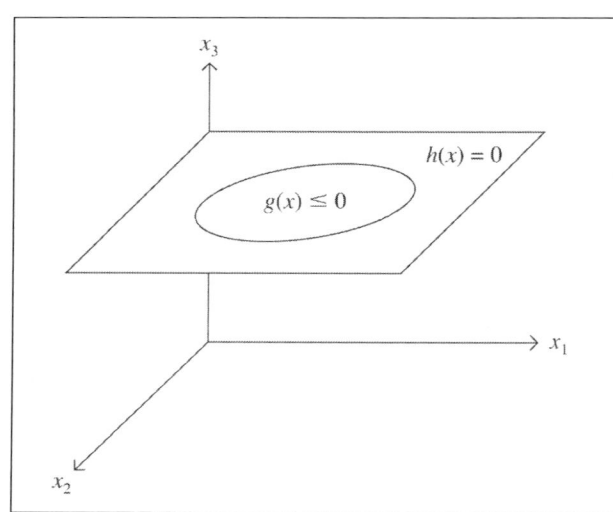

Figura 5.10
Região de busca em 3 dimensões.

Quanto à natureza, uma região viável pode ser convexa ou não convexa. Uma região é convexa se, para quaisquer pontos x_1 e x_2 na região e, para todo $0 \leq a \leq 1$, o ponto $x = a\,x_1 + (1-a)\,x_2$ se encontra na região. Em duas dimensões, isso implica em que qualquer reta que ligue quaisquer pontos situados na região fica inteiramente contida na região (Figura 5.11a). As regiões que não satisfazem essa condição são chamadas de regiões não convexas (Figura 5.11b).

A não convexidade da região viável pode impedir a determinação do ótimo global. Na Figura 5.11b, se um eventual máximo global se encontrar próximo de A, um máximo local próximo de B e a busca se iniciar em B, o método poderá convergir para o máximo local e não para o global.

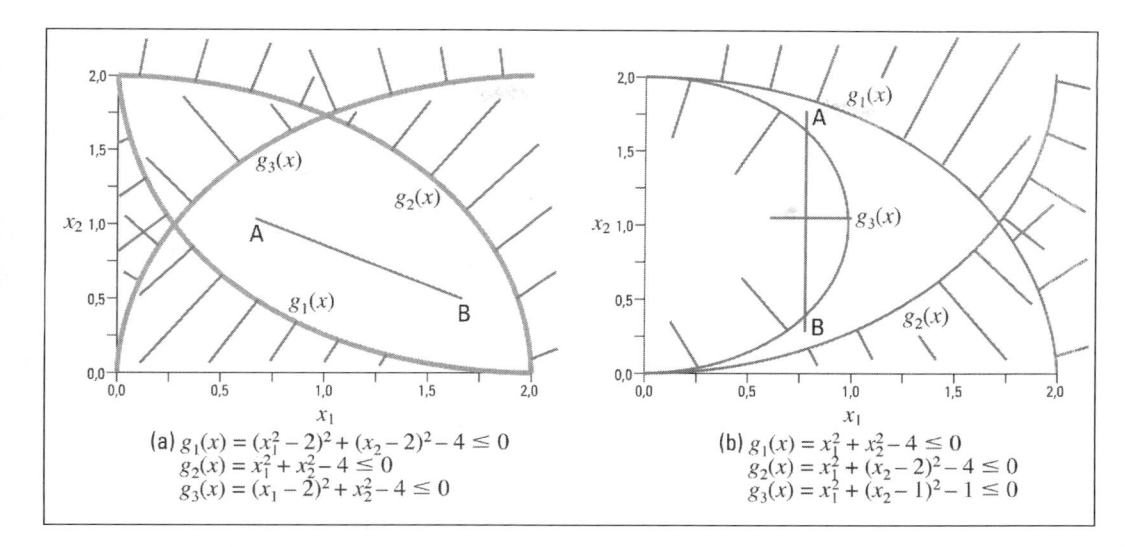

Figura 5.11
(a) região convexa
(b) região não convexa.

(a) $g_1(x) = (x_1^2 - 2)^2 + (x_2 - 2)^2 - 4 \le 0$
$g_2(x) = x_1^2 + x_2^2 - 4 \le 0$
$g_3(x) = (x_1 - 2)^2 + x_2^2 - 4 \le 0$

(b) $g_1(x) = x_1^2 + x_2^2 - 4 \le 0$
$g_2(x) = x_1^2 + (x_2 - 2)^2 - 4 \le 0$
$g_3(x) = x_1^2 + (x_2 - 1)^2 - 1 \le 0$

5.3 LOCALIZAÇÃO DA SOLUÇÃO ÓTIMA

Os valores ótimos de uma função só podem ser encontrados em certos pontos da região viável, os únicos que precisam ser investigados durante a busca.

(a) Funções Contínuas: a existência de um ponto de máximo ou de mínimo para toda função contínua é garantida pelo Teorema de Weierstrass: "Toda função contínua, num domínio fechado, possui um valor mais alto e um valor mais baixo, no interior ou sobre a fronteira da região". Em geral, a localização do ponto ótimo, no interior da região, pode ser determinada pelo teorema: "Uma função contínua $y(x)$ de n variáveis independentes $x_1, x_2, \ldots, x_n$, alcançará um máximo ou um mínimo no interior de uma região, apenas nos valores das variáveis x_i, para os quais as derivadas parciais $\partial y / \partial x_i$ se anulam simultaneamente (ponto estacionário) ou nos quais uma ou mais dessas derivadas deixam de existir numa descontinuidade". Assim, para uma função contínua, a busca de um ponto extremo deve se limitar (Figura 5.12):

Figura 5.12
Localização de valores extremos na faixa $x_1 \le x \le x_2$.

- no interior da região:
    - a pontos estacionários, onde todas as primeiras derivadas contínuas são simultaneamente zero;
    - a descontinuidades de derivadas.
- à própria fronteira de região.

(b) Funções Descontínuas: em situações como aquela ilustrada na Figura 5.2c, pode-se dividir a região colocando-se fronteiras nas descontinuidades, sendo decomposto o problema em diversos problemas de funções contínuas.

(c) Funções Discretas: normalmente, comparam-se os valores da função em cada um dos pontos em que ela existe, fazendo-se uso, quando possível, das características de unimodalidade da função.

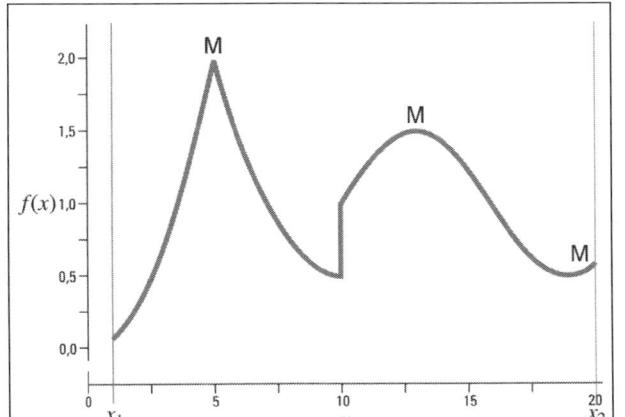

5.4 PROBLEMAS E MÉTODOS DE OTIMIZAÇÃO

Os problemas de otimização são dificultados por fatores como descontinuidades na função e nas restrições, não linearidade da função e das restrições, sensibilidade da função em relação às variáveis de projeto e multimodalidade da função. **Daí não existir um método universal de otimização**. Na verdade, os métodos existentes são dependentes do tipo de problema. Por uma questão de organização, é conveniente classificar os problemas e os métodos de otimização como na Tabela 5.2.

TABELA 5.2 CLASSIFICAÇÃO DE PROBLEMAS E DE MÉTODOS DE OTIMIZAÇÃO

Problemas		Métodos	
Número de Variáveis	**Restrições**	**Natureza**	**Estratégia**
Univariáveis	Irrestritos	Analíticos	Diretos
Multivariáveis	Restritos	Numéricos	Indiretos

Nos métodos **diretos**, as decisões são tomadas a partir dos valores da função objetivo. Nos **indiretos**, são empregados também os valores das derivadas da função.

Neste texto serão abordados os métodos analítico e numérico aplicados a problemas univariáveis e multivariáveis. Para problemas univariáveis será apresentado o método da seção áurea. Para problemas multivariáveis será apresentado o de Hooke & Jeeves.

5.5 MÉTODO ANALÍTICO

Esse método se vale das próprias condições de existência de pontos extremos na função objetivo nos pontos estacionários.

5.5.1 PROBLEMAS UNIVARIÁVEIS

A grande maioria dos problemas práticos de otimização são multivariáveis e restritos. Porém, os métodos de resolução de **problemas univariáveis** são importantes, pelos seguintes motivos:

- alguns problemas são realmente univariáveis;
- em muitos problemas multivariáveis, as restrições são incorporadas à função objetivo, transformando-os em problemas univariáveis;
- muitos métodos de resolução de problemas multivariáveis, restritos e irrestritos, incorporam etapas em que se resolve repetidamente um problema univariável.

Os métodos de **busca irrestrita** também são importantes, porque existem situações em que o **intervalo de busca é desconhecido**. Isso acontece, por exemplo, com certos métodos de busca multidimensional, quando são realizadas buscas unidimensionais em dadas direções, a partir de um certo ponto, sem o conhecimento do outro limite da variável de busca (busca em aberto).

Em problemas univariáveis, as condições necessárias para que **x*** seja um ponto extremo de uma função $f(\mathbf{x})$, são:

(a) a função ser duas vezes diferenciável em **x***;
(b) a derivada primeira da função ser nula nesse ponto, *i é*, $f'(\mathbf{x}^*) = 0$.

Daí, basta derivar $f(\mathbf{x})$ em relação a **x** e resolver a equação $f'(\mathbf{x}) = 0$ para determinar o ponto ou os pontos extremos de $f(\mathbf{x})$. Em problemas práticos de engenharia, a própria natureza da função objetivo já indica se tratar de um ponto de máximo ou de mínimo. Uma função Lucro, por exemplo, deve exibir um máximo, enquanto uma função Custo deve exibir um mínimo. Em geral, no entanto, a natureza do ponto extremo é determinada pela condição **suficiente** baseada na derivada segunda.

$f''_n(\mathbf{x}^*) < 0 \Rightarrow$ ponto de máximo;
$f''_n(\mathbf{x}^*) > 0 \Rightarrow$ ponto de mínimo;
$f''_n(\mathbf{x}^*) = 0 \Rightarrow$ ponto de inflexão.

O método analítico fornece a solução **"exata"**, limitada apenas pela precisão do dispositivo de cálculo usado na resolução da equação $f'(x) = 0$. Esse método, no entanto, tem a sua aplicação restrita a problemas relativamente simples, devido às seguintes circunstâncias:

- se a função objetivo apresentar um grande número de descontinuidades, o número de pesquisas de extremos é grande;
- a função objetivo nem sempre é diferenciável;
- mesmo quando a derivada é determinada com facilidade, a resolução de $f'(x) = 0$ pode não ser direta, exigindo cálculos iterativos.

A Figura 5.13 apresenta o diagrama de um extrator, onde as substâncias envolvidas são representadas pelos seguintes símbolos: água (A), ácido benzoico (AB) e benzeno (B). A alimentação contém uma solução aquosa de ácido benzoico (soluto) com uma vazão e uma concentração de ácido conforme indicado. A corrente de benzeno (solvente) tem a sua vazão representada por W. Na corrente do extrato, a concentração de ácido é representada por y e a do ácido por x. É desprezada a solubilidade do benzeno em água. O comportamento do extrator é representado pelo seu modelo matemático constituído do balanço material do benzeno e a relação de equilíbrio líquido-líquido. As variáveis especificadas e os parâmetros constam da Tabela 3.1.

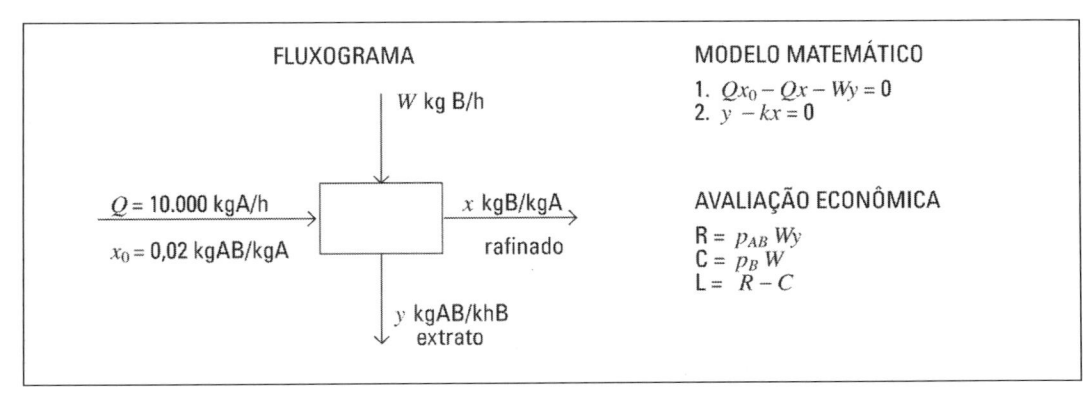

FLUXOGRAMA

W kg B/h

Q = 10.000 kgA/h

x_0 = 0,02 kgAB/kgA

x kgB/kgA
rafinado

y kgAB/khB
extrato

MODELO MATEMÁTICO

1. $Qx_0 - Qx - Wy = 0$
2. $y - kx = 0$

AVALIAÇÃO ECONÔMICA

R = p_{AB} Wy
C = p_B W
L = $R - C$

Figura 5.13
Extração de ácido
benzoico com benzeno.

TABELA 5.3 VALORES-BASE PARA O EXTRATOR DA FIGURA 5.14

Variáveis Especificadas	Parâmetros
Q = 10.000 kg/h	$k = 4$
x_0 = 0,02 kgAB/kgA	$p_{AB} = 0,4$ \$/kg
	$P_B = 0,01$ \$/kg

Um balanço de informação revela 5 variáveis, 2 equações e 2 variáveis especificadas, restando 1 grau de liberdade. Aplicando o algoritmo de ordenação, resultam x e y como candidatas a variável de projeto. Como os limites inferior (0) e superior ($x_0 = 0{,}02$) de x são conhecidos e o limite superior de y é desconhecido, x foi adotado como variável de projeto. A função objetivo escolhida foi o Lucro L, que consiste da diferença entre a Receita R proveniente da venda do soluto recuperado no extrato (Wy kg/h) pelo preço $p_{AB} = 0{,}4$ \$/kg e o Custo C com a aquisição do solvente (W kg/h) a um preço $p_B = 0{,}01$ \$/kg. As equações do modelo matemático constituem as restrições de igualdade, enquanto as de desigualdade estão associadas aos limites da variável de projeto x:

$$0 < x < 0{,}02$$

Neste problema simples, as restrições de igualdade podem ser incorporadas à Função Objetivo. Basta ordená-las e substituir as equações resolvidas para W e y na expressão de L, resultando uma função apenas de x:

$$L = R - C = p_{AB}\, Wy - p_B\, W = a - bx - c/x$$

onde: a $= Q(P_{AB}\, x_0 + p_B/\text{k}) = 105$; b $= p_{AB}\, Q = 4.000$; c $= p_B\, Q\, x_0/k = 0{,}5$.

A partir da derivada dL/dx, obtém-se o valor ótimo da variável de projeto:

$$\frac{dL}{dx} = -b + \frac{c}{x^2} = 0 \therefore x^0 = \sqrt{\frac{c}{b}} = 0{,}01118$$

A solução do problema só termina com o cálculo dos valores ótimos das demais variáveis do sistema, com o auxílio das equações ordenadas: $y^\circ = 0{,}04472$ kg AB/kg B; $W^\circ = 1972$ kgB/h; $R^\circ = 35{,}3$ \$/h; $C^\circ = 19{,}7$ \$/h; $L^\circ = 15{,}6$ \$/h. A Figura 5.14 mostra a Função Objetivo com os limites físicos de x e os seus limites econômicos (0,00625 e 0,02), obtidos para $L = 0$.

Figura 5.14
Funções Receita, Custo e Lucro para o extrator.

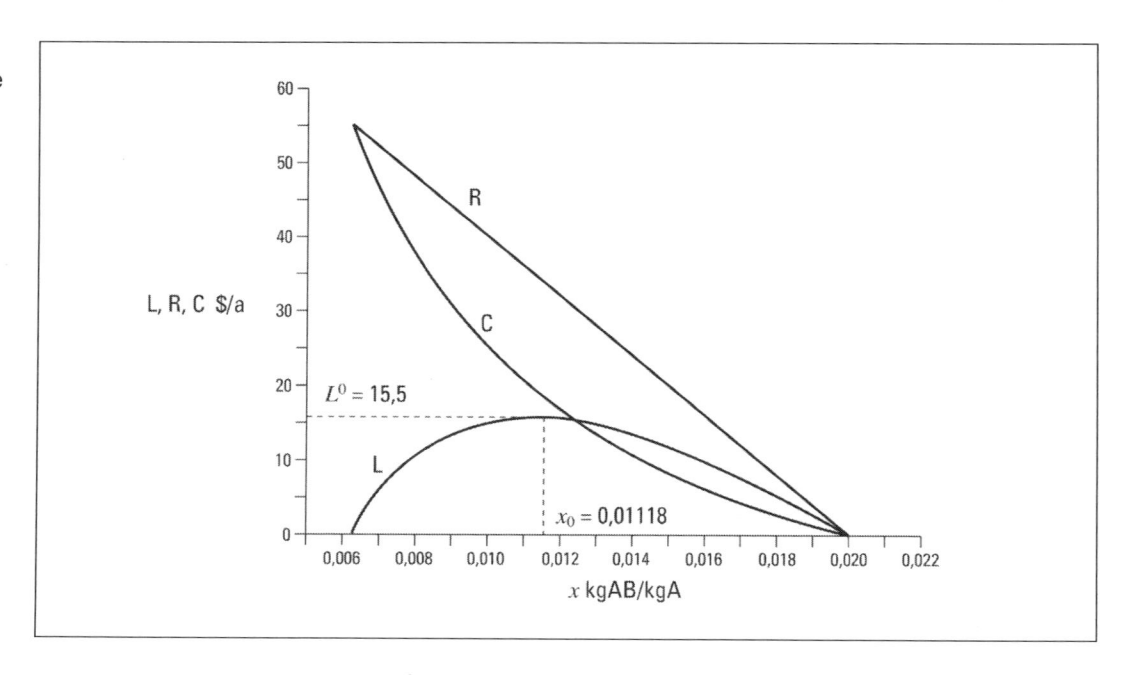

5.5.2 PROBLEMAS MULTIVARIÁVEIS

Como no caso da busca univariável, o método analítico decorre naturalmente das condições necessárias e suficientes para que um ponto seja extremo da função objetivo. As condições necessárias, para que $\mathbf{x}^*$ seja um ponto extremo de $f(\mathbf{x})$, são:

- $f(\mathbf{x})$ ser diferenciável duas vezes em $\mathbf{x}^*$;

- $\Delta f(\mathbf{x}^*) = \mathbf{0}$, ou seja, o vetor gradiente das derivadas primeiras de $f(\mathbf{x})$ ser nulo em $\mathbf{x}^*$.

A condição suficiente para o ponto extremo ser um máximo ou um mínimo é que a matriz Hessiana $H(\mathbf{x}^*)$ das derivadas segundas em $\mathbf{x}^*$ seja negativa definida ou positiva definida, respectivamente. A matriz Hessiana $H(\mathbf{x})$ é positiva definida, quando todos os seus valores característicos ("eigenvalues") são positivos. Ela é negativa definida, quando todos os seus valores característicos são negativos. Essas são, também, as condições para que a função $f(\mathbf{x})$ seja convexa ou côncava, respectivamente.

Um exemplo típico e simples de aplicação do método analítico é o problema dos 2 extratores em série com correntes cruzadas, sem especificação da recuperação do soluto (Figura 5.15). A Figura mostra o fluxograma material e o respectivo modelo matemático. As variáveis especificadas Q^* e x_0^* têm os mesmos valores do exemplo de um extrator isolado (Figura 5.13). O balanço de informação revela 2 graus de liberdade, indicando que o problema de dimensionamento possui uma infinidade de soluções e, portanto, é um problema de otimização com duas variáveis de projeto. O critério escolhido é o mesmo Lucro do extrator isolado, adaptado para este caso. Tratando-se de Lucro, este ponto é de máximo. Isso pode ser comprovado demonstrando que a função é côncava, através dos valores característicos da sua matriz Hessiana.

FLUXOGRAMA

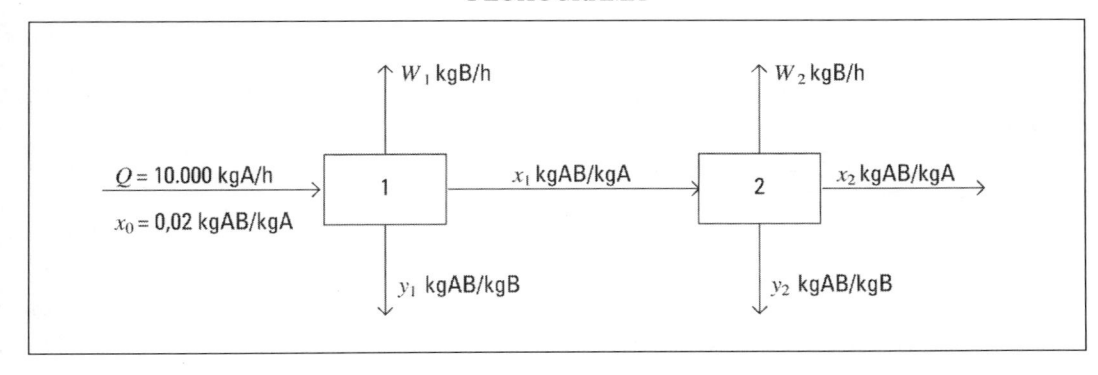

Figura 5.15
Dois extratores em série.

MODELO MATEMÁTICO	AVALIAÇÃO ECONÔMICA
1. $Q\,(x_0 - x_1) - W_1\,y_1 = 0$	$L = R - C$
2. $y_1 - k\,x_1 = 0$	$R = p_{AB}\,(W_1\,y_1 + W_2\,y_2)$
3. $Q(x_1 - x_2) - W_2\,y_2 = 0$	$C = p_B\,(W_1 + W_2)$
4. $y_2 - k\,x_2 = 0$	$p_{AB} = 0{,}4$ \$/kgAB
$k = 4$ [kgAB/kgB]/[kgAB/kgA]	$p_B = 0{,}01$ \$/kgB

Pelo Algoritmo de Ordenação (Capítulo 3), as equações foram ordenadas, havendo sido selecionadas x_1 e x_2 como variáveis de projeto. Substituindo-se as variáveis que aparecem na função objetivo pelas expressões dadas pelas equações ordenadas, pode-se expressar o Lucro como uma função apenas de x_1 e de x_2.

$$L = a - b/x_1 - cx_2 - dx_1/x_2$$

$$a = Q(p_{AB}x - 2p_B/k) = 130; \quad b = Qp_Bx_0/k = 0{,}5; \quad c = Qp_{AB} = 4.000; \quad d = Qp_B/k = 25$$

As derivadas parciais são obtidas facilmente e igualadas a zero, resultando o sistema de equações, cuja solução fornece o ponto estacionário da função.

$$\partial L/\partial x_1 = b/x_1^2 - d/x_2 = 0 \qquad x_1^0 = (b^2/cd)^{1/3} = 0{,}01357$$

$$\partial L/\partial x_2 = -c + dx_1/x_2^2 = 0 \qquad x_2^0 = (d/b)x_1^2 = 0{,}00921$$

Os valores ótimos x_1^0 e x_2^0 não constituem a solução completa do problema. É necessário calcular os valores ótimos das demais variáveis, especialmente as vazões ótimas W_1^0 e W_2^0, o que é feito substituindo-se x_1^0 e x_2^0 nas equações ordenadas.

$$y_1^0 = 0{,}05428 \text{ kgAB/kgB} \qquad y_2^0 = 0{,}03684 \text{ kgAB/kgB} \qquad C^o = 23{,}68 \text{ \$/h}$$

$$W_1^0 = 1.184 \text{ kgB/h} \qquad W_2^0 = 1.184 \text{ kgB/h} \qquad R^o = 43{,}15 \text{ \$/h}$$

$$L^o = 19{,}47 \text{ \$/h}$$

A função Lucro é mostrada na Figura 5.16a. As suas curvas de nível são mostradas na Figura 5.16b. A curva $L = 0$ delimita a região economicamente viável. A região fisicamente viável é delimitada em função de a concentração de saída do rafinado de cada extrator ser menor ou no máximo igual à concentração da alimentação: $0 \leq x_1 \leq x_0$ e $0 \leq x_2 \leq x_1$. Daí a região assumir a forma de um triângulo (região convexa).

Quando o problema apresenta restrições, pode-se usar o método dos multiplicadores de Lagrange, cujo procedimento é o seguinte:

(a) criar a função Lagrangeana do problema:

$$L(x,\lambda,v) = f(x) + \sum \lambda_i h_i(x) + \sum \left[g_j(x) - v_j^2 \right]$$

onde: λ_i = multiplicadores de Lagrange

v_j = variável de folga que transforma a restrição de desigualdade em restrição de igualdade.

(b) obter os valores de **x,** $\boldsymbol{\lambda}$ e v que anulam o gradiente de L.

(c) analisar as soluções obtidas à luz das restrições.

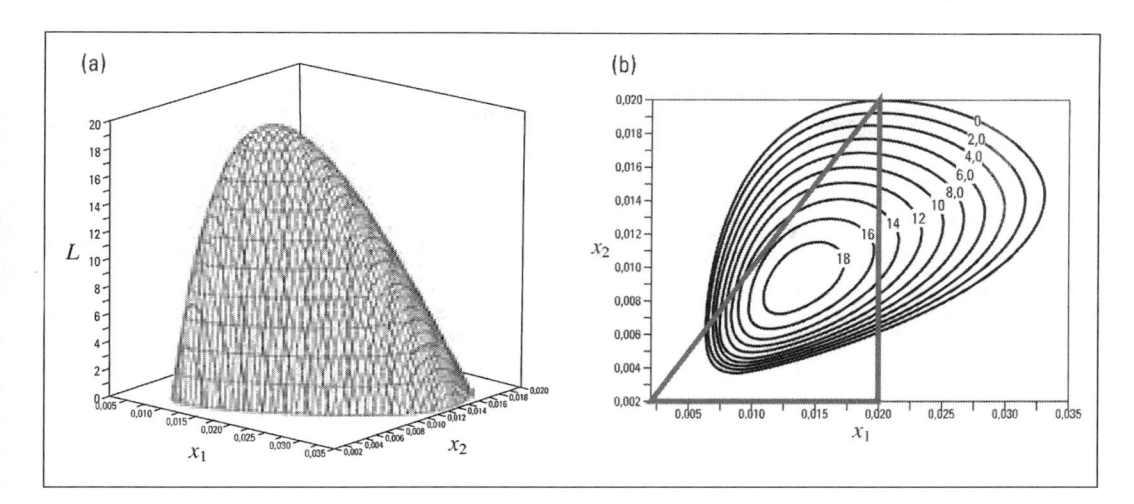

Figura 5.16
Função Lucro dos dois
extratores em série (a),
suas curvas de nível e a
região viável (b).

Exemplo (Figura 5.17):

$$Min\, f(x) = (x_1 - 1)^2 + (x_2 - 1)^2 - 1$$
$$\{x_1, x_2\}$$
$$\text{s.a.:} x_1^2 + x_2^2 - 0,25 \leq 0$$
$$x_1 \geq 0$$
$$x_2 \geq 0$$

Solução:

$$L(x_1, x_2, \lambda, \nu) = (x_1 - 1)^2 + (x_2 - 1)^2 - 1 + \lambda\,(x_1^2 + x_2^2 - 0,25 - \nu^2)$$

$$\partial L/\partial x_1 = 2x_1 - 2 + 2\lambda\, x_1 = 0 \qquad x_1 = 1/(1 + \lambda) \qquad (1)$$

$$\partial L/\partial x_2 = 2x_2 - 2 + 2\lambda\, x_2 = 0 \qquad x_2 = 1/(1 + \lambda) \qquad (2)$$

$$\partial L/\partial \lambda = x_1^2 + x_2^2 - 0,25 - \nu^2 = 0 \qquad\qquad (3)$$

$$\partial L/\partial \nu = 2\nu\lambda = 0 \qquad\qquad (4)$$

A equação (4) é satisfeita com $\lambda = 0$ ou com $\nu = 0$. Examinando-se os dois casos:

- Caso $\lambda = 0$: trata-se do problema original sem a restrição. As equações (1) e (2) fornecem $x_1 = 1$ e $x_2 = 1$, que é o ponto de mínimo irrestrito (pode-se conferir pela matriz Hessiana).

- Caso $\nu = 0$: substituindo-se (1) e (2) em (3), resulta:

$$[1/(1 + \lambda)]^2 + [1/(1 + \lambda)]^2 - 0,25 = 0 \Rightarrow (1 + \lambda)^2 = 8$$
$$\therefore (1 + \lambda) = \pm\sqrt{8}$$

De (1) e (2): $x_1 = x_2 = \pm\sqrt{8}$

Há, pois, duas soluções, uma positiva e outra negativa. A que satisfaz as restrições é:

$$x_1^0 = x_2^0 = 0,3535;\ f^{\,0} = 0,8358$$

Em situações em que o sistema (1) – (4) é não linear, o método perde interesse, tornando-se mais prático utilizar métodos numéricos.

Figura 5.17
Função Objetivo e
restrições do exemplo.

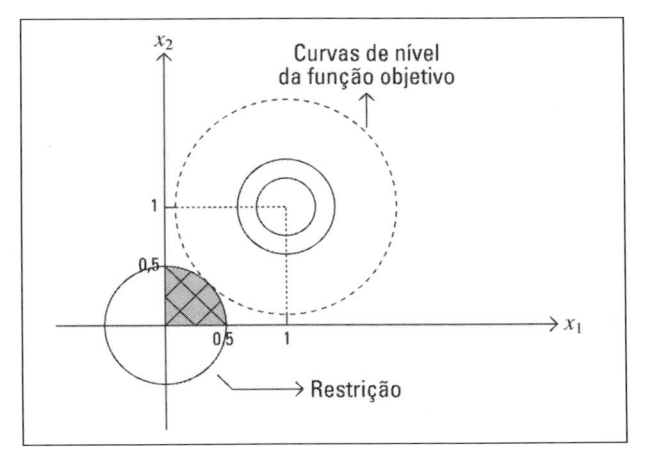

5.6 MÉTODOS NUMÉRICOS

Para contornar as dificuldades encontradas na utilização do método analítico, foram criados e desenvolvidos métodos numéricos. Esses métodos possuem o seguinte em comum:

- promovem a busca da solução (ponto extremo) por **tentativas**, calculando a função objetivo, e às vezes a sua derivada, para diferentes valores de x, até que a diferença entre os dois últimos valores arbitrados for menor do que uma tolerância preestabelecida;

- fornecem como solução apenas **um intervalo de valores** aceitáveis em função da tolerância estabelecida, ao invés de um único valor como no método analítico;

- a busca é conduzida de forma sistemática, de modo a **minimizar o número de tentativas**. Isto é especialmente relevante quando cada tentativa implica no dimensionamento de um processo complexo, com muitos cálculos iterativos;

- baseiam-se na suposição da **unimodalidade** da função objetivo, ou seja, terminam quando encontram um ponto extremo. Se a função for multimodal, esse extremo pode ser apenas local. Cabe ao usuário conhecer previamente a forma da função objetivo ou estabelecer uma estratégia para aplicação desses métodos, a fim de garantir a obtenção do extremo global.

Os diversos métodos existentes diferem, quanto à natureza da informação utilizada, em diretos e indiretos:

- os métodos **diretos** utilizam apenas o **valor da função objetivo** calculado a cada tentativa;

- os métodos **indiretos** utilizam, como informação adicional, o **valor da derivada da função objetivo** nesses mesmos pontos. Essa derivada tanto pode ser analítica como uma aproximação numérica da mesma, por diferenças finitas.

Por usarem mais informação, os métodos indiretos convergem para a solução com um número menor de tentativas. Entretanto, por terem que calcular essa informação extra, eles tendem a despender mais tempo em cada tentativa e se tornarem mais lentos do que os métodos diretos. Por usarem derivadas, esses métodos sofrem das mesmas limitações do método analítico.

5.6.1 PROBLEMAS UNIVARIÁVEIS

Dentre os inúmeros métodos descritos nos textos referenciados ao final do Capítulo, foi selecionado o método da seção áurea pela sua eficiência e simplicidade de aplicação e programação.

Método da seção áurea

Este é um método iterativo direto, do tipo **"redução do intervalo"**, que se baseia na suposição da unimodalidade da função objetivo. Não havendo garantia de unimodalidade, o intervalo tem que ser subdividido em subintervalos em que tal garantia exista. Neste método, a cada iteração são comparados os resultados de dois experimentos. Em função dos resultados, uma fração do intervalo é eliminada. O subintervalo remanescente fica sendo o intervalo para a iteração seguinte. De início, são efetuados dois experimentos simultâneos. Daí para a frente, é efetuado apenas um novo experimento por iteração. O procedimento se encerra quando o intervalo remanescente de uma iteração for menor do que uma tolerância estabelecida previamente. Os pontos em que são realizados os experimentos são localizados de acordo com os seguintes critérios:

- a fração eliminada é sempre a mesma a cada iteração;
- o intervalo é dividido em partes simétricas.

O valor da fração remanescente é calculado em função desses critérios, o que pode ser acompanhado com o auxílio da Figura 5.18. A figura mostra um intervalo de busca de comprimento normalizado, entre os limites 0 e 1. Os dois primeiros experimentos se encontram localizados nos pontos x_1 e x_2 colocados à mesma distância ε de cada extremidade (x_1 a partir de 1 e x_2 a partir de 0). Por hipótese, admitindo-se eliminado o intervalo à direita, x_2 se transforma no limite superior e o intervalo remanescente fica sendo uma fração ε do intervalo original. Em seguida, localiza-se o terceiro experimento em x_3. Para atender ao critério de fração eliminada constante, x_3 deve ser localizado de tal forma que a distância $x_3 - x_2$, seja a mesma fração ε agora do intervalo remanescente, de comprimento ε. Logo, a distância $x_3 - x_2$, deve ter comprimento ε^2. Para satisfazer o critério da simetria, a distância $x_3 - x_2$, também deve ser igual à distância $0 - x_1$, ou seja, $1 - \varepsilon$. Por conseguinte, a constante ε deve satisfazer a equação $\varepsilon^2 = 1 - \varepsilon$, cuja raiz pertinente é $\varepsilon = 0,618...$

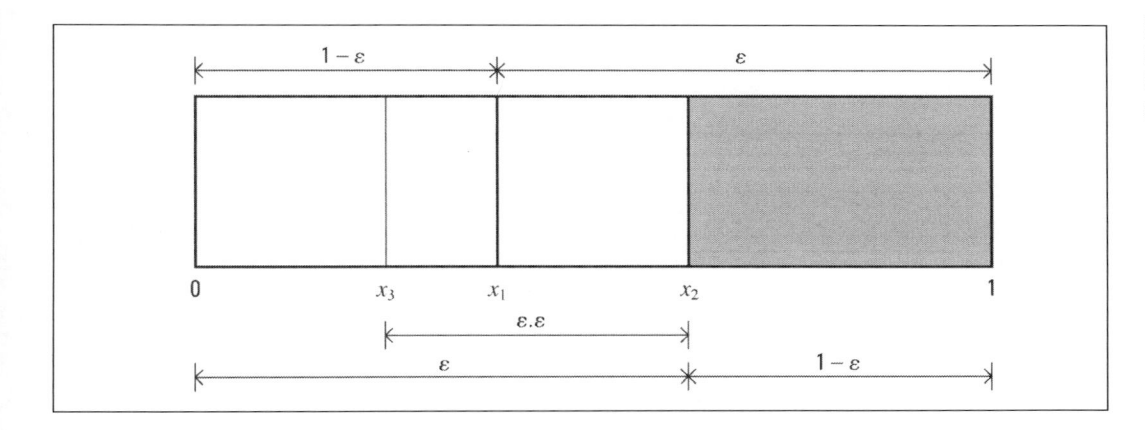

Figura 5.18
Divisão do intervalo de busca no método da seção áurea.

A Figura 5.19 ilustra o desenvolvimento do método da seção áurea para problemas de máximo e de mínimo, mostrando a sequência de colocação dos experimentos iniciais e a eliminação das regiões pertinentes a cada caso. Ao centro é mostrado o ponto de partida do procedimento. O intervalo de busca aparece com o limite inferior L_i e o superior L_s, e com a largura $\Delta = L_s - L_i$. Os dois primeiros experimentos estão localizados em x_i e em x_s, calculados a partir de L_i e L_s, respectivamente, utilizando $\varepsilon = 0,618\,\Delta$. Os valores da função objetivo são F_i e F_s, respectivamente. Por hipótese, o valor de F_s é superior ao de F_i. Em se tratando de um **problema de mínimo e a função unimodal**, o ponto de mínimo não pode estar localizado no intervalo da esquerda, que é eliminado (adjacente ao valor mais alto da função objetivo). Com isso, o limite inferior assume o valor anterior de x_s e o valor de Δ é atualizado. Em seguida, por uma questão de simetria de notação, o ponto x_i muda de denominação para x_s, para que o novo ponto, colocado a partir de L_i, possa ser denominado x_i. Com isso, fica regenerada a configuração inicial e o procedimento continua. À direita, é ilustrado o caso em que o **problema é de máximo**. A cada iteração o intervalo é reduzido e comparado com a tolerância preestabelecida. Quando o intervalo se mostrar menor do que a tolerância, qualquer ponto em seu interior pode ser tomado como a solução do problema. Por uma questão de comodidade, pode-se tomar o próprio ponto remanescente da eliminação.

Figura 5.19
Método da seção áurea
(etapas iniciais).

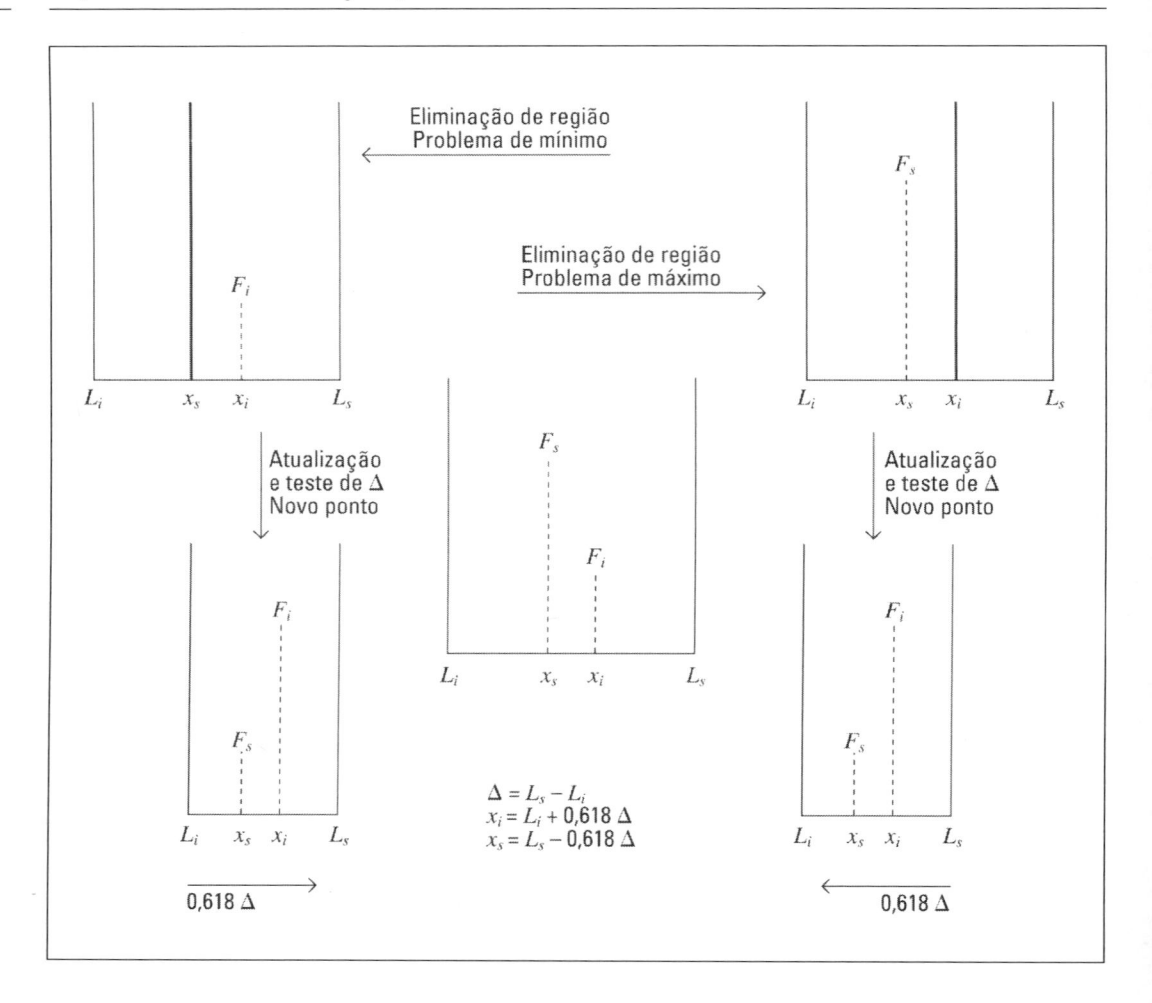

O algoritmo do método é o seguinte:

```
ÁUREA
Inicializar
Repetir
        Eliminar Região
        Atualizar Delta
        Se Delta <= Tolerância então Finalizar
        Colocar Novo Ponto
```

A Figura 5.20 mostra um trocador de calor que se destina a resfriar uma corrente quente com uma corrente fria, desejando-se calcular a área de troca térmica e a vazão do fluido frio necessárias. Os dados se encontram na Tabela 5.3.

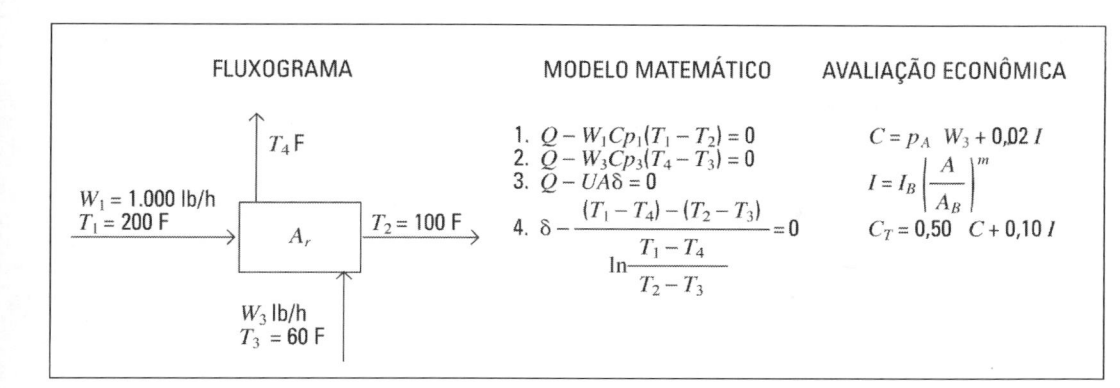

Figura 5.20
Dimensionamento de um trocador de calor.

FLUXOGRAMA

$W_1 = 1.000$ lb/h
$T_1 = 200$ F

A_r

T_4 F

$T_2 = 100$ F

W_3 lb/h
$T_3 = 60$ F

MODELO MATEMÁTICO

1. $Q - W_1 Cp_1(T_1 - T_2) = 0$
2. $Q - W_3 Cp_3(T_4 - T_3) = 0$
3. $Q - UA\delta = 0$
4. $\delta - \dfrac{(T_1 - T_4) - (T_2 - T_3)}{\ln\dfrac{T_1 - T_4}{T_2 - T_3}} = 0$

AVALIAÇÃO ECONÔMICA

$C = p_A\ W_3 + 0{,}02\ I$

$I = I_B \left| \dfrac{A}{A_B} \right|^m$

$C_T = 0{,}50\ C + 0{,}10\ I$

TABELA 5.4 DADOS PARA O DIMENSIONAMENTO DO TROCADOR DE CALOR

Variáveis Especificadas	Parâmetros
$W_1 = 1.000$ lb/h	$U = 100$ BTU/h ft^2 °F
$T_1 = 200$ °F	$Cp_1 = 1$ BTU/lb °F
$T_3 = 60$ °F	$Cp_3 = 1$ BTU/lb °F
	$I_B = 3200$ \$; $A_B = 50$ ft^2
	$m = 0{,}48$
	$p_A = 0{,}0432$ \$/lb

Um balanço de informação revela 9 variáveis, 4 equações e 4 variáveis especificadas, resultando um grau de liberdade. Aplicando-se o algoritmo de ordenação, resulta T_4 como variável de projeto, cujos limites são $T_3 = 60°$F e $T_1 = 200°$F. As equações do modelo constituem as restrições de igualdade do problema de otimização e também podem ser incorporadas à Função Objetivo, resultando

$$C_T = \frac{a}{x} + b \left[\frac{\ln\dfrac{140 - x}{40}}{100 - x} \right]^{0,48}$$

$$x = T_4 - T_3^*$$

$$a = 0{,}5\, p_A W_1^* \left(T_1^* - T_2^* \right) = 2.160$$

$$b = I_b \left[(0{,}5)(0{,}02) + 0{,}1 \right] \left[\frac{W_1^* C_{p1} \left(T_1^* - T_2^* \right)}{A_b U} \right]^m = 1{,}482$$

A tentativa de resolver o problema analiticamente conduz à seguinte expressão para a derivada:

$$\frac{dC_T}{dx} = -\frac{a}{x^2} + mb \left[\frac{\dfrac{\left(T_1^* - T_2^* - x \right)}{x - \left(T_1^* - T_3^* \right)} + \ln\dfrac{T_1^* - T_3^* - x}{T_2^* - T_3^*}}{T_1^* - T_2^* - x} \right]^{m-1}$$

A variável de projeto x não pode ser explicitada nesta equação, que teria que ser resolvida, então, por tentativas. Isto ocorre na grande maioria das situações. Nestes casos, é mais vantajoso aplicar um método de otimização diretamente à Função Objetivo. A Tabela 5.4 mostra a sequência de cálculo resultante da aplicação do método da seção áurea ao problema do trocador de calor.

TABELA 5.5 MÉTODO DA SEÇÃO ÁUREA NA OTIMIZAÇÃO DO TROCADOR DE CALOR DA FIGURA 3.10

N	L_i	x_s	F_s	x_i	F_i	L_s	D
2	0	53,48	247,5467	86,52	259,8506	140	140
3	0	33,05	260,7956	53,48	247,5467	86,52	86,52
4	33,05	53,48	247,5476	66,09	248,7572	86,52	53,47
5	33,05	45,67	249,6361	53,48	247,5476	66,09	33,04
6	45,67	53,48	247,5476	58,29	247,4314	66,09	20,42
7	53,48	58,29	247,4314	61,27	247,7315	66,09	12,61
8	53,48	56,46	247,3838	58,29	247,4314	61,27	7,79
9	53,48	55,32	247,4099	56,46	247,3838	58,29	4,81
10	55,32	56,46	247,3638	57,16	247,3892	58,29	2,97
11	55,32	56,02	247,3836	56,46	247,3638	57,16	1,84
	56,02	**56,46**	**247,3638**			57,16	**1,14**

Na Tabela, N corresponde ao número de vezes em que a Função Objetivo é calculada, começando-se com 2 na inicialização do procedimento. Como o problema é de mínimo, deve-se eliminar a região vizinha ao maior valor da Função Objetivo, que é F_i, bastando L_s assumir o valor de x_i. Em seguida, x_i e F_i assumem os valores de x_s e F_s tornando-se a solução temporária enquanto Δ ainda é maior do que a tolerância. O novo valor de x_s é colocado em 33,05. Observa-se que, após 11 cálculos, ao se eliminar a região da direita, o intervalo de busca ficou reduzido a menos de 1% do intervalo inicial. Se este houvesse sido o critério de tolerância, a solução do problema poderia ser $x^0 = 56,56$ °F ou $T_4^0 = 116,56$ °F.

Pode-se mostrar que N e o intervalo Δ resultante se encontram relacionados por

$$N = 1 + \frac{\log r}{\log 0,618} \qquad r = \Delta/\Delta_{\text{inicial}}$$

5.6.2 PROBLEMAS MULTIVARIÁVEIS

Em geral, a função objetivo não apresenta uma forma regular como as funções quadráticas apresentadas acima (Figura 5.16). Na verdade, ela pode ser multimodal, exibir pontos de sela e ser côncava numa parte da região viável e convexa em outra. Isso dificulta a busca do ótimo, exigindo dos métodos numéricos duas propriedades indispensáveis ao sucesso: eficiência e robustez.

- **Eficiência** significa alcançar o ótimo com o mínimo de esforço computacional;

- **Robustez** significa sucesso na busca do ótimo nas circunstâncias mais desfavoráveis (forma da função objetivo).

Como regra geral, os métodos numéricos partem de um certo ponto inicial e executam uma busca constituída de duas fases que se repetem iterativamente até que um dado critério de convergência seja satisfeito:

- **Fase 1:** seleção de uma direção de busca, que vem a ser a **direção mais provável do ótimo**, segundo as informações disponíveis em cada ponto. Os métodos diretos usam como informação apenas o valor da função objetivo. Os métodos indiretos usam, também, o valor da sua derivada;

- **Fase 2:** execução da **busca na direção selecionada**, de acordo com um incremento pré-estipulado. Nas primeiras iterações, esse incremento pode ser relativamente grande, sendo reduzido gradualmente à medida que se aproxima do ótimo.

Método de Hooke & Jeeves

Trata-se de um método conceitualmente simples, de eficiência bastante razoável e de fácil implementação. O procedimento é iterativo e se inicia com a seleção de um ponto-base e com o cálculo da Função Objetivo neste ponto. O ponto-base é localizado normalmente à meia distância dos limites de cada variável de busca. Seguem-se duas fases que se alternam até o encontro do ponto extremo da Função Objetivo: a **exploração** e a **progressão**.

(a) Exploração: a exploração consiste em testar a Função Objetivo em pontos vizinhos à base, mediante incrementos δ_1 e δ_2 previamente selecionados, na direção de cada variável de busca e nos sentidos positivo e negativo de cada direção. **A fase de exploração só é considerada concluída depois de testadas as duas direções**. O resultado da exploração é a direção provável do ótimo que orientará a progressão. A Figura 5.25 apresenta os nove resultados possíveis de uma exploração em torno da base (x_1^b, x_2^b), onde $f = 10$. Trata-se de um problema hipotético de maximização e uma Função Objetivo unimodal. Foi adotada a sistemática de sempre iniciar a exploração, em cada direção i, no sentido negativo $(x_i^- = x_i^b - \delta_i)$. Os círculos indicam os testes bem-sucedidos. A direção provável do ótimo, resultante da exploração, está indicada em negrito. Por exemplo, considere a configuração (a): o primeiro teste $(-\delta_1)$ foi um "sucesso". Como a função é sabidamente unimodal, fica dispensado o teste no sentido positivo. **A base é transferida** para este ponto, a partir do qual é feito o teste na outra direção. O teste com $-\delta_2$ foi um **"sucesso"**, dispensando o teste no sentido positivo. **A base é transferida para este ponto**, encerrando-se a exploração. A **direção provável do ótimo** é a diagonal indicada em negrito. O leitor pode depreender a dinâmica dos demais casos. Uma configuração-chave nesse processo é a (i) em que ocorrem **"insucessos"** em ambas as direções. Nesse caso, se os incrementos δ_i ainda estiverem maiores do que as tolerâncias $\varepsilon_{i,}$ então ambos são **reduzidos** (à metade, por exemplo) e a exploração é reiniciada com os incrementos vigentes. Porém, se os incrementos já forem menores do que as tolerâncias a busca já pode ser encerrada e a base declarada o **ponto ótimo**.

(b) Progressão: a progressão, ilustrada na Figura 5.26, consiste em realizar um teste na direção provável do ótimo com o dobro dos incrementos da fase de exploração $(2\delta_1, 2\delta_2)$, como que "apostando" na direção prevista. **A progressão é repetida enquanto forem registrados "sucessos"**. Ao primeiro "insucesso", inicia-se um novo ciclo com uma exploração em torno da base vigente. A Figura 5.26 mostra, em (a), uma exploração iniciada em

Figura 5.21
Os nove resultados possíveis na fase de exploração do método de Hooke & Jeeves.

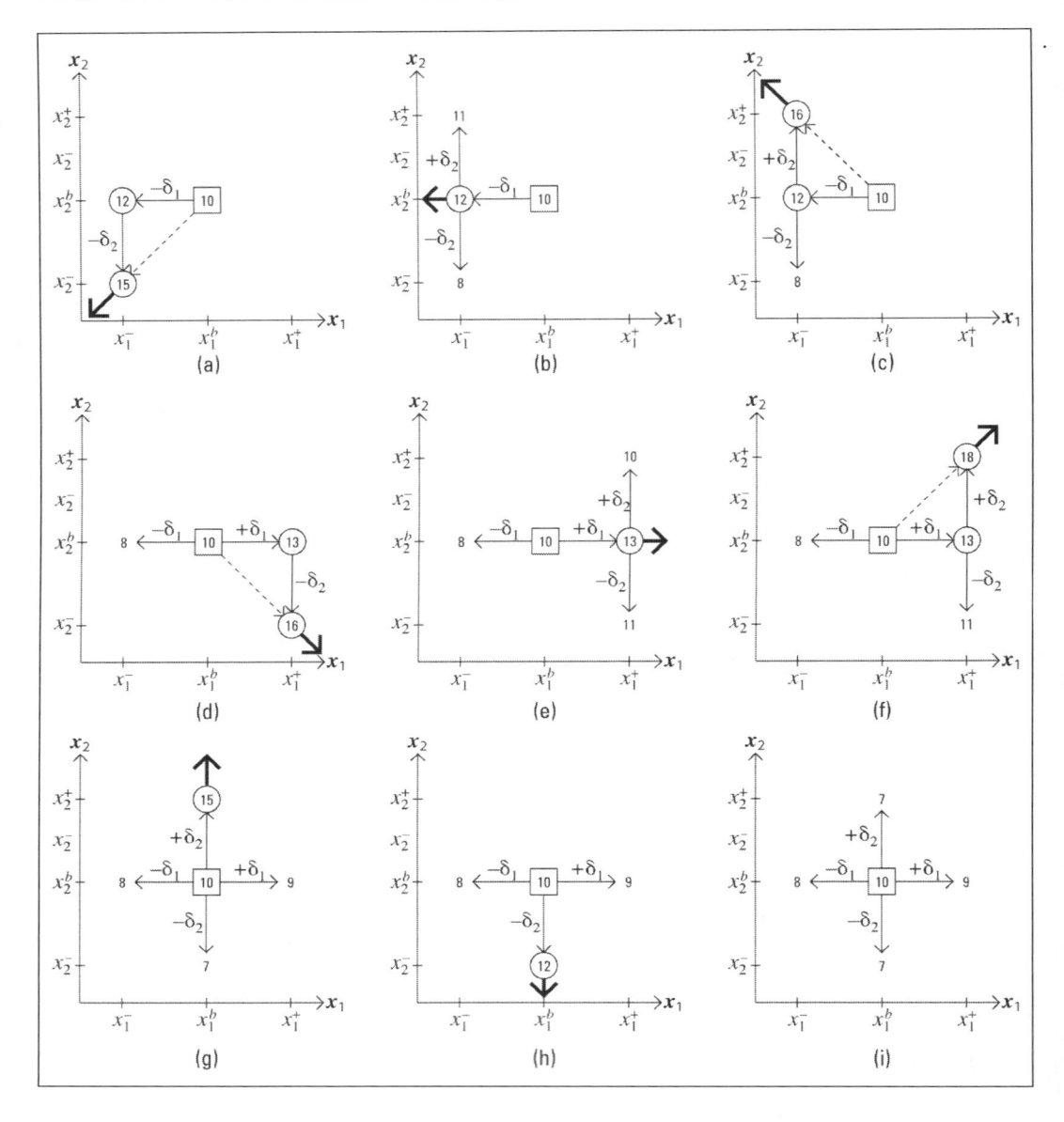

(x_1^b, x_2^b), com $f = 10$, e encerrada em (x_1^+, x_2^+), com $f = 18$. A primeira tentativa de progressão chegou ao ponto (x_1^{++}, x_2^{++}), com $f = 25$ ("sucesso"). A tentativa seguinte chegou ao ponto (x_1^{+++}, x_2^{+++}), com $f = 23$ ("insucesso"). Uma nova exploração deve ser iniciada no ponto (x_1^{++}, x_2^{++}) com os incrementos ainda vigentes δ_1 e δ_2. Já em (b), um "insucesso" ocorreu logo na primeira tentativa de progressão, com $f = 16$. Uma nova exploração deve ser iniciada no ponto (x_1^+, x_2^+), com os incrementos δ_1 e δ_2.

O **algoritmo** seguinte é simples e se aplica a qualquer número de dimensões.

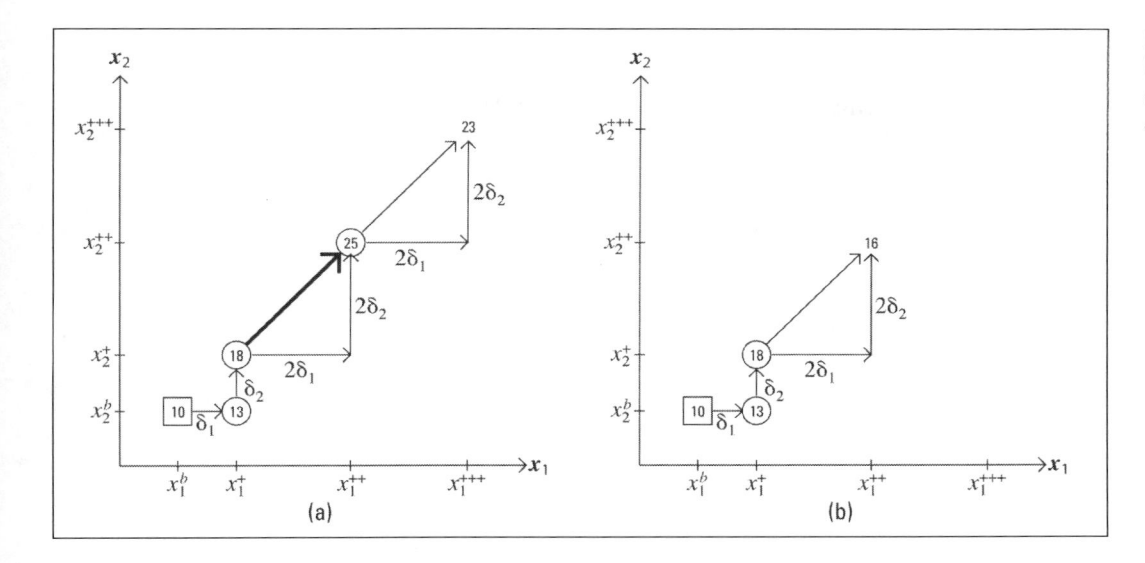

Figura 5.22
Fase de Progressão
do Método de Hooke &
Jeeves.

```
HJ
Escolher uma Base
Repetir
        Explorar as vizinhanças da Base
        Se houve sucesso em alguma direção
                Então progredir até um insucesso
        Senão
                        Se chegou ao Ótimo
                        Então Finalizar
                        Senão reduzir todos os incrementos
```

Outros métodos de otimização paramétrica

É grande a variedade de métodos encontrados na literatura referenciada ao final do Capítulo. A título de exemplo, aqui são citados os principais.

(a) Métodos de busca aleatória: trata-se de uma família de métodos em que a direção de busca e o tamanho do incremento são selecionados simultânea e aleatoriamente. Os métodos diferem pelos critérios de seleção. O número de avaliações da função objetivo tende a aumentar muito com a precisão desejada, o que reduz a eficiência dos métodos. No entanto, eles podem ser utilizados numa etapa inicial da busca por outro método [7].

(b) Métodos de busca por malhas: são métodos que, em cada etapa, utilizam um certo número de experimentos arranjados na região viável de acordo com uma determinada configuração em torno de um ponto-base. O ponto com o melhor valor da função objetivo serve de base para a etapa seguinte, reduzindo-se gradativamente o tamanho da malha com a aproximação do ponto ótimo. O número de avaliações também tende a crescer muito, podendo inviabilizar os métodos que, no entanto, podem servir de ponto de partida para outros mais eficientes.

(c) Método da busca seccionada: trata-se de executar uma busca univariável em cada uma das direções, mantendo-se fixas as variáveis correspondentes às demais direções. Esse método exibe eficiência máxima quando aplicado a uma função quadrática, cujos eixos se encontram alinhados com os eixos coordenados. Nesse caso, o ótimo é alcançado em n iterações (n = número de variáveis). Para outras funções quadráticas e para funções não quadráticas, a eficiência do método se reduz bastante.

(d) Método simplex: este método emprega uma figura geométrica regular, chamada **simplex**, em cujos vértices são efetuados experimentos. O vértice mais desfavorável é rejeitado e um novo vértice é localizado em posição oposta ao mesmo, na direção do centroide da figura. Dessa forma, o simplex percorre a região viável até "montar" sobre o ótimo, quando então o comprimento do passo é reduzido. O procedimento termina quando o tamanho do simplex se torna inferior a uma tolerância preestabelecida. Uma versão mais eficiente do método permite que o simplex se expanda e se contraia de acordo com o trecho da região viável em que se encontra.

(e) Métodos de otimização natural: são métodos desenvolvidos a partir da observação do comportamento físico da natureza e do comportamento organizado de insetos. Encontram-se nesta categoria os métodos de recozimento simulado ("simulated annealing"), simulação de enxames ("particle swarm"), colônia de formigas ("ant colony") e algoritmos genéticos.

REFERÊNCIAS

1.   Rudd, D. F. & Watson, C. C., *Strategy of Process Engineering*, J. Wiley (1968).

2.   Edgard, T. F., Himmelblau, D. M., Lasdon, L. S., *Optimization of Chemical Processes*, McGraw Hill, 2.ª ed. (2001).

3.   Biegler, L. T. , Grossmann, I. E., Retrospective on optimization, *Computers and Chemical Engineering, 28*, 1169-1192 (2004).

4.   Grossmann, I. E., Biegler, L. T. , Future perspective on optimization, *Computers and Chemical Engineering, 28*, 1193-1218 (2004).

5.   Beveridge, G. S. & Schechter, R. S., *Optimization: Theory and Practice,* McGraw-Hill (1970).

6.   Beightler, C. S., Phillips, D. T. & Wilde, D. G., *Foundations of Optimization*, Prentice Hall (1979).

7.   Secchi, A. R. e Perlingeiro, C. A. G., Busca Aleatória Adaptativa Memorizada, *Anais do XII Congresso Nacional de Matemática Aplicada e Computacional*, São José do Rio Preto, 49 (1989).

PROBLEMAS PROPOSTOS

Os problemas 5.1 a 5.6 se referem ao sistema de extratores objeto dos Problemas Propostos no Capítulo 3.

5.1   Dimensionar o extrator sem a meta de projeto em x. Incorporar as restrições de igualdade à Função Objetivo. Resolver pelo método analítico e por seção áurea. Comparar os resultados com os do problema 3.2.

5.2   Repetir o dimensionamento, nas condições do Problema 3.5, sem a especificação de x. Comparar os resultados com os dos Problemas 5.1 e 3.5.

5.3   Repetir o dimensionamento sem as especificações de x e de T_s. Comparar os resultados com os dos 5.1, 3.5 e 5.2.

5.4   Considerar 2 extratores isotérmicos em série. Dimensionar o sistema para $x_1^* = 0{,}015$. Comparar os resultados com os dos Problemas 3.2 e 3.7.

5.5 Considerar 2 extratores isotérmicos em série. Dimensionar o sistema para $x_2^* = 0,008$. Comparar os resultados com os do Problema 3.2, 3.7 e 5.4.

5.6 Considerar 2 extratores isotérmicos em série. Dimensionar o sistema sem especificar x_1 e x_2. Comparar os resultados com os dos Problemas 3.2, 3.7, 5.4 e 5.5.

5.7. Considere a equação quadrática geral $f(\mathbf{x}) = b_0 + b_1 x_1 + b_2 x_2 + b_{11} x_1^2 + b_{22} x_2^2 + b_{12} x_1 x_2$. Escrever a forma geral da sua matriz Hessiana, da sua equação característica e dos seus valores característicos em termos dos coeficientes.

5.8 Considere a função $f(x) = (x_1 - 1)^2 + (x_2 - 2)^2$: (a) classifique a função quanto à convexidade e à modalidade; (b) determine o seu valor extremo irrestrito na presença da restrição $x_2 - x_1 \leq 0$; (c) efetue a busca do ponto extremo irrestrito pelo Método de Hooke & Jeeves, partindo da origem, com incrementos iniciais positivos de 0,2; (d) pelo Método da seção áurea, efetuar a busca do ponto extremo da função sujeito à restrição $x_1 - 2 = 0$, no intervalo $1 \leq x_2 \leq 3$.

5.9 Uma corrente de processo, com uma vazão $W_1 = 10.000$ kg/h, deve ser resfriada de $T_1 = 200°C$ até $T_2 = 100°C$. O trocador a ser utilizado é do tipo contracorrente e passo simples (modelo na Figura 5.20). Deve-se empregar um líquido refrigerante que se encontra a uma temperatura $T_3 = 30°C$. O desempenho do trocador deve ser medido pela seguinte função custo: $C = 0,0864\, W_3 + 165\, A^{1/2}$ \$/a: (a) calcule a área de troca térmica A m^2 e a vazão W_3 kg/h de líquido refrigerente, para o caso de se estipular a temperatura de saída deste líquido em $T_4 = 150°C$, como meta de projeto; (b) repetir o cálculo solicitado em (a) para o caso de não ser estipulada uma meta de projeto para T_4. Mostrar que a variável de projeto mais adequada é a própria T_4 e que a incorporação do modelo matemático à função custo resulta em $C = 86400/(T_4 - 30) + 8820/(270 - T_4)^{1/2}$. O valor ótimo de T_4 pode ser buscado pelo método da seção áurea com uma tolerância de 1°C. Empregar $U = 700$ kcal/h m^2 °C, $Cp_1 = 1$ cal/g°C e $Cp_3 = 1,5$ cal/g°C.

5.10 Uma corrente de processo (F_1) deve ser utilizada para resfriar duas outras (Q_1 e Q_2). As temperaturas de origem e de destino de cada uma dessas correntes, bem como o produto WCp (Cp constante), encontram-se na tabela abaixo.

Corrente	Fluxo Térmico WCp (F ou Q) (BTU/h °F)	T_0 (°F)	T_d (°F)
F_1	14450	140	320
Q_1	16670	320	252
Q_2	20000	353	280

Cogitam-se dois esquemas de troca térmica: (a) esquema sequencial, em que F_1 troca calor com Q_1 e em seguida com Q_2; (b) esquema em paralelo, em que uma fração x de F_1 troca calor com Q_2 e $(1 - x)$ com Q_1, como mostra a figura a seguir. Determine qual dos dois esquemas é o mais vantajoso do ponto de vista econômico. Como não há utilidades envolvidas, o critério pode ser apenas o custo de capital: $C_{cap} = A_2^{0,6} + A_3^{0,6}$ \$/a. Para o cálculo das áreas, utilizar $U = 100$ BTU/h ft^2 °F. No modelo a seguir, q_2 e q_3 são as cargas térmicas dos trocadores 2 e 3, respectivamente.

5.11 Considere a função $f = 100 - (x_1 - 10)^2 - (x_2 - 10)^2$: (a) determine o máximo desta função sujeito às restrições $g_1 = x_1^2 + x_2^2 - 25 \leq 0$ e $g_2 = x_1^2 + x_2^2 - 100 \leq 0$ e analise a região de busca resultante quanto à convexidade; (b) determine o máximo desta função sujeito às restrições: $g_1 = x_1^2 + x_2^2 - 25 \geq 0$ e $g_2 = x_1^2 + x_2^2 - 100 \geq 0$ e analise a região de bus-

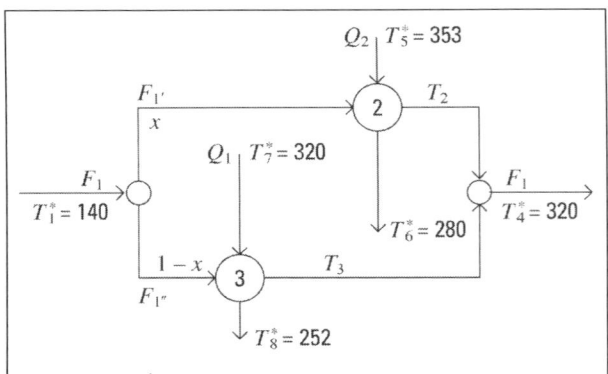

MODELO FÍSICO

1. $Q_2 - x(WCp)^*_{F1}(T_2 - T_1) = 0$
2. $Q_2 - (WCp)^*_{Q2}(T_5 - T_6) = 0$
3. $Q_3 - (1 - x)(WCp)^*_{F1}(T_3 - T^*_1) = 0$
4. $Q_3 - (WCp)^*_{Q2}(T_7 - T^*_8) = 0$
5. $Q_3 - UA_2\,\delta_2 = 0$
6. $\delta_2 - [(T^*_5 - T_2) - (T^*_6 - T^*_1)]/\ln[(T^*_5 - T_2)/(T_6 - T^*_1)] = 0$
7. $Q_3 - UA_3\,\delta_3 = 0$
8. $\delta_3 - [(T^*_7 - T_3) - (T^*_8 - T^*_1)]/\ln[(T^*_7 - T_3)/(T_6 - T^*_1)] = 0$

ca resultante quanto à convexidade; (c) busque o máximo desta função pelo método de Hooke & Jeeves partindo do ponto (3,3) com um incremento 2 e utilize tolerância 1; (d) restringindo x_1 ao valor 5, busque o máximo da função pelo método da seção áurea, partindo dos limites 6 e 15 para x_2 e utilize tolerância 2; (e) analise a função objetivo quanto à modalidade e à convexidade.

5.12[1] 10.000 lb/h de uma corrente quente devem ser resfriadas de 50°F até –70°F, em 3 estágios de refrigeração. Cada estágio consiste de um trocador de calor onde a corrente quente é resfriada por um líquido refrigerante em ebulição. As temperaturas de entrada e de saída da corrente quente em cada trocador (t_i) encontram-se no fluxograma ao lado, bem como as temperaturas de ebulição de cada líquido refrigerante em cada trocador (T_i). O calor latente de vaporização dos 3 líquidos refrigerantes é igual a 100 BTU/lb. O coeficiente global de transferência de calor dos 3 trocadores é igual a 200 BTU/h·ft²·°F. A capacidade calorífica da corrente quente é igual a 1 BTU/lb·°F. O modelo matemático de cada trocador **i** é o seguinte:

$$Q_i - W_0 C_p\left(t_{i-1} - t_i\right) = 0; \quad Q_i - \lambda W_i = 0; \quad Q_i - UA_i\delta_i = 0; \quad \delta_i - \frac{t_{i-1} - t_i}{\ln\dfrac{t_{i-1} - T_i}{t_i - T_i}} = 0$$

O custo de cada trocador é dado por $C_i = a_i \sqrt{A_i}$ \$/h, onde os parâmetros a_i e b_i são:

Estágio	a_i	b_i
1	0,05	0,0002
2	0,05	0,0003
3	0,15	0,0004

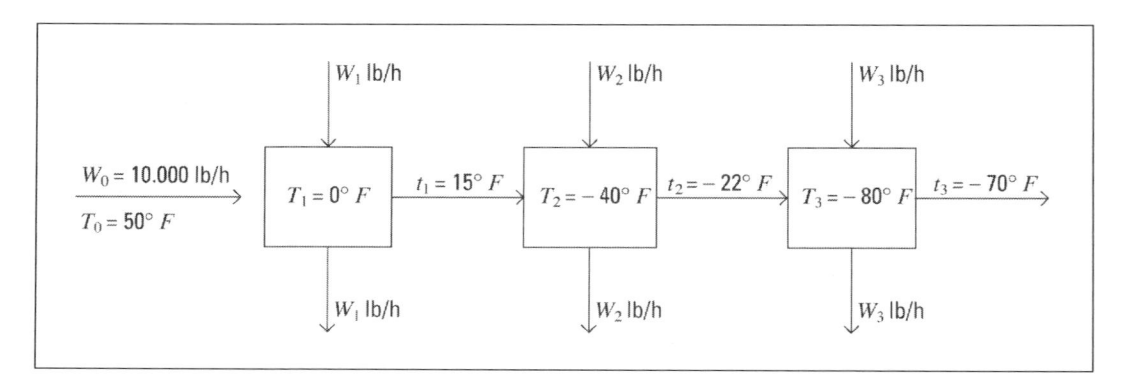

(a) calcule a área de troca térmica e a vazão de cada refrigerante; (b) repetir o dimensionamento sem a especificação de t_1 e t_2, primeiro uma de cada vez e depois simultaneamente. Desenhe a região viável para este último caso; (c) verifique a qual parâmetro, entre λ e U, o Custo Total do sistema é mais sensível.

5.13 No dimensionamento de um trocador de calor, a área de troca térmica resultou em 430 ft^2. De acordo com a Tabela 4.5, considerando que o expoente $m = 0{,}48$ da expressão do investimento só vale para o intervalo entre 50 ft^2 e 300 ft^2, aquela área deve ser distribuída por dois trocadores com áreas entre esses dois limites, a serem instalados e operados em paralelo. Qual é a distribuição que corresponde ao menor custo de investimento do par de trocadores? O que ocorreria se a distribuição fosse 50%/50%?

5.14 Examinar quanto à modalidade e à convexidade e função lucro de dois extratores em série: $f(\mathbf{x}) = 130 - 0{,}5/x_1 - 4.000\,x_2 - 25\,x_1/x_2$ (Figura 5.16)

5.15 Examinar quanto à convexidade as regiões formadas pelos seguintes conjuntos de restrições:

Conjunto 1. (a) $x_2 \geq 1 - x_1$
           (b) $x_2 \leq 1 + 0{,}5\,x_1$
           (c) $x_1 \leq 2$
           (d) $x_2 \geq 0$

Conjunto 2. (a) $-(x_1^2 + x_2^2) + 9 \geq 0$
           (b) $-x_1 - x_2 + 1 \geq 0$

Conjunto 3. (a) $x_1^2 + x_2^2 - r^2 \leq 0$
           (b) $x_1^2 + (x_2 - r)^2 - r^2 \leq 0$

5.16 Determinar os pontos extremos das funções

(a) $f(\mathbf{x}) = x_1^2 + x_2^2 - 2\,x_2 + 1$
(b) $f(\mathbf{x}) = x_1^2 + x_2^2 - 2\,(x_1 + x_2) + 2$

na ausência e na presença das seguintes restrições:

$$x_1^2 + x_2^2 - 0{,}25 \leq 0$$
$$x_1 \geq 0$$
$$x_2 \geq 0$$

5.17 A função $f(\mathbf{x}) = (x_1^2 + x_2 - 11)^2 + (x_2^2 + x_1 - 7)^2$ exibe um ponto extremo em (3,2). Demonstre a natureza deste ponto e comente acerca da modalidade da função.

5.18 Determinar, pelo método da seção áurea os pontos extremos das duas funções abaixo. Para a primeira, os limites de busca são (0 e 7). Para a segunda (1 e 7). Recomenda-se plotar as funções para observar o seu aspecto gráfico:

$$f_1(\mathbf{x}) = 24 + x(-50 + x\,(35 + x(x - 10)))$$
$$f_2(\mathbf{x}) = -10 + x(720 + x(-882 + x(541{,}333 + x(-183{,}75 + x(35A)))));$$
$$A = x(-3{,}5 + x/7)$$

5.19 Empregar o método de Hooke & Jeeves na busca do ponto de máximo da função f_1 e de mínimo da função f_2 abaixo. A primeira corresponde ao lucro dos dois extratores em série da Figura 5.16. A segunda é multimodal e os seus limites de busca são (−4,4) e (−5,5):

$$f_1(\mathbf{x}) = 130 - 0{,}5/x_1 - 4.000\,x_2 - 25\,x_1/x_2$$
$$f_2(\mathbf{x}) = (x_1^2 + x_2 - 11)^2 + (x_2^2 + x_1 - 7)^2$$

INTRODUÇÃO À SÍNTESE DE PROCESSOS 6

A finalidade deste Capítulo é apresentar a síntese de processos como a parte nobre do projeto, a sua etapa criativa, na qual se definem os equipamentos e a forma como eles são interligados no fluxograma. O Capítulo começa demonstrando a natureza combinatória do problema de síntese e a necessidade de se utilizar ferramentas até então inexistentes na engenharia química. Em seguida, são abordadas as contribuições inestimáveis da Inteligência Artificial: a decomposição, a representação e alguns métodos intuitivos de resolução de problemas complexos. Por último, o Fluxograma Embrião de um processo é apresentado acompanhado pela primeira avaliação econômica através da Margem Bruta. Todo este material é aplicado à síntese de sistemas de separação e de redes de trocadores de calor nos Capítulos subsequentes.

6.1 NATUREZA COMBINATÓRIA DO PROBLEMA DE SÍNTESE

O assunto foi abordado no Capítulo 1 em caráter preliminar, quando o projeto foi definido como um problema complexo de otimização com inúmeras soluções. O exemplo então apresentado pode ser agora ampliado considerando que a reação de produção de P a partir de A e B possa ser conduzida tanto num reator de mistura (RM) como num reator tubular (RT). Que a separação dos produtos da reação possa ser efetuada tanto por destilação simples (DS) como por destilação extrativa (DE). E que os reagentes devam ser preaquecidos e que o efluente do reator deva ser resfriado antes de chegar ao separador. Nesse caso, o preaquecimento dos reagentes pode ser promovido com vapor num aquecedor (A) e o resfriamento dos produtos com água num resfriador (R). Alternativamente, pode-se promover a integração energética do processo através da troca térmica entre essas duas correntes num trocador de calor (T).

O problema de síntese consiste em **gerar todos os fluxogramas possíveis** para que a análise determine aquele que exibe o de maior Lucro, ou o de menor Custo no caso de a produção s er especificada (Receita constante). Os elementos do problema são os equipamentos mostrados na Figura 6.1.

Figura 6.1
Equipamentos cogitados
para o processo
ilustrativo.

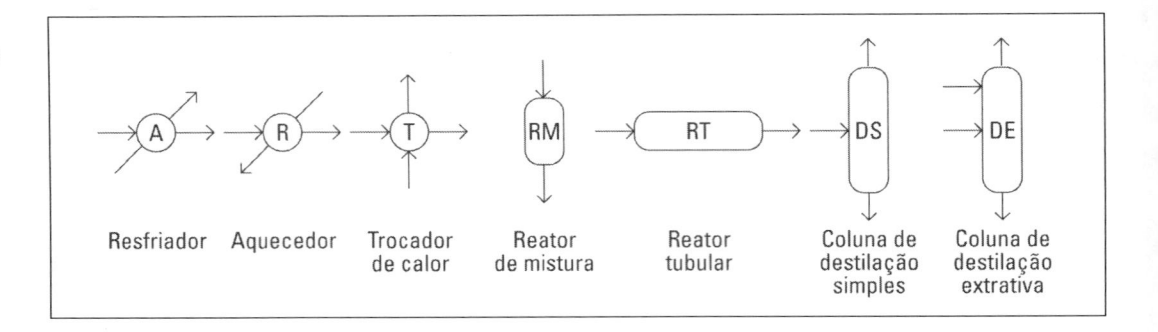

Esses equipamentos podem ser combinados de diversas maneiras, gerando os oito fluxogramas alternativos mostrados na Figura 6.2, que diferem quanto ao tipo de reator, ao tipo de separador e ao esquema de troca térmica (com ou sem integração energética).

Figura 6.2
Fluxogramas para a
processo ilustrativo.

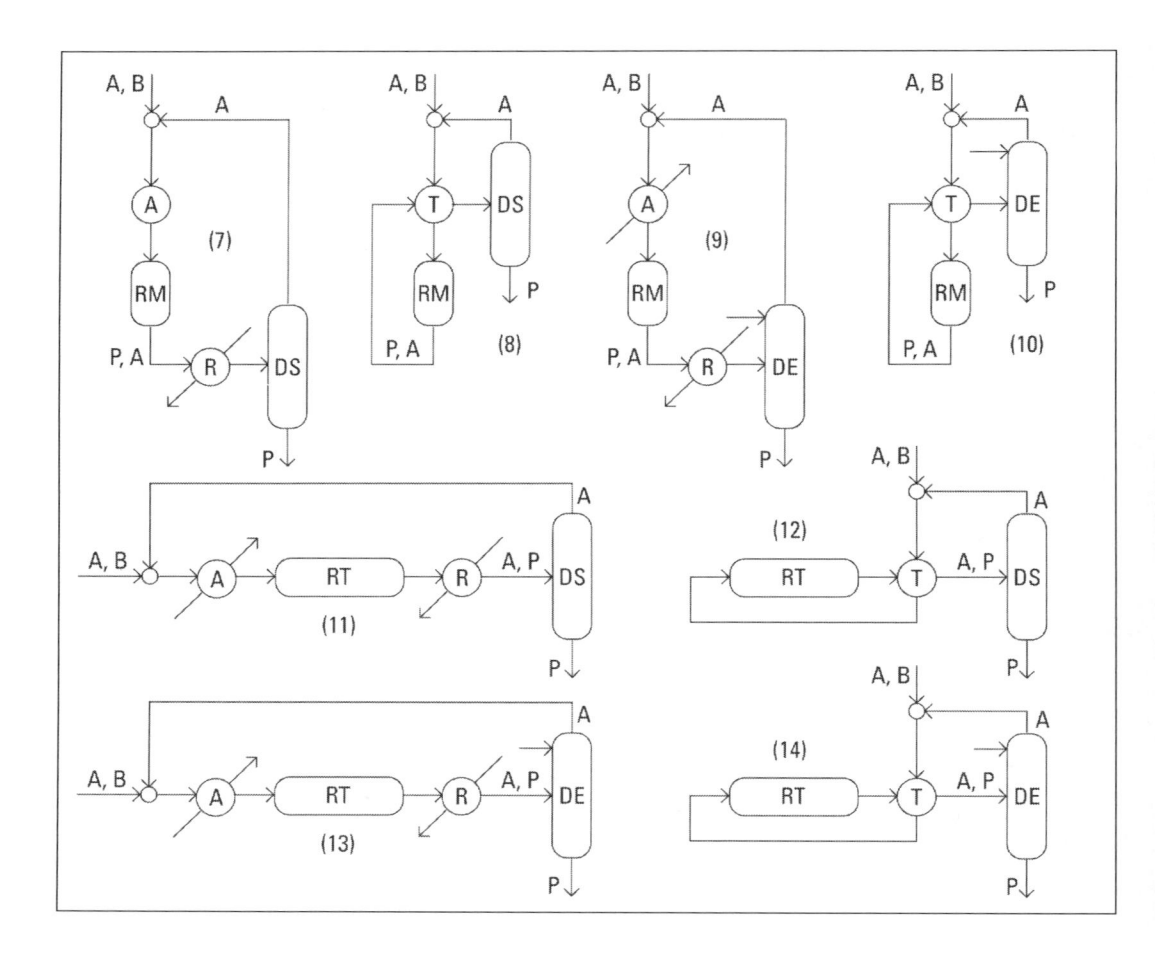

O problema agora consiste em analisar cada um desses fluxogramas para encontrar o de maior lucro. Esta tarefa é relativamente simples quando o número de soluções possíveis é pequeno, como neste exemplo. No entanto, à medida que aumenta a complexidade do processo, o número de fluxogramas plausíveis pode chegar a centenas de milhares ("**explosão combinatória**"), o que dificulta a busca do fluxograma ótimo.

6.2 INTELIGÊNCIA ARTIFICIAL NA SÍNTESE DE PROCESSOS

A Inteligência Artificial (IA) é o ramo da computação que estuda a forma como o homem utiliza intuitivamente inteligência e raciocínio na solução de problemas complexos, implementando-as em máquinas [1, 2, 3]. São muitas as aplicações da IA: resolução de problemas complexos, processamento de linguagem natural, percepção e reconhecimento de padrões, armazenamento e recuperação de informação, robótica, jogos, programação automática, lógica computacional, sistemas com aprendizado, sistemas especialistas. Neste texto, a aplicação de interesse é a resolução de problemas complexos, como os de síntese de processssos. Nessa direção, a valiosa contribuição da IA está na **decomposição** e na **representação** de problemas e em alguns **métodos intuitivos** de resolução.

6.3 DECOMPOSIÇÃO DE PROBLEMAS

Uma das contribuições mais importantes da IA é o reconhecimento e a adoção de uma estratégia intuitiva utilizada pelo homem na resolução de problemas complexos: a decomposição do problema em subproblemas mais simples, seguida da resolução coordenada desses subproblemas.

Na engenharia de processos, o problema complexo é o projeto, que pode ser decomposto nos subproblemas tecnológico (rotas químicas), estrutural (síntese) e paramétrico (análise). O subproblema de síntese, por sua vez, também pode ser decomposto em subproblemas. Para identificá-los, basta perceber que a transformação de uma matéria-prima num produto é uma tarefa constituída de 4 subtarefas bem definidas:

(a) Reação: responsável pela modificação do conjunto de espécies químicas, transformando-as no produto principal.

(b) Separação: responsável pelo ajuste de composição das correntes, separando o produto dos subprodutos e do excesso de reagentes.

(c) Integração: responsável pela movimentação da matéria e pelos ajustes de temperatura das correntes.

(d) Controle: responsável pela operação segura e estável do processo.

Cada uma dessas subtarefas é executada por um subsistema de mesmo nome. Os subsistemas, reunidos, formam o processo. Esse fato sugere que a síntese de um processo seja decomposta na síntese coordenada de seus subsistemas (Figura 6.3), ou seja:

- **síntese do subsistema de reação**, que consiste na escolha e na interligação dos reatores, o que ditará a composição da corrente do produto;

- **síntese do subsistema de separação**, que consiste na escolha e no sequenciamento dos equipamentos que realizarão a separação do produto principal, dos coprodutos, dos subprodutos, do excesso de reagentes e dos inertes;

- **síntese do subsistema de integração material e energética**, que consiste na escolha e no sequenciamento dos equipamentos que permitirão que as diversas correntes cheguem à entrada e à saída dos reatores e dos separadores, bem como do processo global, nas condições desejadas;

- **síntese do subsistema de controle**, que consiste na escolha da malha de controle que propiciará a operação estável e segura do processo completo.

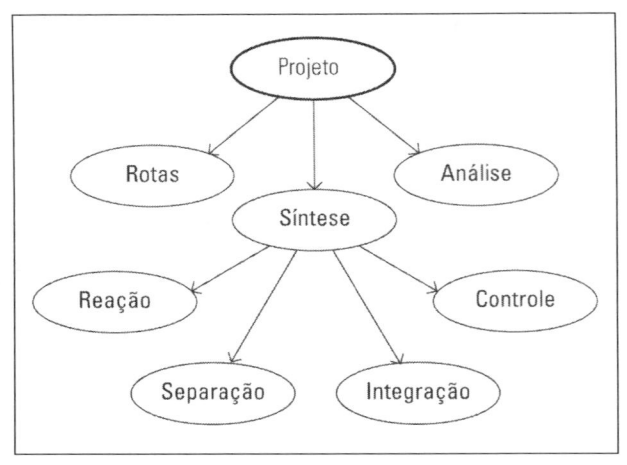

Figura 6.3
Decomposição do
problema de projeto.

Oposta à decomposição, existe a **estratégia global** que consiste em abordar o processo inteiro, e que só pode ser adotada para processos simples. Neste texto, é destacada a estratégia de decomposição, enfatizando-se a síntese dos sistemas de separação (Capítulo 7) e de integração energética (Capítulo 8).

6.4 REPRESENTAÇÃO DE PROBLEMAS

Uma outra contribuição importante da IA consiste em abordar um problema combinatório complexo em duas etapas sucessivas: a **representação** e a **resolução**. A representação tem por finalidade **organizar os elementos** envolvidos no problema com o objetivo de **orientar a resolução**. Na síntese de processos, o problema é a geração de fluxogramas, e os elementos são os equipamentos e as correntes. A resolução consiste em obter a solução através de um procedimento orientado pela representação escolhida. As representações mais utilizadas são por **Árvores de Estado** e por **Superestruturas**.

6.4.1 REPRESENTAÇÃO POR ÁRVORES DE ESTADOS

No Capítulo 1, o problema de projeto foi representado por uma árvore de estados (Figura 1.6). Naquela árvore, para cada uma das duas rotas químicas cogitadas, a etapa de síntese foi representada por apenas dois fluxogramas alternativos, já em suas formas finais. Por simplicidade, a fase de geração dos mesmos foi omitida. Na verdade, segundo a estratégia de decomposição, a etapa de síntese também pode ser representada por uma árvore de estados, em que cada nivel corresponde a um dos subsistemas de reação, de separação, de integração e de controle. A Figura 6.4 mostra a árvore de estados que representa o problema ilustrativo, cujas soluções viáveis são mostradas na Figura 6.2.

Figura 6.4
Representação do
problema de síntese de
um processo por árvore
de estados.

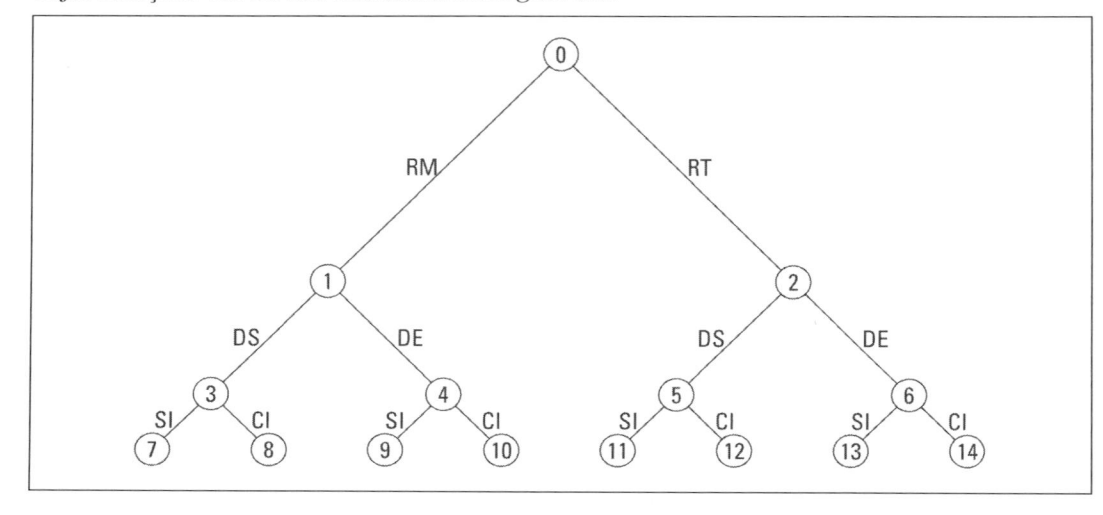

Nesta árvore, cada vértice numerado corresponde a um estado do problema. Assim, no vértice 0 (zero), o estado é "nenhum fluxograma". No vértice 1, o estado é um fluxograma incompleto formado apenas por um reator de mistura (RM). O vértice 3 corresponde a um estado em que o fluxograma incompleto é formado por um reator de mistura (RM) seguido de uma coluna de destilação simples (DS). No vértice 7, o estado é um fluxograma completo, formado pelos equipamentos anteriores, sem integração energética, o que corresponde ao fluxograma 7 da Figura 6.2. (CI significa Com Integração e SI, Sem Integração). Observa-se que a Figura 6.4 contém, nos vértices 7 a 14, os 8 fluxogramas completos da Figura 6.2, bem como todos os fluxogramas incompletos intermediários gerados no decorrer da resolução do problema.

6.4.2 REPRESENTAÇÃO POR SUPERESTRUTURAS

Superestrutura é uma representação que contém todas as estruturas viáveis que um sistema é capaz de assumir. A representação por superestruturas se dá associando-se um parâmetro binário Y_{ij} a cada corrente. Cada estrutura viável é formada atribuindo-se, a cada corrente, o valor 1 (presença) ou 0 (ausência). A Figura 6.5 exibe a superestrutura correspondente ao problema representado pela árvore de estados da Figura 6.4. As linhas cheias representam a estrutura do fluxograma 7. As demais representam conexões e equipamentos que, potencialmente, podem fazer parte de outras estruturas.

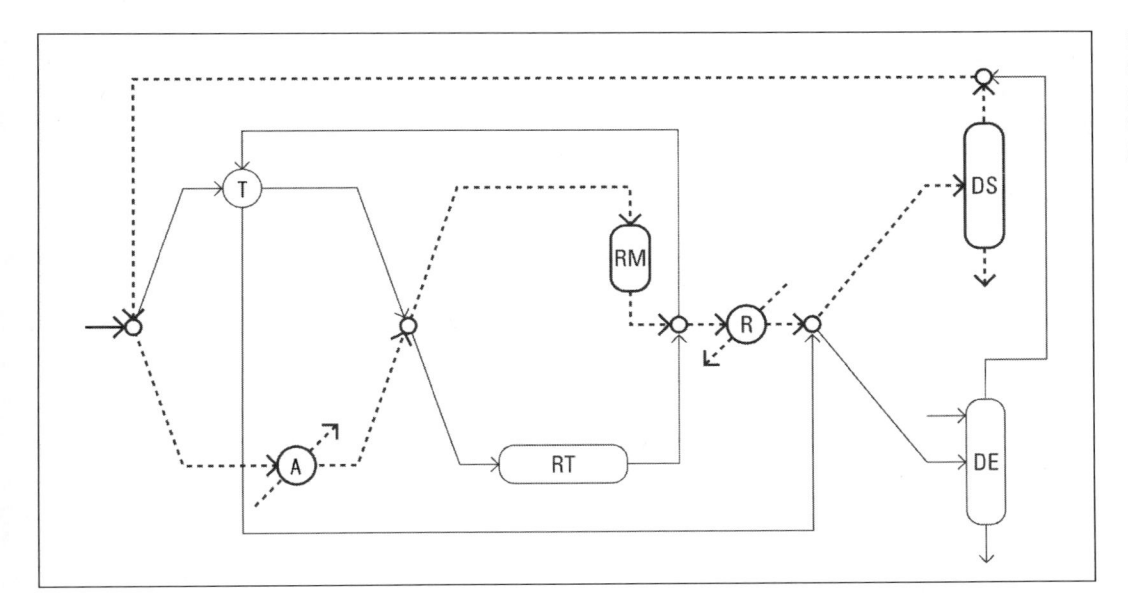

Figura 6.5
Superestrutura do problema ilustrativo evidenciando o Fluxograma 7.

6.5 RESOLUÇÃO DE PROBLEMAS

A IA identificou algumas técnicas intuitivas que o homem utiliza ao enfrentar problemas de elevada complexidade. Depois de identificadas e sistematizadas, essas técnicas foram colocadas à disposição para uso em diferentes campos do conhecimento.

6.5.1 MÉTODO HEURÍSTICO

A experiência acumulada em projetos pode ser resumida sob a forma de **regras práticas**, do tipo:

- "promover a troca térmica entre a corrente quente de maior temperatura de entrada com a corrente fria de maior temperatura de saída";
- "numa sequência de separações, deixar a mais difícil por último".

Essas regras **não são deduzidas matematicamete** a partir de princípios físicos, mas são **comprovadas pelo uso**. Elas são chamadas de Regras Heurísticas.

O método heurístico consiste em aplicar, em cada estado, a começar pela raiz, a regra heurística que se mostra mais apropriada nas circunstâncias vigentes naquele estado, resultando o estado seguinte. Desta forma, a busca heurística **resulta em apenas um fluxograma**. A solução obtida **não é necessariamente a ótima**, mas, dependendo da qualidade das regras utilizadas, ela pode se encontrar próxima da ótima.

No caso da Figura 6.4, estando-se na raiz da árvore (estado 0), uma regra heurística pertinente à síntese de sistemas de reação poderia indicar o emprego do reator RM, chegando-se então ao estado 1. Em seguida, uma regra heurística pertinente à síntese de sistemas de separação poderia recomendar o emprego do separador DE, chegando-se ao estado 4. A seguir, uma regra heurística pertinente à síntese de redes de trocadores de calor poderia recomendar a integração energética através do trocador T, conduzindo ao estado 10. O fluxograma gerado seria RM-DE-CI, que é o de número 10 na Figura 6.2.

A grande vantagem do método heurístico é a **rapidez**, pois não exige qualquer avaliação intermediária, apenas a da solução final. A desvantagem é que ela **não produz**, **necessariamente**, **a solução ótima**. Entretanto, a solução gerada é um bom **ponto de partida** para se buscar uma solução melhor. O método heurístico será aplicado à síntese de sistemas de separação (Capítulo 7) e de redes de trocadores de calor (Capítulo 8).

6.5.2 MÉTODO EVOLUTIVO

Consiste em **aprimorar progressivamente** uma solução já existente ou que tenha sido gerada pelo método heurístico. Para garantir a evolução progressiva da solução, a busca se dá através de **Regras Evolutivas** e de uma **Estratégia Evolutiva**. As Regras Evolutivas indicam os fluxogramas a serem examinados. Elas se utilizam do conceito de **fluxogramas vizinhos**, que são fluxogramas que diferem apenas por um único elemento estrutural. Por exemplo, o fluxograma 7 da Figura 6.2 possui 3 vizinhos, que são os fluxogramas 8, 9 e 11 (Figura 6.6), porque:

Figura 6.6
O Fluxograma 1 e os seus Vizinhos Estruturais.

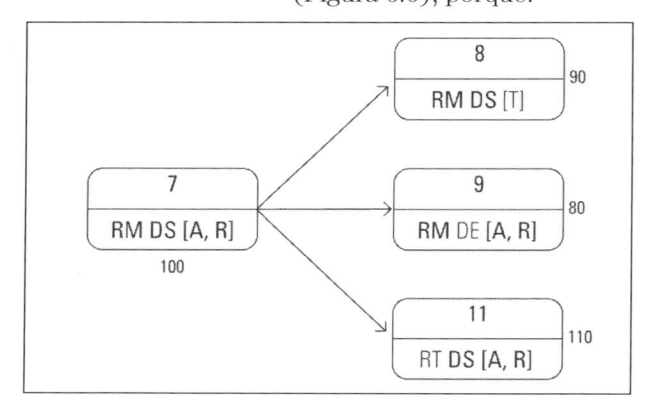

- o fluxograma 8 difere do 1 apenas por ter integração energética (T em lugar de A e R);
- o fluxograma 9 difere do 1 apenas por ter DE no lugar de DS;
- o fluxograma 11 difere do 1 apenas por ter RT no lugar de RM.

A Estratégia Evolutiva serve para guiar a resolução na direção mais promissora, evitando-se a aplicação desordenada das Regras Evolutivas. O procedimento se inicia com um fluxograma-base que tanto pode ser o de um sistema já existente, como um fluxograma gerado pelo método heurístico. Em seguida, geram-se os seus vizinhos, tomando-se como novo fluxograma-base o vizinho de menor custo e, assim, sucessivamente. A solução do problema é o fluxograma cujos vizinhos exibam, todos, custos superiores ao seu. Essa estratégia pode ser expressa pelo seguinte Algoritmo:

```
Gerar um fluxograma-base
Repetir
    Gerar os fluxogramas vizinhos
    Otimizar os fluxogramas vizinhos
    Identificar o vizinho de menor custo
    Se Custo do vizinho < Custo do fluxograma-base
        Então Tomar como fluxograma-base o vizinho de menor custo
        Senão Encerrar
```

A Figura 6.7 ilustra a Estratégia Evolutiva. O fluxograma-base 1 se apresenta com três vizinhos, que são otimizados. Dentre eles, o fluxograma 3 é o único com custo inferior ao seu e é tomado como base. Os seus vizinhos são os fluxogramas 5 e 6, que são otimizados. Apenas o 6 apresenta um custo inferior ao seu e é tomado como base. Os vizinhos do fluxograma 6 são 7, 8 e 9, que são otimizados. Os dois primeiros apresentam custos inferiores ao seu. O fluxograma 8, de menor custo, é tomado como base. Como os seus vizinhos apresentam custos superiores ao seu, ele se constitui na solução do problema.

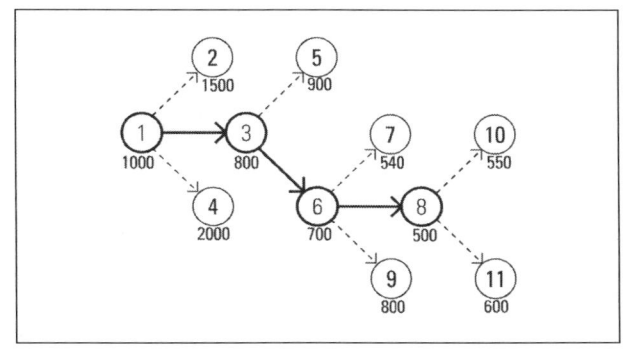

Figura 6.7
Ilustração da Estratégia Evolutiva.

No caso da Figura 6.6, admitindo-se custos 100, 90, 80 e 110 para os fluxogramas 7, 8, 9 e 11, respectivamente, seria tomado o caminho 7 → 9. O fluxograma 9 seria então considerado como a melhor solução até o momento, o fluxograma 8 poderia ser guardado para uma expansão futura, enquanto o fluxograma 11 seria descartado. O passo seguinte consistiria em gerar e otimizar os fluxogramas vizinhos do 9.

No presente contexto, vizinhança é um conceito de natureza estrutural, não significando vizinhança na árvore. Assim, na Figura 6.4, os fluxogramas 9 e 11, apesar de estruturalmente vizinhos, encontram-se afastados do fluxograma 7 na árvore. Observe-se, também, que os fluxogramas vizinhos de 7 não são estruturalmente vizinhos uns dos outros, uma vez que diferem pelo menos por 2 elementos.

O método evolutivo será aplicado à síntese de sistemas e separação (Capítulo 7) e de redes de trocadores de calor (Capítulo 8).

6.5.3 BUSCA ORIENTADA POR ÁRVORES DE ESTADO

A vantagem de se representar o problema de projeto por uma árvore de estados, como a da Figura 6.4, é que a própria árvore orienta a resolução do problema. Basta percorrer sistematicamente os seus ramos, formar os fluxogramas correspondentes e avaliá-los segundo a metodologia preconizada nos Capítulos anteriores, em busca da configuração ótima.

A resolução do problema pode ser considerada, então, como uma busca do caminho de custo mínimo entre a raiz e as extremidades da árvore.

Há diversas maneiras de se percorrer os ramos da árvore, na busca da solução ótima, como se descreve a seguir.

(a) Busca Exaustiva: consiste em **gerar todas as combinações possíveis** dos elementos do problema, percorrendo sucessivamente todos os ramos da árvore. Este tipo de busca **conduz sempre à solução ótima**. No caso da Figura 6.4, isso corresponderia a gerar os 8 fluxogramas completos, otimizá-los, comparar os fluxogramas otimizados e escolher o de menor custo. Entretanto, o número de fluxogramas aumenta rapidamente com o número de elementos do problema. Por exemplo, se o número de equipamentos possíveis para cada subtarefa fosse 3 e 4, o número de fluxogramas a otimizar e comparar seria 18 e 52, respectivamente. Portanto, por motivos de natureza econômica, este método só se aplica nos casos em que o número de fluxogramas possíveis for relativamente reduzido.

(b) Busca por Ramificação Limitada ou "Branch-and-Bound": trata-se de uma busca exaustiva em que, para reduzir o esforço computacional, **evitam-se as soluções que se mostrem economicamente inviáveis**. Isto é conseguido calculando-se, em cada estado alcançado, o custo acumulado do ramo correspondente (fluxograma incompleto). Caso o custo acumulado se mostre superior ao de um ramo inteiro (fluxograma completo), todos os ramos que partem desse estado são descartados.

Por exemplo, na árvore da Figura 6.4, suponha-se que o fluxograma 7, o primeiro a ser gerado, constituído dos equipamentos RM, DS, A e R haja apresentado um custo igual a 80. Este valor é tomado como **limite superior ("upper bound")** para o custo de qualquer outro fluxograma, completo ou incompleto, que venha a ser examinado adiante. Suponha-se, agora, que, trocando A e R por T (retornar ao fluxograma 3 e seguir para o 8), o custo do fluxograma 8 seja 75. Este passa a ser a solução temporária do problema e 75 o novo limite superior. Suponha-se, agora, que trocando DS por DE (recuar ao fluxograma 1 e seguir para o 4), o custo acumulado deste fluxograma incompleto seja 100. Como esse custo supera o limite superior vigente, a busca nesse ramo é interrompida porque a inclusão de qualquer equipamento oneraria ainda mais o fluxograma.

Por se tratar de uma busca exaustiva controlada por um limite ("bound"), **este método conduz sempre à solução ótima** e será aplicado à síntese de sistemas de eparação (Capítulo 7).

6.5.4 MÉTODO DA SUPERESTRUTURA

Este método nada tem de intuitivo como os anteriores. Ele se inicia com a montagem do modelo matemático da superestrutura, constituído pelos modelos dos equipamentos, dos divisores e das uniões de correntes, incluindo-se os parâmetros binários das correntes. O modelo é resolvido para um conjunto de variáveis especificadas, quase sempre com variáveis de projeto, resultando a estrutura ótima para o sistema. Trata-se de um problema de otimização, computacionalmente complexo, que não será abordado neste texto.

Figura 6.8
O fluxograma mínimo de um processo.

6.6 O FLUXOGRAMA EMBRIÃO

Os pontos capitais de qualquer processo são a fonte de matéria-prima, a entrada e a saída do sistema de reação (R) e o destino do produto principal. Portanto, o fluxograma mínimo que um processo pode assumir é quando a matéria-prima se encontra pura na sua fonte e a conversão da reação é completa, como mostra a Figura 6.8, para a reação A → B + C.

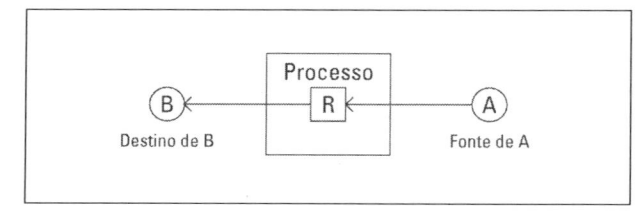

Normalmente, porém, a matéria-prima se encontra acompanhada de substâncias proibidas ou indesejadas no ambiente da reação, a conversão não é completa e a reação forma subprodutos. Nesse caso, torna-se necessário "ajustar" a composição da alimentação do sistema de reação e do destino do produto principal. Esse ajuste é realizado por separadores (S). Quando a tarefa exige mais de um separador, é utilizado um sistema de separação, como mostra a Figura 6.9 para uma reação A → B + C.

Em função dessas observações, o ponto de partida para a geração do fluxograma de um processo é o que se pode chamar de **Fluxograma Embrião**. Nele, estão registradas apenas as operações de natureza material, ficando a integração material e energética e o controle para as etapas seguintes da síntese.

O Fluxograma Embrião é, na verdade (Figura 6.10), um diagrama em que figuram blocos de reação [R], de separação [S] e de mistura [M], e por correntes de alimentação, de saída, de reciclo e de purga. Esses blocos representam equipamentos únicos ou conjuntos de equipamentos de mesma função. As correntes da figura constituem o conjunto mínimo de correntes que o fluxograma pode admitir. Os blocos de reação e de separação são detalhados, em termos dos seus equipamentos, nas etapas subsequentes da síntese.

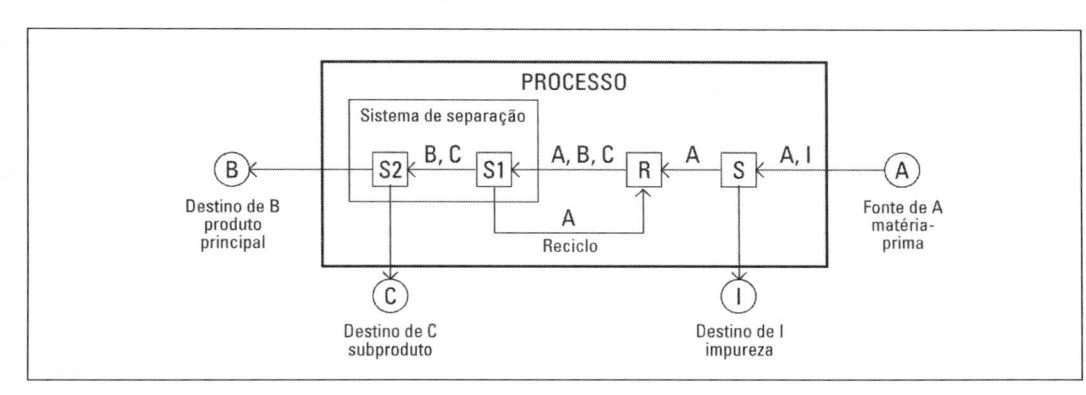

Figura 6.9
Fluxograma mínimo na presença de impurezas, conversão parcial e co-produtos.

Quando o processo compreende reações que não podem ocorrer num mesmo ambiente, esses três elementos são reunidos em **módulos**, um para cada reação independente. Os módulos são interligados por correntes de intermediários. O conjunto de módulos forma uma superestrutura na qual se encontra latente o fluxograma material preliminar do processo em estudo. A Figura 6.11 mostra uma superestrutura na qual está compreendido o fluxograma material preliminar de um processo com 3 reações independentes.

Figura 6.11
Superestrutura para o Fluxograma Embrião.

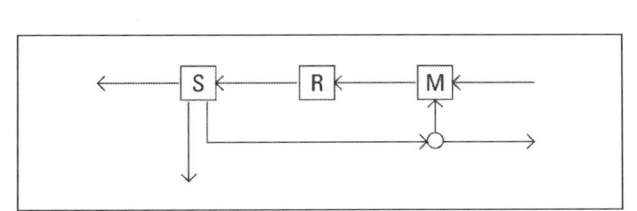

Figura 6.10
Fluxograma Embrião.

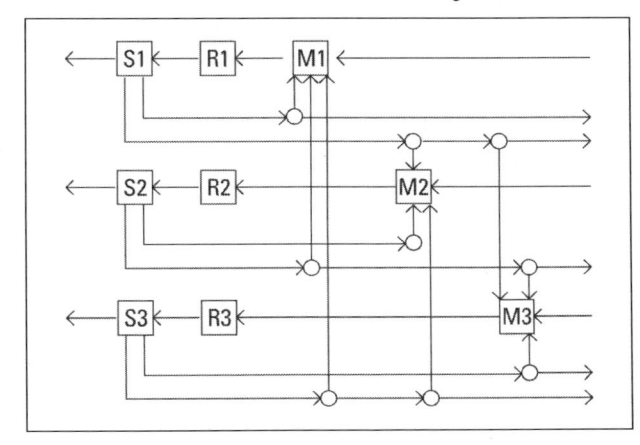

6.6.1 GERAÇÃO DO FLUXOGRAMA

O Fluxograma Embrião é revelado ao se definir as correntes e os blocos que devem fazer parte do processo (correntes e blocos ativos). As informações necessárias são as seguintes:

- a estequiometria da(s) reação(ões), que pode ser apresentada de forma compacta por uma matriz estequiométrica (ver Exemplo, adiante);
- a conversão em cada reação (depende do tipo de reator), bem como de excessos de reagentes e de inertes necessários ou inevitáveis;
- especificações sobre os produtos obtidos;
- especificações sobre os reagentes (carga).

O problema pode ser resolvido montando-se o modelo matemático da superestrutura inteira e resolvendo-o a partir dessas informações. Um procedimento alternativo consiste em montar e resolver as equações de balanço material das substâncias apenas nas correntes em que as mesmas sabidamente se encontram. Isso pode ser efetuado seguindo-se um algoritmo lógico, como o que se segue.

ALGORITMO DE ALOCAÇÃO DE SUBSTÂNCIAS E BALANÇO MATERIAL

1. Montar a Matriz Estequiométrica do processo. Verificar a necessidade de balanceamento das reações, de modo a satisfazer as exigências impostas ao processo.

2. Selecionar o módulo que dará origem ao Produto Principal e estabelecer uma base de produção conveniente (ex.: 100 kmol/h).

3. Para cada módulo, começando pelo que dá origem ao Produto Principal:

   3.1. alocar Produto Principal à saída de bloco de Separação na quantidade escolhida em (2);

   3.2. alocar o Produto Principal à saída do bloco de Reação, na mesma quantidade;

   3.3. alocar os subprodutos da reação, à saída do bloco de Reação, nas proporções estequiométricas;

   3.4. alocar os reagentes à entrada do bloco de Reação, levando em conta a conversão, as quantidades em excesso, os diluentes e os inertes;

   3.5. alocar à saída do bloco de Reação as quantidades não consumidas dos reagentes, bem como inertes e diluentes;

   3.6. alocar à corrente de reciclo as quantidades não consumidas dos reagentes e, à corrente de purga, as quantidades que um balanço material indicar;

   3.6. efetuar o balanço material sobre o bloco de Mistura e alocar os reagentes às correntes intermediárias ou de entrada do módulo, conforme a conveniência;

   3.8. alocar às demais correntes de saída do bloco de Separação as substâncias intermediárias dirigidas aos módulos subsequentes, com purgas eventuais, bem como os subprodutos e os inertes que devem deixar o sistema.

Observações:

(a) a quantidade alocada à corrente intermediária do módulo, que se encontra a montante de outro, ditará a alocação das substâncias naquele módulo, reiniciando-se o algoritmo a partir do item (3.1);

(b) a quantidade alocada à corrente intermediária do módulo que se encontra a jusante (no caso de reaproveitamento de subprodutos), deve ser corrigida através da conversão e, em seguida, alocada à entrada do bloco de Reação. Pela estequiometria e pela conversão, calcula-se a quantidade correspondente do Produto Principal do módulo, podendo-se retornar ao item (3.1) do algoritmo. Nesse caso, o item (3.4) já estará parcialmente cumprido.

Exemplo: Produção de Acetato de Etila a partir de Etanol [4]

Etapas do Processo

R_1 C_2H_5OH + O_2 $\rightarrow$ CH_3COOH + H_2O
      etanol   oxigênio   ácido acético   água
      [A]   [B]   [C]   [D]

R_2 C_2H_5OH + CH_3COOH $\rightarrow$ $CH_3COOC_2H_5$ + H_2O
      etanol   ácido acético   acetato de etila   água
      [A]   [C]   [E]   [D]

Condições de Reação

R_1: reação catalítica, em fase vapor, a alta pressão, exigindo pelo menos 50% molar de nitrogênio como diluente na alimentação. O acetato de etila é proibido na alimentação do reator, mas a água é permitida. O oxigênio deve estar presente com um excesso de 20% na entrada do reator para converter todo o etanol.

R_2: reação em solução em condições ambientes, com uma conversão de 60%. O oxigênio é proibido, mas a água e o nitrogênio são permitidos na alimentação do reator.

Condições dos Reagentes: o Etanol se encontra como uma solução aquosa com 70% de etanol. O Oxigênio e o Nitrogênio são provenientes do ar (80% N_2 e 20% O_2).

Condições do Produto: o acetato de etila deve sair puro. São proibidos despejos de ácido acético e de etanol.

Resolução: a partir dos coeficientes estequiométricos, pode-se montar a **Matriz Estequiométrica** do sistema de reações. Por convenção, atribui-se o sinal positivo aos coeficientes das substâncias produzidas na reação e negativo aos das consumidas.

	A	B	C	D	E	F
R_1	–1	–1	+1	+1	0	0
R_2	–1	0	–1	+1	+1	0
G	–2	–1	0	+2	+1	0

A última linha corresponde aos coeficientes globais, obtidos pela soma dos coeficientes da coluna correspondente. Os coeficientes globais indicam que, para cada mol de acetato de etila (+1) produzido

- seriam produzidos 2 mol de água;
- seriam necessários 1 mol de O_2 e 2 de etanol;
- o ácido acético produzido em R_1 (+1) seria totalmente consumido em R_2 (–1).

A distribuição interna das substâncias pelas correntes principais dos módulos pode ser norteada pela Matriz Estequiométrica. A aplicação do algoritmo para o problema ilustrativo resulta nos passos seguintes e no fluxograma da Figura 6.12:

- são alocados 100 mol do Produto Principal E na saída de S_2 e na saída de R_2 (+1, em R_2);
- o +1 de D em R_2 indica que é produzida quantidade igual de água. Logo, são alocados 100 mol de D na saída de R_2 e na outra saída de S_2;
- os –1 de A e de C em R_2 indicam que a mesma quantidade é consumida de etanol e de ácido acético. Porém, como a conversão é de 60%, devem ser alocados (100/0,6) = 167 mol de A e de C na entrada de R_2;
- como são consumidos 100 mol de A e de C em R_2, sobram 67 mol de cada, que são alocados à corrente de reciclo;
- os 100 mol consumidos de A e de C em R_2 devem ser repostos para, somados aos 67 de reciclo, perfazerem os 167 à entrada de R_2. O +1 de C em R_1 indica que esses 100 mol são produzidos no primeiro módulo. Portanto, devem ser alocados à corrente que liga S_1 a M_2. O etanol provém de fora do sistema e os seus 100 mol são alocados à entrada de M_2;
- devido à condição da alimentação, entram (3/7)100 mol de água juntamente com o etanol. Logo, mais 43 mol de D são alocados à entrada de M_2, de R_2, de S_2 e à segunda saída de S_2;
- os 100 mol de C alocados à saída de S_1 são também alocados à entrada desse mesmo separador;
- o +1 de D em R_1 indica que a mesma quantidade de água é produzida em R_1. Logo, 100 mol de D são alocados à saída de R_1 e à segunda saída de S_1;
- o –1 de A e de B em R_1 indicam que uma quantidade igual é consumida de etanol e de oxigênio. Como a conversão é de 100%, são alocados 100 mol de A na entrada de R_1;
- como deve haver um excesso de 20% de O_2, então 120 mol de B são alocados nessa mesma corrente;
- o excesso de 20 mol de B são alocados à segunda saída de S_1;
- os 100 mol de A são alocados à entrada de M_1 juntamente com 43 mol de D. Estes são também alocados à entrada de R_1, de S_1 e somados à segunda saída de S_1;
- os 120 mol de B também são alocados à entrada de M_1, juntamente com 480 mol de F (N_2). Estes são alocados às entradas de R_1 e de S_1 e à segunda saída de S_1.

O algoritmo é constituído de uma série de decisões sucessivas. A maioria delas é única, no sentido de que não há outras a tomar. Em alguns pontos, no entanto, há mais de uma decisão fisicamente possível, o que dá origem a fluxogramas alternativos. Por exemplo, quando há sobra de reagentes, a decisão inicial é sempre de propor um reciclo. No entanto, pode-se propor um fluxograma sem esse reciclo. As duas possibilidades devem ser cogitadas, deixando-se a definição para uma etapa de avaliação posterior em função do custo de reciclo e do aproveitamento da sobra dos reagentes. Outro exemplo, no sistema ilustrativo acima, é a alimentação de etanol. Foram propostas duas alimentações, uma para cada módulo.

Mas, fisicamente pelo menos, é possível alocar essa alimentação total apenas ao primeiro módulo, permitindo a sobra prosseguir para o segundo. Ainda outro exemplo é não criar uma corrente de reciclo num dos módulos e reciclar o excesso de reagente para o outro módulo. Essas nuances ficarão claras na resolução dos Problemas Propostos.

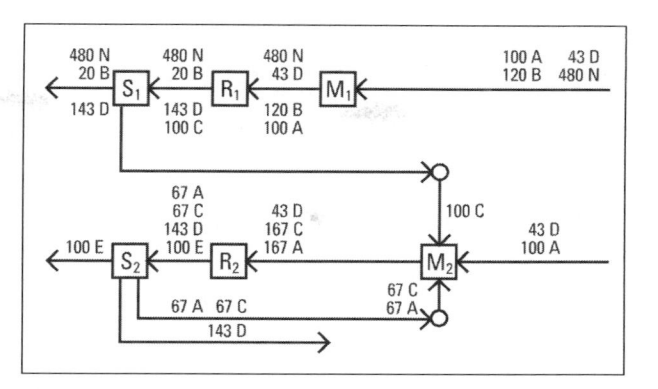

Figura 6.12
Fluxograma Embrião
para a produção de
acetato de etila.

6.6.2 AVALIAÇÃO ECONÔMICA PRELIMINAR. MARGEM BRUTA

Todo processo químico tem por finalidade transformar uma matéria-prima M num produto P. Na grande maioria dos casos, essa transformação constitui o elemento principal de um empreendimento que tem como objetivo proporcionar lucro.

Este lucro pode ser representado, de forma simplificada, por:

$$L = R - C_m - C_d \qquad (6.1)$$

onde: L = Lucro Anual ($/a)

R = Receita Anual ($/a)

C_m = Custo Anual das Matérias-Primas ($/a)

C_d = Custos Anuais Diversos ($/a).

De acordo com o exposto no Capítulo 4, os Custos Anuais Diversos C_d **dependem dos detalhes da engenharia**, tais como as dimensões dos equipamentos e o consumo de água, de vapor e de insumos, e só podem ser conhecidos após o projeto do processo.

A Receita R e o Custo Anual das Matérias Primas C_m, no entanto, **independem dos detalhes de engenharia** e **podem ser calculados antes de ser iniciado o projeto**. Basta conhecer a taxa de produção P (t/a) e o preço unitário de mercado p_P ($/t) do produto P, o consumo correspondente M (t/a) e o preço unitário de compra p_M ($/t) da matéria-prima M:

$$R = p_p P \ (\$/a) \qquad (6.2)$$

$$C_m = p_m M \ (\$/a) \qquad (6.3)$$

Definindo como **Margem Bruta Anual MB** a diferença

$$MB = R - C_m \ (\$/a) \qquad (6.4)$$

o Lucro Anual pode ser reescrito como

$$L = MB - C_d \ (\$/a) \qquad (6.5)$$

Assim sendo, a Margem Bruta Anual representa o **limite superior** do Lucro Anual, e pode servir de medida preliminar do potencial comercial do processo, antes mesmo de se iniciar o seu projeto: uma Margem Bruta Anual positiva, mas "muito pequena", ou zero ou negativa, inviabiliza liminarmente o processo.

A questão da Margem Bruta assume aspectos interessantes nos casos em que a matéria-prima não se transforma diretamente no produto mas, através de produtos intermediários, por meio de reações que não podem ser conduzidas num mesmo reator. Nesses casos, o que se tem é um sistema de reações encadeadas pelos intermediários.

Considere, como exemplo, a produção de Monocloreto de Vinila (C_2H_3Cl—MVC) a partir de Eteno, com a produção do intermediário Dicloroetano ($C_2H_4Cl_2$—DCE), pelas reações [4]:

R_1 C_2H_4 + Cl_2 → $C_2H_4 Cl_2$
          [B]   [A]   [D]

R_2 $C_2H_4 Cl_2$ → C_2H_3Cl + HCl
          [D]   [M]   [C]

onde os símbolos entre colchetes são representações mais compactas das suas fórmulas químicas. A este sistema pode-se associar uma Matriz Estequiométrica, cujos elementos são os coeficientes estequiométricos das substâncias nas reações do sistema. Por convenção, os coeficientes de reagentes são negativos enquanto os de produtos são positivos.

	A	B	C	D	M
R_1	−1	−1	0	1	0
R_2	0	0	1	−1	1
G	−1	−1	1	0	1
p	2,8	0,84	14,4	3,43	3,1

Da matriz depreende-se o papel de cada substância no sistema como um todo. Assim, A e B, por terem coeficientes apenas negativos, são reagentes do sistema. As substâncias C e M, por terem coeficientes apenas positivos, são produtos do sistema. Finalmente, D, por exibir coeficientes positivos e negativos (um de cada, no caso), é um intermediário do sistema.

Logo abaixo da Matriz Estequiométrica se encontra a linha G dos **Coeficientes Globais**. O coeficiente global de uma substância é a soma algébrica dos seus coeficientes estequiométricos em todas as reações. Ele indica a proporção em que a substância é consumida (negativo) ou produzida (positivo) pelo sistema. Assim, de acordo com a matriz e os coeficientes globais acima, para cada unidade molar de M produzida, o sistema produz uma unidade de C e consome uma unidade de A e outra de B (Figura 6.12).

Abaixo da linha G, encontra-se a linha p dos **preços unitários** das susbtâncias, em ($/lbmol). Nesse exemplo específico, faz-se a ressalva de que o preço unitário de C (HCl) é válido apenas como preço de compra, não tendo o mesmo valor comercial se vier a ser eventualmente produzido por esse sistema. No exemplo, a Margem Bruta do sistema é dada por:

$$MB = 3,1 \text{ M} - 2,8 \text{ A} - 0,84 \text{ B} = -0,54 \text{ \$/lbmol de } M.$$

Figura 6.13
Sistema de produção de MVC baseado na matriz estequiométrica.

Logo, tal como se apresenta, esse sistema não possui potencial econômico, tornando-se desnecessário o seu projeto. Entretanto, pode-se pensar em aproveitar o HCl produzido em R_2 para produzir mais Cl_2, através de uma reação R_3 que passa a fazer parte do sistema, agora aumentado.

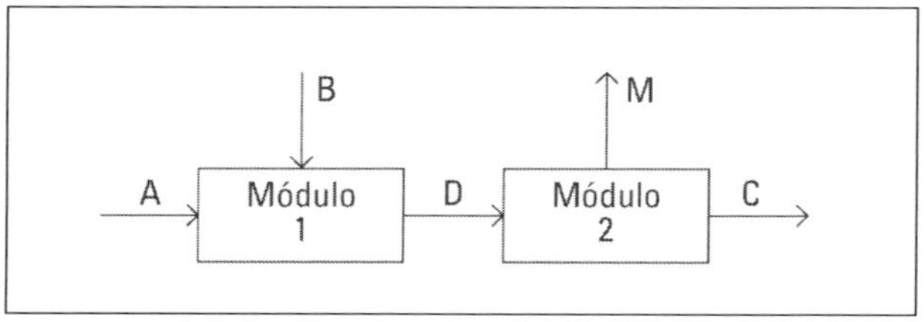

R_1 $\quad C_2H_4 + Cl_2 \rightarrow C_2H_4Cl_2$
$\qquad$ [B] $\quad$ [A] $\qquad$ [D]

R_2 $\quad C_2H_4Cl_2 \rightarrow C_2H_3Cl + HCl$
$\qquad$ [D] $\qquad$ [M] $\qquad$ [C]

R_3 $\quad 2HCl + (1/2)O_2 \rightarrow Cl_2 + H_2O$
$\qquad$ [C] $\qquad$ [E] $\qquad$ [A] $\quad$ [F]

	A	B	C	D	E	F	M
R_1	–1	–1	0	1	0	0	0
R_2	0	0	1	–1	1	0	1
R_3	1	0	–2	0	$-\frac{1}{2}$	1	—
G	0	–1	–1	0	$-\frac{1}{2}$	1	1
p	2,8	0,84	14,4	3,43	0	0	3,1

nesse sistema aumentado, A e C passam à condição de intermediários. Observa-se, pelos coeficientes globais, que um sistema baseado nesta Matriz Estequiométrica, para cada unidade molar de *M*, produziria 1 de F e consumiria 1 de B, 1 de C e 1/2 de E (Figura 6.14).

A Margem Bruta seria:

$$MB = 3,1\ M - 0,84\ B - 14,4\ C = -12,14\ \$/lbmol\ de\ M.$$

O novo sistema também não possuiria potencial econômico.

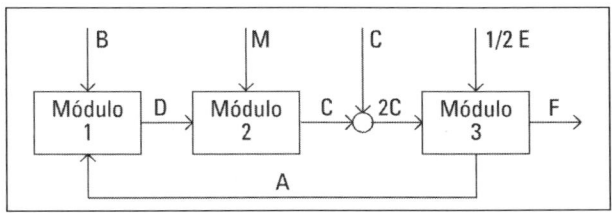

Figura 6.14
Sistema aumentado para a produção de MVC.

No entanto, alterando-se o esquema produção/consumo do sistema, alteram-se os coeficientes globais, alterando-se, como consequência, a Margem Bruta. O esquema produção/consumo pode ser alterado multiplicando-se uma ou mais reações por um fator. Por exemplo, multiplicando-se a reação R_3 por 1/2, obtém-se (Figura 6.15):

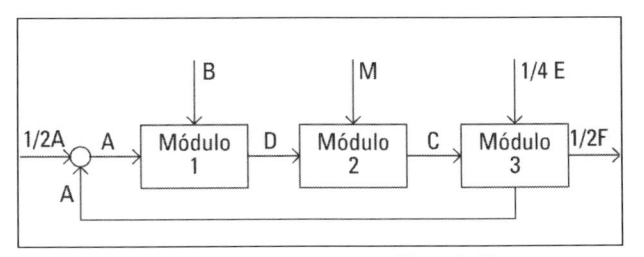

Figura 6.15
Sistema balanceado para a produção de MVC.

	A	B	C	D	E	F	M
R_1	–1	–1	0	1	0	0	0
R_2	0	0	1	–1	1	0	1
R_3	$\frac{1}{2}$	0	–1	0	$-\frac{1}{4}$	$\frac{1}{2}$	0
G	$-\frac{1}{2}$	–1	0	0	$-\frac{1}{4}$	$\frac{1}{2}$	1

A Margem Bruta dessa nova concepção (Figura 6.14) passa a ser:

$$MB = 3,1 \text{ M} - 2,8 \ (1/2) \text{ A} - 0,84 \text{ B} = + \ 0,86 \ \$/\text{lbmol de M.}$$

Dessa forma, o sistema passa a apresentar potencial econômico. O que mudou foi que o sistema consumiria A (preço menor) em lugar de C (preço maior).

Coloca-se, então, o problema de determinar a Margem Bruta máxima que um sistema de reações pode apresentar, o que constitui um problema de otimização, que não será tratado aqui.

REFERÊNCIAS

1.   Graham, N., Artificial Intelligence, Tab Books Inc. (1979).

2.   Winston, P. H., Artificial Intelligence, J. Wesley (1984).

3.   Nilsson, N. J., Problem-Solving Methods in Artificial Intelligence, McGraw-Hill (1971).

4.   Rudd, D. F., Powers, G. J. & Siirola, J. J. , *Process Synthesis*, Prentice-Hall (1973).

PROBLEMAS PROPOSTOS [4]

6.1   Apresentar 3 versões para o fluxograma material preliminar de um processo de produção de octanos (C_8H_{18}) a partir de butanos, que se encontram numa carga contendo 40% de isobutano (iC_4H_{10}) e 60% de butano normal (nC_4H_{10}). O processo consta de duas reações, a saber:

R_1 (desidrogenação): $nC_4H_{10} \rightarrow nC_4H_8 + H_2$
  butano   butileno
  normal   normal

R_2 (alquilação): $iC_4H_{10} + nC_4H_8 \rightarrow C_8H_{18}$
  isobutano   butileno   octano
               normal

A reação de desidrogenação ocorre a 1.000°F nos poros de um catalisador, num reator à baixa pressão. Para evitar coqueamento do catalisador, a alimentação do reator deve se encontrar livre de hidrocarbonetos mais pesados do que o butano. A conversão por passo é de 30%. A reação de alquilação se passa na presença de ácido fluorídrico à baixa temperatura. A relação iC_4/nC_4 na alimentação deve ser igual a 8:1, para evitar a polimerização do nC_4H_8. Todo o nC_4H_8 é consumido. Nesta reação, nenhum C_4H_{10} é alterado, sendo um contaminante permitido.

6.2   As 3 reações abaixo permitem a produção de fenol a partir de benzeno:

R_1: $C_6H_6 + Cl_2 \rightarrow C_6H_5Cl + HCl$
  benzeno   clorobenzeno

R_2: $C_6H_5Cl + 2NaOH + H_2O \rightarrow C_6H_5ONa + NaCl + 2\ H_2O$
  clorobenzeno

R_3: $C_6H_5ONa + HCl + H_2O \rightarrow C_6H_5OH + NaCl + H_2O$
  fenol

As conversões por passo dessas reações são de 90%, 90% e 100%, respectivamente. Nas duas primeiras, somente os reagentes são permitidos nas alimentações. Na terceira, além dos reagentes, são permitidos NaCl, C_6H_5Cl e NaOH. Propor 3 fluxogramas alternativos para esse sistema de reações.

6.3 O cloreto de vinila pode ser produzido a partir de etileno, passando intermediariamente pelo dicloroetano (DCE). Uma terceira reação pode aproveitar o HCl para produzir mais DCE:

R_1 $\quad$ $C_2H_4 + Cl_2 \;\rightarrow\; C_2H_4\,Cl_2$
$\qquad\quad$ etileno $\qquad\qquad$ dicloroetano

R_2 $\quad$ $C_2H_4\,Cl_2 \;\rightarrow\; C_2H_3Cl \;\; + HCl$
$\qquad\quad$ dicloroetano $\qquad$ cloreto de vinila

R_3 $\quad$ $C_2H_4 + (1/2)\,O_2 + 2\,HCl \rightarrow C_2H_4\,Cl_2 \;\; + H_2O$
$\qquad\qquad\qquad\qquad\qquad$ etileno dicloroetano

As conversões são: 90%, 80% e 70%, respectivamente. A alimentação de cada sistema de reação deve conter apenas os respectivos reagentes. Desenvolva o fluxograma material preliminar com 1, 2 ou 3 dessas reações, a que exiba a maior margem bruta. Os preços unitários são os seguintes ($/lbmol):

$C_2H_4 = 0{,}84;$ $\quad$ $Cl_2 = 2{,}8;$ $\quad$ $C_2H_4\,Cl_2 = 3{,}43;$ $\quad$ $C_2H_3Cl = 3{,}1;$

$HCl = 14{,}4$ apenas p/compra; 0 p/venda.

SÍNTESE DE SISTEMAS DE SEPARAÇÃO 7

Este Capítulo tem como finalidade aplicar os métodos de síntese de processos aos sistemas de separação. Depois de conceituar separadores e sistemas de separação, o problema de síntese é enunciado e ilustrado com um exemplo, cuja solução ótima é apresentada. A natureza combinatória do problema é comentada e ilustrada, seguindo-se uma representação conveniente de misturas e de separadores por listas. As representações do problema por árvore de estados e por superestrutura são apresentadas em seguida. Finalmente, os métodos heurístico, evolutivo e busca orientada por árvore de estados (Rodrigo & Seader) são aplicados à síntese de sistemas de separação.

7.1 SISTEMAS DE SEPARAÇÃO

Separadores são equipamentos concebidos para separar os componentes de uma mistura **explorando a diferença das suas propriedades físico-químicas**. As propriedades exploradas são ponto de ebulição, solubilidade, densidade, tamanho, fase, capacidade de adsorção em superfícies, propriedades magnéticas e eletrostáticas, reatividade química e outras. A função dos separadores é ajustar a composição de algumas correntes entre a saída de um equipamento e a entrada de outro. Na sequência do projeto, eles são especificados logo após a definição do tipo de reator, adequando a mistura reacional às exigências da reação e separando os produtos do efluente do reator.

Sistemas de Separação são sistemas constituídos essencialmente por separadores. São utilizados quando a separação desejada não pode ser efetuada numa única etapa. Nesse caso, cada etapa deve utilizar aquele separador que explora a propriedade em que um dos componentes se destaca dos demais. Os processos de separação que se aplicam a uma determinada mistura serão aquí denominados **plausíveis**.

7.2 O PROBLEMA DE SÍNTESE

7.2.1 ENUNCIADO

A síntese de um sistema de separação pode ser considerada um problema com o seguinte enunciado: *"Estabelecer o sistema de custo mínimo que, a partir de uma dada mistura, produza um conjunto de misturas de composição definida"*.

7.2.2 PROBLEMA ILUSTRATIVO

Estabelecer uma sequência de colunas de destilação para a separação dos componentes da mistura da Tabela 7.1, de acordo com o especificado na Figura 7.1.[1]. Na tabela, TE representa a temperatura normal de ebulição. Cada separador tanto pode ser uma coluna de destilação simples (1) como de destilação extrativa (2), esta com uma solução aquosa com 96% de furfural. A presença do furfural acarreta uma variação nas volatilidades relativas adjacentes (α_{ij}) e a inversão da posição do Buteno-1 e do n-Butano na lista ordenada. As colunas passíveis de serem utilizadas no sistema foram calculadas e os seus custos anuais se encontram na Tabela 7.2 onde a barra "/" indica o "corte" efetuado pela coluna na mistura de alimentação. Os custos das colunas de destilação extrativa incorporam a recuperação do furfural. Diversas colunas apresentaram custo excessivo alto e não constam desta tabela. Essas colunas não devem ser consideradas para a solução do problema (separações proibidas). Por este motivo, a tabela com as volatilidades relativas adjacentes omite as separações proibidas.

TABELA 7.1 DADOS FÍSICOS PARA O PROBLEMA ILUSTRATIVO

SÍMBOLO	COMPONENTE	VAZÃO kgmol/h	TE °C	$(\alpha_{ij})1$	$(\alpha_{ij})2$
A	Propano	4,5	–42,1	(A/B) = 2,45	
B	Buteno-1	45,4	–6,3	(A/C) = 2,89	
C	n-Butano	154,7	–0,5	(B/C) = 1,18	(C/B) = 1,17
D	t-Buteno-2	48,1	0,9	(C/D) = 1,07	(C/D) = 1,70
E	c-Buteno-2	36,7	3,7	(E/F) = 2,50	
F	n-Pentano	18,1	36,1		

Figura 7.1
Tarefa do sistema de separação do problema ilustrativo.

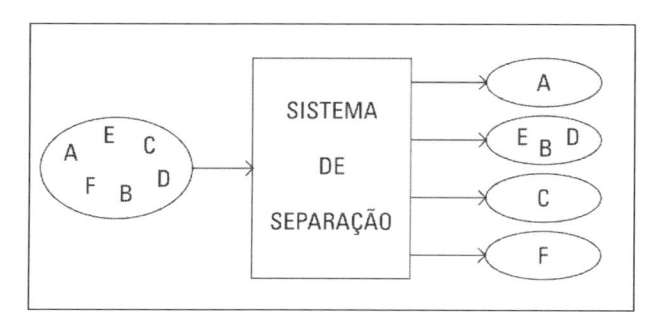

TABELA 7.2 CUSTOS ANUAIS DAS COLUNAS PERMITIDAS NA SOLUÇÃO DO PROBLEMA ILUSTRATIVO

COLUNA	ALIMENTAÇÃO	$/ANO	COLUNA	ALIMENTAÇÃO	$/ANO
1	$(A/BCDEF)_1$	33,8	11	$(B/CDE)_1$	246,7
2	$(AB/CDEF)_1$	256,3	12	$(C/BDE)_2$	985,5
3	$(ABCDE/F)_1$	77,4	13	$(BDE/F)_1$	46,6
4	$(AC/BDEF)_2$	1.047,5	14	$(CDE/F)_1$	68,3
5	$(A/BCDE)_1$	32,8	15	$(C/DEF)_2$	582,2
6	$(AB/CDE)_1$	254,2	16	$(C/DE)_2$	521,3
7	$(AC/BDE)_2$	981,6	17	$(DE/F)_1$	35,2
8	$(B/CDEF)_1$	249,0	18	$(A/B)_1$	14,5
9	$(BCDE/F)_1$	76,2	19	$(A/C)_1$	21,1
10	$(C/BDEF)_2$	1.047,0			

7.2.3 SOLUÇÃO

A Figura 7.2 mostra a solução ótima do problema ilustrativo. É importante observar dois tipos de informação que **caracterizam o sistema** e que são de suma relevância para o problema de síntese: **(a) a sequência** em que os componentes são separados; **(b) o tipo de operação** utilizado em cada separador. Em termos de sequência, observa-se que o primeiro corte efetuado é B/C; os dois seguintes são A/B e E/F, simultâneos; o terceiro é C/D. A última coluna apenas recupera o furfural. Em termos do tipo de operação, as três primeiras colunas são de destilação simples (1), a quarta de destilação extrativa (2) e a última de destilação simples (1).

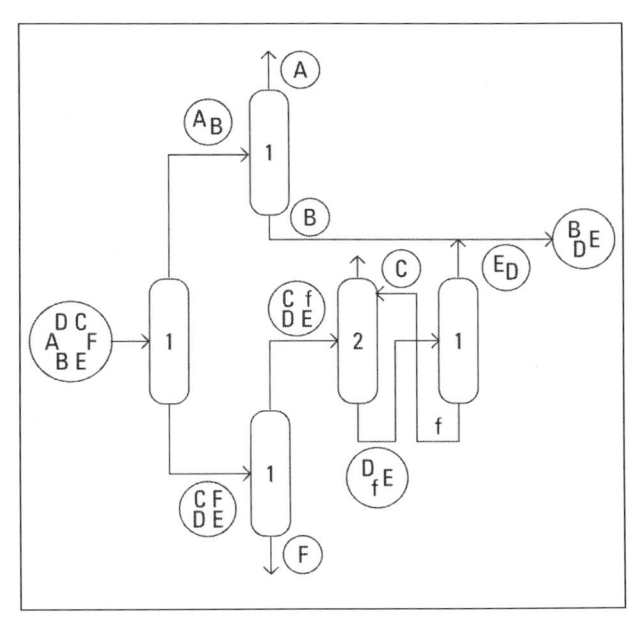

Figura 7.2
Solução ótima do
problema ilustrativo.

7.2.4 NATUREZA COMBINATÓRIA DO PROBLEMA

O problema de síntese é combinatório. Os seus elementos são o **tipo de separador** e a **sequência dos cortes**. O número (N) de soluções cresce rapidamente com o número (C) de componentes e com o número (P) de processos de separação plausíveis, segundo a expressão e os dados da Tabela 7.3 [1], ocasionando a chamada **"explosão combinatória"**.

TABELA 7.3 EXEMPLO DE EXPLOSÃO COMBINATÓRIA EM SISTEMAS DE SEPARAÇÃO

$N = \dfrac{[2(C-1)]}{(C-1)!C!}P^{(C-1)}$	C	P	N
	2	1	1
	3	2	8
	4	2	40
	5	3	1.134
	11	1	16.796
	9	5	557.593.750

O conjunto das soluções viáveis forma o **espaço das soluções**. Por exemplo, a Figura 7.3 mostra o espaço das soluções do problema de separação completa de uma mistura de 3 componentes com 2 processos de separação plausíveis (8 fluxogramas). As soluções diferem pela sequência de separação dos componentes e pela ordem de emprego dos processos de separação. A resolução de problema consiste em buscar a solução ótima, por tentativas. Dependendo do número de soluções plausíveis, essa busca se torna bastante problemática, justificando os métodos apresentados neste Capítulo.

Figura 7.3
Espaço das soluções
para a separação
completa de 3
componentes por 2
processos de separação
plausíveis.

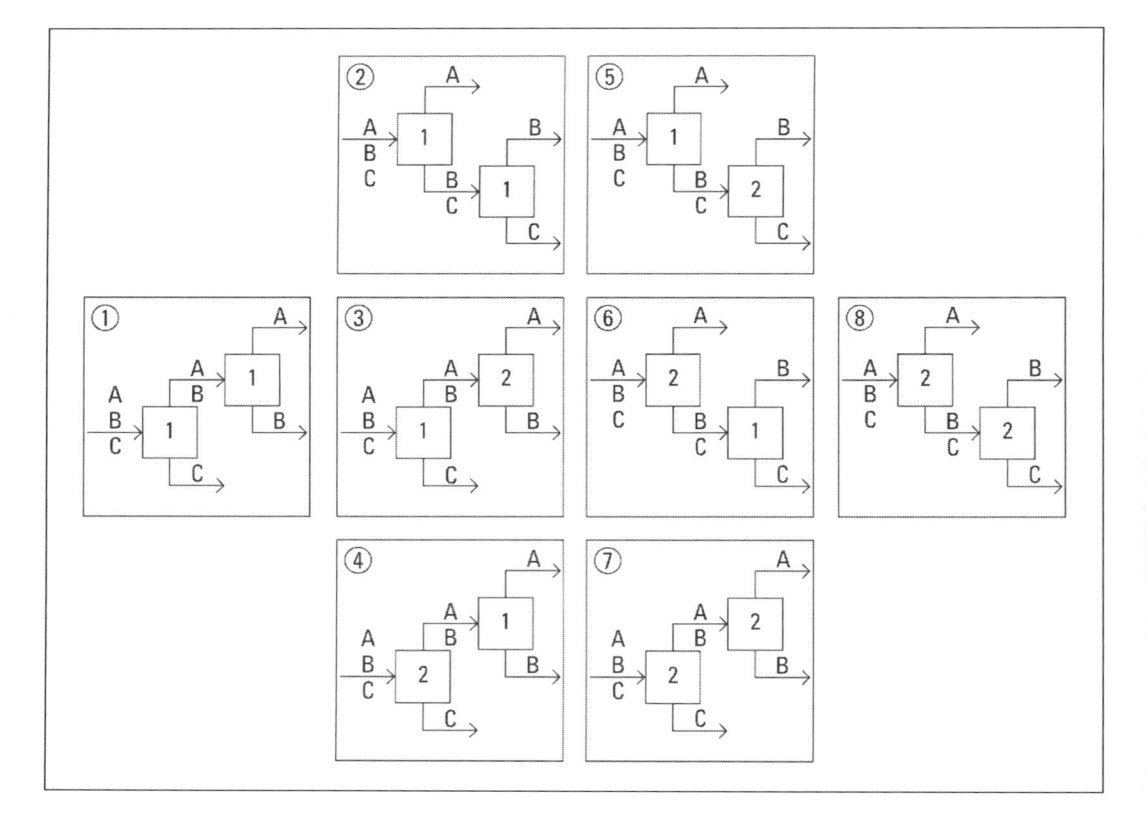

7.2.5 REPRESENTAÇÃO DE MISTURAS POR LISTAS

A solução do problema depende dos valores relativos das propriedades dos componentes. Essa dependência pode ser visualizada através da representação das misturas por listas em que os componentes são ordenados segundo cada propriedade. Por exemplo, na Tabela 7.1, os componentes se encontram listados segundo a temperatura normal de ebulição. Alguns aspectos da solução do problema podem ser discutidos agora em termos das listas:

(a) Cada operação de separação pode ser vista como a divisão da lista em duas sublistas a serem eventualmente submetidas a subdivisões subsequentes. Por exemplo, a Figura 7.4a mostra o fluxograma da separação de uma mistura, enquanto a Figura 7.4b mostra a sua representação simbólica através de listas.

(b) Os componentes que figuram nas extremidades da lista são os únicos que podem ser removidos isoladamente da mistura pela operação cogitada. Logo, o processo escolhido deve ser o que explora a propriedade em que o componente a separar se encontra na extremidade da lista. No problema ilustrativo, apenas o propano e o n-pentano podem ser removidos em apenas uma coluna de destilação. A remoção dos demais demanda mais de uma coluna.

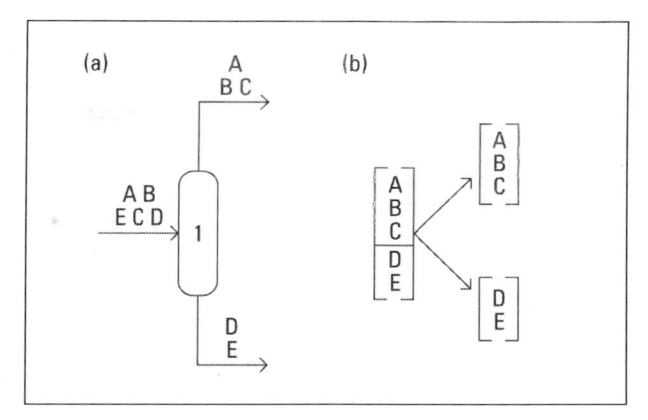

Figura 7.4
Representação de uma operação de separação;
(a) fluxograma;
(b) lista.

(c) A posição dos componentes pode ser alterada pela inclusão de um componente estranho à mistura ou pela adição de excesso de um dos próprios componentes. No exemplo, a posição relativa do n-butano e do buteno-1 é alterada pela inclusão da solução de furfural, como mostra a Tabela 7.4.

(d) O **hiato** entre os valores da propriedade para componentes adjacentes na lista, representado por uma diferença ou por uma razão, serve para medir a **dificuldade da separação** desses componentes: quanto maior o hiato mais fácil é a separação e menor o seu custo. O hiato pode ser ampliado por alterações de temperatura e pressão, pela inclusão de um componente estranho ou pela adição de uma quantidade maior de um componente já presente na mistura. Por exemplo, na mistura do problema ilustrativo, a volatilidade relativa entre n-Butano e t-Buteno-2 é de 1,07. Porém, na presença da solução de furfural, ela é ampliada para 1,70, como mostra a Tabela 7.1.

TABELA 7.4 ALTERAÇÃO DE POSIÇÃO NA LISTA PELA ADIÇÃO DE UM COMPONENTE

SEM FURFURAL	COM FURFURAL
Propano	Propano
Buteno-1	n-Butano
n-Butano	Buteno-1
t-Buteno-2	t-Buteno-2
c-Buteno-2	c-Buteno-2
n-Pentano	n-Pentano

7.3 REPRESENTAÇÃO DO PROBLEMA

De acordo com os princípios da Inteligência Artificial, a resolução de um problema deve ser precedida pela sua representação. As duas representações apresentadas no Capítulo 6 são agora aplicadas aos sistemas de separação.

7.3.1 REPRESENTAÇÃO POR ÁRVORES DE ESTADOS

A Figura 7.5 representa o problema ilustrado na Figura 7.3. Os números nos círculos correspondem à operação de separação utilizada no separador correspondente.

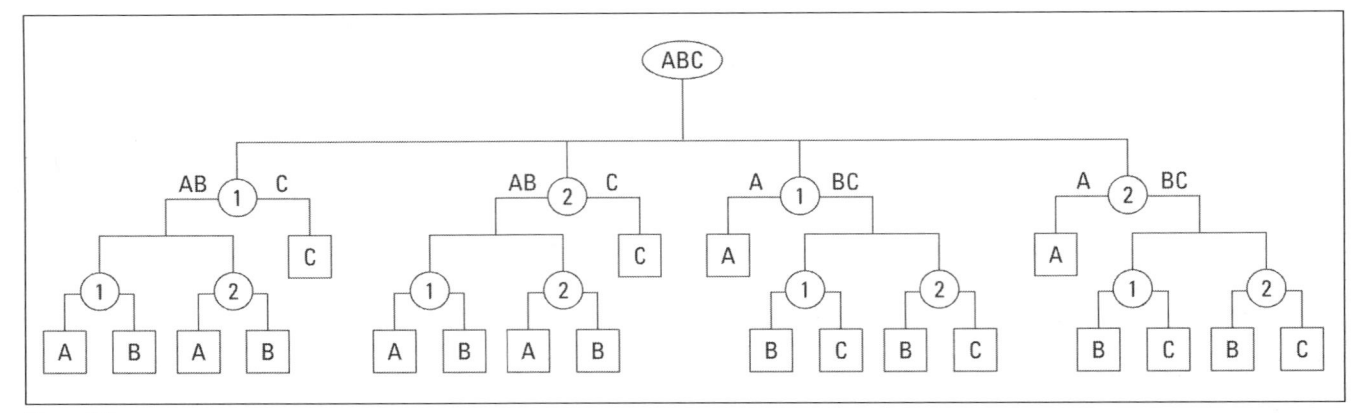

Figura 7.5
Árvore de estados
de um problema com
3 componentes e 2
processos de separação
(Figura 7.3).

Cada ramo da árvore corresponde a uma solução plausível do problema. Por exemplo, o ramo destacado na Figura 7.6 corresponde ao fluxograma 1 da Figura 7.3. Assim sendo, a árvore de estados apresenta todas as soluções possíveis e pode orientar a resolução do problema por um método adequado.

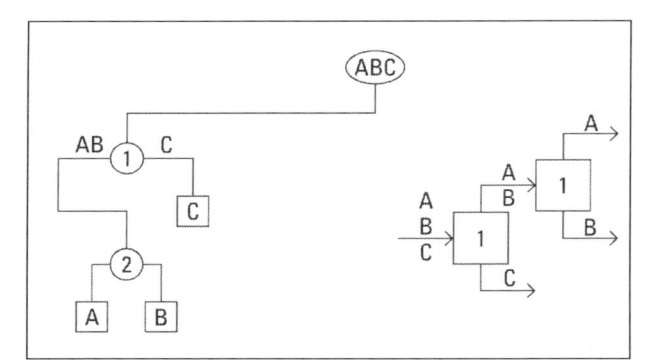

Figura 7.6
Ramo da árvore de
estados correspondente
ao fluxograma 1 da
Figura 7.3.

7.3.2 REPRESENTAÇÃO POR SUPERESTRUTURA

O problema da separação completa dos 3 componentes de uma mistura, da Figura 7.3, encontra-se representado por uma superestrutura na Figura 7.7. Os retângulos representam os separadores com o corte efetuado e o tipo de separador. As linhas horizontais representam "correntes" com os componentes puros A, B e C, com as misturas binárias AB e BC, e com a mistura ternária ABC. Os círculos brancos são pontos de saída das alimentações dos separadores e os pretos são pontos de chegada dos produtos. Essa superestrutura abriga os 8 fluxogramas da Figura 7.3. Por exemplo, a parte em negrito corresponde ao fluxograma 1. Como esta, todas as soluções possíveis do problema se encontram contidas nesta superestrutura.

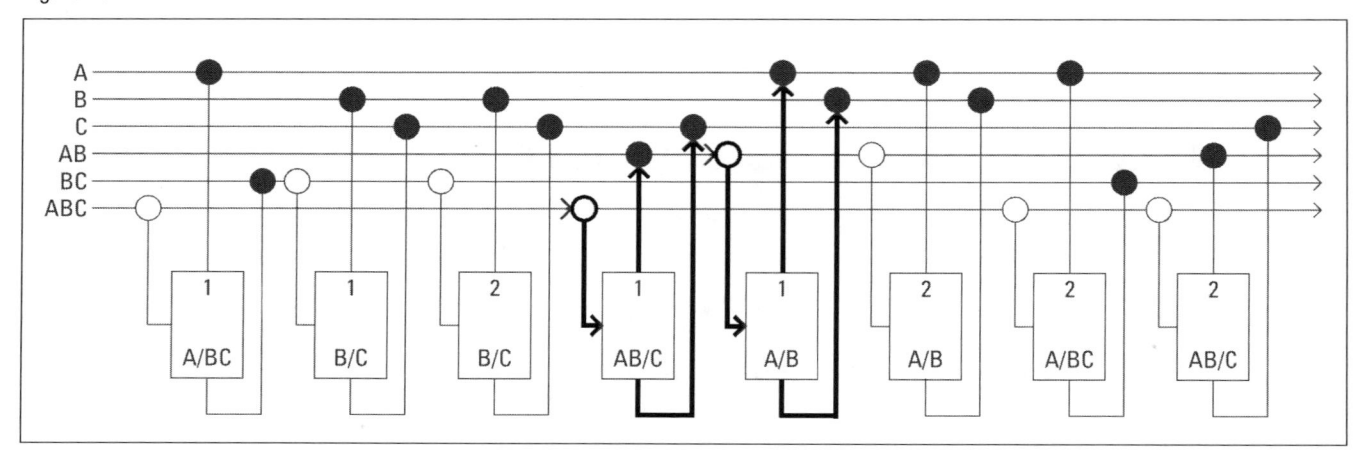

Figura 7.7 Representação por Superestrutura.

7.4 RESOLUÇÃO PELO MÉTODO HEURÍSTICO

O método heurístico apresentado no Capítulo 6 é agora aplicado à síntese de sistemas de separação.

7.4.1 REGRAS HEURÍSTICAS PARA SISTEMAS DE SEPARAÇÃO

A experiência acumulada em projetos pode ser resumida, em parte, sob a forma de regras heurísticas. Essas regras, que não são passíveis de dedução matemática, servem para a obtenção expedita de fluxogramas presumivelmente próximos do fluxograma ótimo. No caso específico da síntese de sistemas de separação, as regras mais conhecidas são as seguintes [2]:

Regra 1: Se a dificuldade dos cortes não diferir muito, então remover primeiro o componente em maior quantidade. Se as quantidades forem iguais, separar em partes iguais.

Regra 2: Se os componentes estiverem em quantidades equivalentes, então efetuar, por último, a separação mais difícil (ou a mais fácil primeiro).

Regra 3: Ao usar destilação, remover um componente de cada vez como destilado.

Regra 4: Evitar extrapolações de temperatura e de pressão, dando preferência a condições elevadas, se tais extrapolações forem necessárias.

Regra 5: Evitar separações que exigem espécies estranhas à mistura, removendo-as logo que possível no caso de se ter que usá-las.

Regra 6: Remover logo os componentes corrosivos ou mais perigosos.

Regra 7: Ao usar destilação, ou processo semelhante, remover como destilado a espécie de maior valor ou produto desejado.

Comentários sobre as Regras

Regra 1: a Figura 7.8 mostra os 5 esquemas de separação possíveis para a separação completa de uma mistura de 4 componentes. Os separadores são considerados simples (uma corrente de entrada e duas de saída) e perfeitos (cada componente Figura apenas em uma saída). Como uma aproximação grosseira, admite-se que o "custo" de cada etapa de separação seja diretamente proporcional à vazão de alimentação, representada pela soma das vazões individuais D_i, e inversamente proporcional à dificuldade da separação, representada pela diferença de valor da propriedade Δ_{ij} entre os componentes vizinhos num dado corte. Considerando um caso em que os componentes guardam a mesma distância Δ na lista ordenada da propriedade explorada, pode-se considerar, numa primeira aproximação, que o custo de cada esquema será proporcional à sua carga total de separação.

Imaginem-se os dois casos da Tabela 7.5. No Caso 1, o primeiro componente se encontra em quantidade muito maior do que os demais. No Caso 2, os componentes se encontram em quantidades iguais.

Figura 7.8
Fluxogramas alternativos
para a separação
completa de 4
componentes.

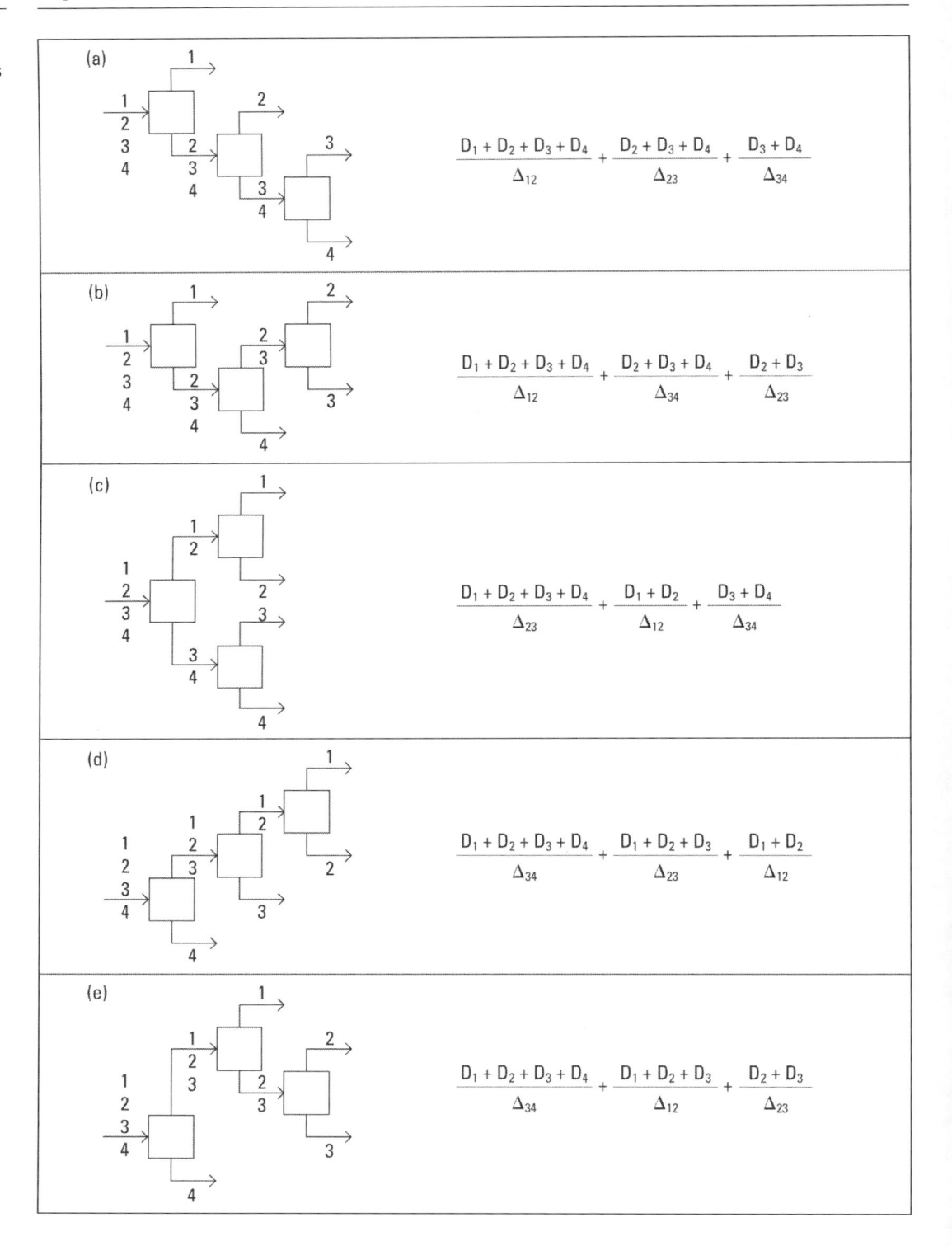

TABELA 7.5 ALIMENTAÇÕES COM COMPOSIÇÕES DIFERENTES E DIFICULDADE SEMELHANTE DE SEPARAÇÃO

Alimentação	Caso 1	Caso 2
D_1	10 D	D
D_2	D	D
D_3	D	D
D_4	D	D

A carga de separação de cada fluxograma encontra-se na Tabela 7.6.

TABELA 7.6 CARGA DE SEPARAÇÃO DOS FLUXOGRAMAS DA FIGURA 7.8

Fluxograma	Caso 1	Caso 2
(a)	18 (D/Δ)	9 (D/Δ)
(b)	18 (D/Δ)	9 (D/Δ)
(c)	26 (D/Δ)	8 (D/Δ)
(d)	36 (D/Δ)	9 (D/Δ)
(e)	27 (D/Δ)	9 (D/Δ)

Observe-se que no **Caso 1**, em que $D_1 >>> D_2, D_3, D_4$, os fluxogramas (a) e (b) exibem a menor carga de separação (o componente em maior quantidade é removido em primeiro lugar) enquanto o esquema (d) exibe a maior carga de separação (o mesmo componente é separado por último). O **Caso 2** corresponde a uma composição uniforme da alimentação. Nesse caso, a divisão por partes iguais, esquema (c), apresenta uma ligeira vantagem sobre os demais.

Regra 2: Admita-se, agora, que os componentes não se encontrem igualmente espaçados na lista ordenada, ou seja, que os valores de Δ_{12}, Δ_{23} e Δ_{24} são diferentes. A título de ilustração, imagine-se uma situação em que: $\Delta_{12} = \Delta_{34} = \Delta$; $\Delta_{23} = \Delta/10$ (mais difícil) e $D_1 = D_2 = D_3 = D_4 = D$. Os "custos" de separação seriam os da Tabela 7.7. Observe-se que os esquemas (b) e (e), em que a separação mais difícil é deixada por último, exibem um "custo" mais baixo.

TABELA 7.7 "CUSTOS" DE SEPARAÇÃO PARA QUANTIDADES IGUAIS E UM CORTE MAIS DIFÍCIL

ESQUEMA	"CUSTO"
(a)	36 (D/Δ)
(b)	27 (D/Δ)
(c)	44 (D/Δ)
(d)	36 (D/Δ)
(e)	27 (D/Δ)

Regra 3: é uma tentativa de reduzir os custos de condensação das colunas subsequentes, de acordo com a Regra 5.

Regra 4: baseia-se no fato de que, em geral, o custo associado à elevação de um grau acima das condições ambientes é menor do que aquele associado à redução de um grau.

Regra 5: trata-se de não sobrecarregar os equipamentos desnecessariamente.

Regra 6: justifica-se por questão de segurança e de preservação dos equipamentos.

Regra 7: trata-se da constatação de que produtos submetidos a condições mais drásticas do fundo das colunas podem sofrer degradação de suas propriedades.

7.4.2 RESOLUÇÃO DO PROBLEMA ILUSTRATIVO PELO MÉTODO HEURÍSTICO

O estado inicial do problema de síntese é a própria mistura original submetida ao primeiro separador. A cada decisão tomada resulta o estado seguinte sob a forma de um fluxograma. A rapidez do método reside no fato de que o emprego das regras heurísticas dispensa o cálculo das colunas. Por outro lado, por não se calcular as colunas, o fluxograma final obtido não é necessariamente o ótimo. No que se segue, será utilizada a notação simplificada $(X/Y)_i$ para designar um separador que promove o corte entre os componentes X e Y, pelo processo i. No caso, $i = 1$ representa destilação simples e $i = 2$ a destilação extrativa. A resolução se inicia com a mistura original (Figura 7.9).

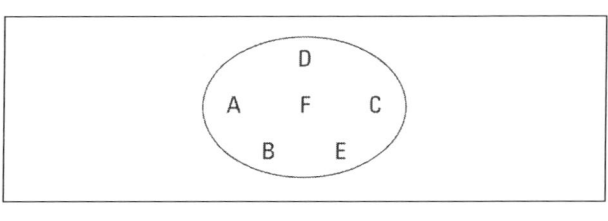

Figura 7.9
Estado 1 do problema.

Decisão 1: pelo critério da facilidade da separação, o corte mais fácil seria $(A/C)_1$, com $\alpha = 2,89$. Esse corte é inviável, porque B se encontra na mistura, impedindo que A e C sejam adjacentes na lista da destilação simples. Os dois cortes mais fáceis seguintes, $(A/B)_1$ com $\alpha = 2,45$ e $(E/F)_1$ com $\alpha = 2,50$, são viáveis, sendo o último um pouco maior. Tentando decidir pelo critério da quantidade, verifica-se que tanto A como F se encontram em quantidades não muito expressivas, sendo a última um pouco maior. Decidiu-se, então, sem grande convicção, pelo corte $(E/F)_1$, resultando o Estado 2 (Figura 7.10b).

Decisão 2: permanece a situação que levou à Decisão 1, o que conduz novamente à separação mais fácil seguinte, ou seja, $(A/B)_1$ com $\alpha = 2,45$. Resulta o Estado 3 (Figura 7.10b).

Decisão 3: o corte (D/E) é proibido, porque D e E são isômeros e têm o mesmo destino. O corte mais fácil, $(C/D)_2$, é inviável, porque B ainda está na mistura interpondo-se a C e D na lista ordenada da destilação extrativa. Resta remover B por destilação simples, $(B/C)_1$, ou C por destilação extrativa, $(C/B)_2$. Essas duas separações são equivalentes em termos de dificuldade, mas a segunda deixa B, D e E na mistura, dispensando uma separação posterior, já que as 3 têm o mesmo destino. Resulta o Estado 4 que fica sendo a solução do problema (Figura 7.10c). O Custo da sequência é 1.095,7 \$/a. Esta solução pode ser identificada como um dos ramos da árvore de estados que representa o problema.

As vazões dos componentes e as volatilidades relativas influem decisivamente na aplicação do método heurístico. Em circunstâncias especiais, esses valores conduzem a uma sequência de decisões evidentes, gerando uma única solução. Na maioria das vezes, no entanto, os valores permitem conclusões subjetivas que conduzem a mais de uma solução. Sendo as regras confiáveis, não havendo decisões absurdas, essas soluções devem ser próximas em termos de qualidade.

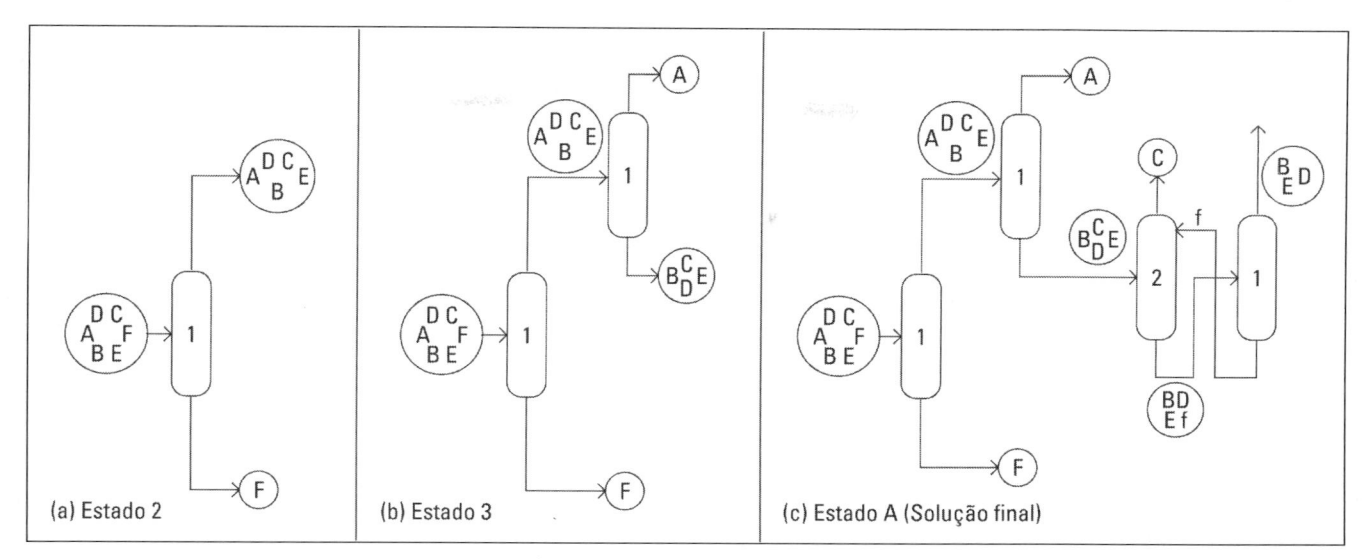

(a) Estado 2   (b) Estado 3   (c) Estado A (Solução final)

Figura 7.10
Método heurístico
aplicado ao problema
ilustrativo.

Aplicação da Lógica Difusa

A lógica difusa foi criada para expressar, de forma sistemática, grandezas vagas, incertas e mal definidas, cujo valor depende de ponto de vista ou de uma graduação. Essas grandezas são muito frequentes no mundo real, como em diagnósticos médicos e em jurisprudência [3]. Enquanto a lógica clássica de Aristóteles é bivalente e reconhece apenas afirmativas de valor verdadeiro ou falso, a lógica difusa é multivalente, admitindo a atribuição de **graus de verdade** às afirmativas, situados no intervalo [0, 1]. Ela pode auxiliar a aplicação do método heurístico estabelecendo um critério quantitativo para a escolha da regra a cada momento de decisão [4]. O procedimento é o seguinte: (a) atribuir um "Grau de Verdade" a cada assertiva presente em cada regra; (b) a partir dos "Graus de Verdade", calcular um "Grau de Confiança" para cada regra; (c) selecionar a regra com o maior "Grau de Confiança". O procedimento é ilustrado com as 3 primeiras regras heurísticas enunciadas anteriormente, aqui aplicadas à destilação e escritas sob a forma geral da lógica matemática:

SE Condição **ENTÃO** Ação.

Regra 1: **SE** (as concentrações diferem muito E as dificuldades dos cortes diferem pouco), **ENTÃO** remover o componente com a maior concentração.

Regra 2: **SE** (as concentrações diferem pouco E as dificuldades dos cortes diferem muito) **ENTÃO** efetuar o corte mais fácil.

Regra 3: **SE** (as concentrações diferem pouco E as dificuldades dos cortes diferem pouco) **ENTÃO** remover o componente mais leve.

As Condições encontram-se entre parênteses sob a forma de **Assertivas**. Tanto as Assertivas como as Ações têm que ser expressas em termos das variáveis físicas pertencentes ao contexto do problema. No caso, as volatilidades relativas adjacentes expressam a dificuldade oferecida por um corte: quanto maior a volatilidade relativa adjacente, mais fácil é o corte da mistura entre os respectivos componentes, e menor é o custo da separação. As frações molares expressam as concentrações. A Tabela 7.8 mostra as Assertivas e as Ações que se aplicam ao exemplo.

TABELA 7.8 ASSERTIVAS E AÇÕES RELATIVAS AO EXEMPLO

ASSERTIVAS	AÇÕES
A_1: as frações molares diferem muito. A_2: as frações molares diferem pouco. A_3: as volatilidades relativas adjacentes diferem bastante. A_4: as volatilidades relativas adjacentes diferem pouco.	R_1: remover o componente com a maior fração molar. R_2: efetuar o corte na maior volatilidade relativa adjacente. R_3: remover o primeiro elemento da lista.

As regras podem ser, então, reescritas do seguinte modo:

Regra 1:   **SE** A_1 **E** A_4 **ENTÃO** R_1
Regra 2:   **SE** A_2 **E** A_3 **ENTÃO** R_2
Regra 3:   **SE** A_2 **E** A_4 **ENTÃO** R_3

O Grau de Verdade de cada Condição depende do Grau de Verdade das Assertivas. Torna-se, então, necessário quantificar os termos "diferem muito" e "diferem pouco", que são vagos e subjetivos. Para isso foram criados os **índices de dispersão** para as volatilidades relativas adjacentes e para as frações molares:

$$R = \frac{\alpha_{mín}}{\alpha_{máx}} \qquad (7.1)$$

α = volatilidade relativa adjacente.

$$Q = \frac{\alpha_{mín}}{\alpha_{máx}} \qquad (7.2)$$

x = fração molar.

onde mín e máx significam, respectivamente, o menor e o maior valor da propriedade para os componentes presentes na mistura no momento da decisão. Assim, valores de R e de Q próximos de 1 indicam que não existe uma diferença significativa entre os valores mínimo e máximo de α e de x e que, portanto, as volatilidades relativas adjacentes e as frações molares não diferem muito. Por outro lado, valores próximos de 0 indicam que essas variáveis diferem muito. Com base nos Índices de Dispersão, definem-se os Graus de Verdade para cada assertiva, como na Tabela 7.9: quanto mais verdadeira a assertiva mais próximo de 1 deve ser o Grau de Verdade.

TABELA 7.9 GRAUS DE VERDADE PARA AS ASSERTIVAS EM FUNÇÃO DOS ÍNDICES DE DISPERSÃO

Assertivas	Índices de Dispersão	Graus de Verdade da Assertiva
Frações molares (x) diferem muito	$Q = 0$	$1 - Q$
Frações molares (x) diferem pouco	$Q = 1$	Q
Volatilidades relativas (α) diferem muito	$R = 0$	$1 - R$
Volatilidades relativas (α) diferem pouco	$R = 1$	R

As regras podem ser novamente reescritas do seguinte modo:

Regra 1:   **SE** $(1 - Q)$ E R **ENTÃO** R_1
Regra 2:   **SE** $(1 - R)$ E Q **ENTÃO** R_2
Regra 3:   **SE** Q E R **ENTÃO** R_3

As tendências extremas para a aplicação das regras podem ser observadas na Tabela 7.10 em função de valores relativos de Q e de R próximos de 1 ou próximos de zero.

TABELA 7.10 TENDÊNCIAS DA APLICAÇÃO DAS REGRAS HEURÍSTICAS

Q	R	REGRA
0	0	1 ou 2
1	0	2
0	1	1
1	1	3

Falta, agora, definir as **Funções Verdade** que indicarão a regra a ser utilizada em cada momento de decisão, o que pode ser feito a partir do seguinte raciocínio aplicado à regra 1. Para que a Ação R_1 seja proposta com convicção, é preciso que haja convicção de que C_1 seja verdadeira, ou seja, de que as assertivas A_1 e A_4 sejam verdadeiras. A assertiva A_1 será tão mais verdadeira quanto mais as frações molares diferirem, ou seja, quanto mais Q estiver próximo de zero e $(1 - Q)$ mais próximo de 1. A assertiva A_4 será tão mais verdadeira quanto menos as volatilidades relativas adjacentes diferirem, ou seja, quanto mais R estiver próximo de 1. A convicção de que C_1 seja verdadeira será limitada pelo menor valor entre $(1 - Q)$ e R. Daí a Função Verdade V_1 assumir o menor dos dois valores. Pelo mesmo raciocínio, a convicção em se usar a Regra 2 é limitada pelo menor valor entre Q e $(1 - R)$ e a de usar a Regra 3, pelo menor valor entre Q e R. Com base nesse raciocínio, pode-se quantificar a **"convicção"** com que cada Regra i deve ser usada, através do valor da sua Função Verdade V_j:

$$V_1 = \text{Mín } (1 - Q, R) \tag{7.3}$$

$$V_2 = \text{Mín } (Q, 1 - R) \tag{7.4}$$

$$V_3 = \text{Mín } (Q, R) \tag{7.5}$$

Em princípio, a cada momento de decisão, deve-se empregar a regra que apresentar o maior valor da Função Verdade. Porém, em função da experiência e de fatores de natureza econômica, cada regra assume uma importância relativa diferente, que pode ser representada por um peso p_j, originando as **Funções Verdade Ponderadas** $V_{pi} = p_j V_j$. Assim, no momento da decisão, deve-se empregar a regra com o maior valor de V_{pi}. Os pesos p_j não devem ser empregados indiscriminadamente, pois os seus valores são função do ambiente econômico em que são estimados. Os seguintes valores para os pesos foram obtidos através de simulações envolvendo uma grande variedade de misturas [5].

$$V_{p1} = p_1 V_1 \quad (p_1 = 0{,}2) \tag{7.6}$$

$$V_{p2} = p_2 V_2 \quad (p_2 = 0{,}3) \tag{7.7}$$

$$V_{p3} = p_3 V_3 \quad (p_3 = 0{,}2) \tag{7.8}$$

O método pode ser exemplificado com a solução do problema ilustrativo. Como há duas operações de separação plausíveis, há que se calcular as Funções Verdade para ambas e tomar a de valor mais alto. Para o caso presente, os pesos foram omitidos por não exercerem influência no resultado.

Decisão 1

Destilação simples
$R = 1{,}07/2{,}5 = 0{,}43$; $Q = 4{,}5/154{,}7 = 0{,}03$
$V_1 = \text{Mín } (1 - Q, R) = 0{,}43$
$V_2 = \text{Mín } (Q, 1 - R) = 0{,}03$
$V_3 = \text{Mín } (Q, R) = 0{,}03$

Destilação extrativa
$R = 1{,}17/1{,}7 = 0{,}69$; $Q = 4{,}5/154{,}7 = 0{,}03$
$V_1 = \text{Mín } (1 - Q, R) = 0{,}31$
$V_2 = \text{Mín } (Q, 1 - R) = 0{,}09$
$V_3 = \text{Mín } (Q, R) = 0{,}03$

A Regra 1 é a indicada tanto por destilação simples como extrativa. Como o valor de V_1 é maior para destilação simples, esta operação é a escolhida. Ocorre que o componente de maior concentração se encontra no meio da lista e não pode ser removido. A solução é efetuar um corte logo acima ou logo abaixo do mesmo, para que ele possa ser removido na separação seguinte. Com base nas volatilidades relativas adjacentes, há uma pequena vantagem em se efetuar o corte $(B/C)_1$. Segue-se a separação $(A/B)_1$ compulsória por destilação simples. A Decisão 2 é tomada, então, na ausência de A e de B.

Decisão 2

Figura 7.11
Solução do problema ilustrativo pelo método heurístico apoiada na lógica difusa.

Destilação simples
$R = 1{,}07/2{,}5 = 0{,}43$; $Q = 18{,}1/154{,}7 = 0{,}12$
$V_1 = \text{Mín } (1 - Q, R) = 0{,}43$
$V_2 = \text{Mín } (Q, 1 - R) = 0{,}12$
$V_3 = \text{Mín } (Q, R) = 0{,}12$

Destilação extrativa
$R = 1{,}17/1{,}7 = 0{,}69$; $Q = 18{,}1/154{,}7 = 0{,}12$
$V_1 = \text{Mín } (1 - Q, R) = 0{,}69$
$V_2 = \text{Mín } (Q, 1 - R) = 0{,}12$
$V_3 = \text{Mín } (Q, R) = 0{,}12$

A Regra 1 é a indicada tanto por destilação simples como extrativa. Como o valor de V_1 é maior para destilação extrativa, esta operação é a escolhida efetuando-se o corte $(C/D)_2$. Como D e E têm o mesmo destino, resta efetuar o corte $(E/F)_1$. O fluxograma final se encontra na Figura 7.11. O Custo da sequência é 888,2 $/a, inferior ao da solução heurística anterior (Figura 7.10).

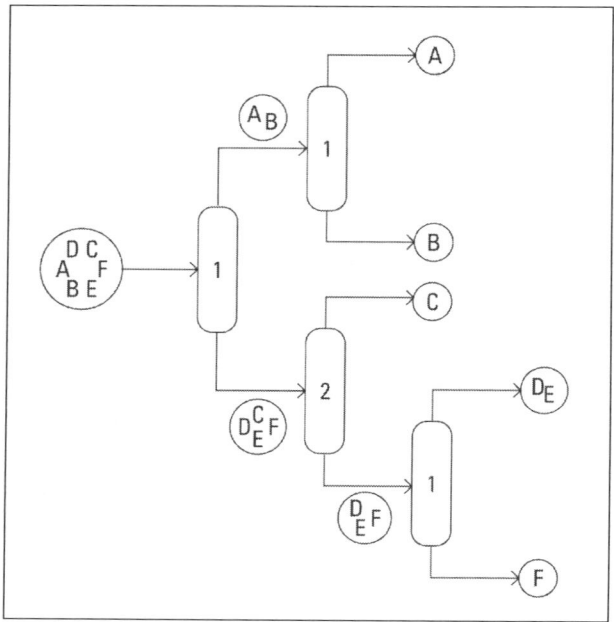

7.5 RESOLUÇÃO PELO MÉTODO EVOLUTIVO

Este método consiste em partir de um fluxograma inicial e obter fluxogramas progressivamente melhores através de alterações sucessivas. O ponto de partida pode ser um fluxograma já existente ou um outro gerado pelo método heurístico. O método é disciplinado por um conjunto de **regras Evolutivas** e por uma **estratégia evolutiva** que garantem o aprimoramento progressivo dos fluxogramas, evitando que as alterações sejam feitas de maneira aleatória e desordenada.

7.5.1 REGRAS EVOLUTIVAS

As regras evolutivas norteiam as modificações estruturais no sentido da obtenção de fluxogramas vizinhos. Elas são função do problema específico que está sendo resolvido. No caso dos processos de separação, as regras são as seguintes:

(a) inverter a ordem de corte de 2 colunas interligadas (1º c/ 2º, ou 2º c/ 3º, etc.);
(b) trocar o tipo de um dos separadores.

Quando existe mais de um processo de separação plausível, a estratégia recomendada consiste em utilizar prioritariamente a Regra Evolutiva (a), utilizando a (b) apenas quando não se consegue algum sucesso com a (a).

A vizinhança estrutural dos fluxogramas da Figura 7.3 encontra-se assinalada por setas na Figura 7.12.

No caso do fluxograma 1 da Figura 7.12, os seus vizinhos são os fluxogramas 2, 3 e 4, obtidos pelas regras (a) e (b), como mostra a Tabela 7.11.

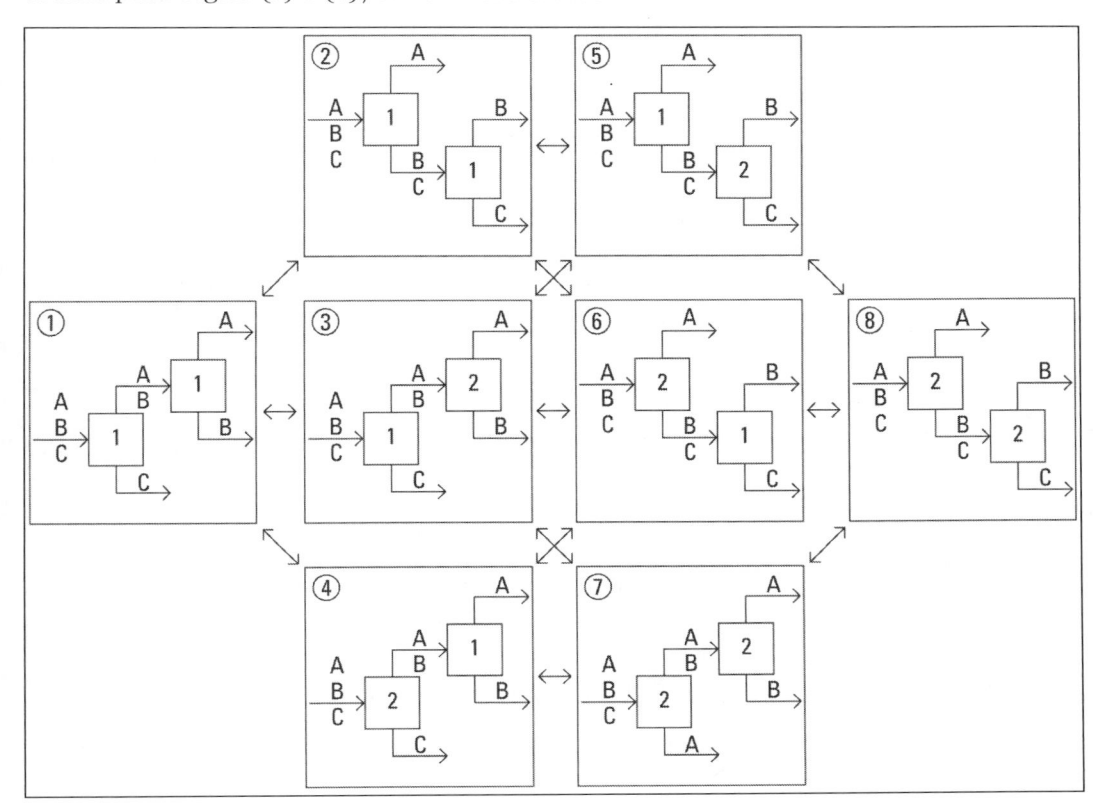

Figura 7.12
Vizinhança estrutural dos fluxogramas da Figura 7.4.

TABELA 7.11 UM CONJUNTO DE FLUXOGRAMAS VIZINHOS NA FIGURA 7.3

FLUXOGRAMA	SEPARAÇÃO 1		SEPARAÇÃO 2	
	TIPO DE SEPARADOR	CORTE	TIPO DE SEPARADOR	CORTE
1	1	B/C	1	A/B
2	1	A/B	1	B/C
3	1	B/C	2	A/B
4	2	B/C	1	A/B

7.5.2 ESTRATÉGIA EVOLUTIVA

A estratégia evolutiva serve para guiar a resolução na direção mais promissora, evitando a aplicação desordenada das Regras Evolutivas. Nos processos de separação, a experiência mostra que a direção mais promissora é a de menor custo.

Resolução do problema ilustrativo pelo método evolutivo

O ponto de partida é o fluxograma da Figura 7.10, obtido pelo método heurístico. Por comodidade, o fluxograma está representado na Figura 7.13 por listas ordenadas. Na figura, os "cortes" estão representados pelas linhas horizontais; o tipo de separador, pelos números ao lado das listas; e o número de identificação das colunas, na tabela de custos do enunciado, junto às listas correspondentes. O custo anual total do sistema se encontra discriminado na tabela ao lado. O processo de resolução pode ser acompanhado, a cada passo, pela Figura 7.20.

Figura 7.13
Fluxograma 1: base para o método evolutivo.

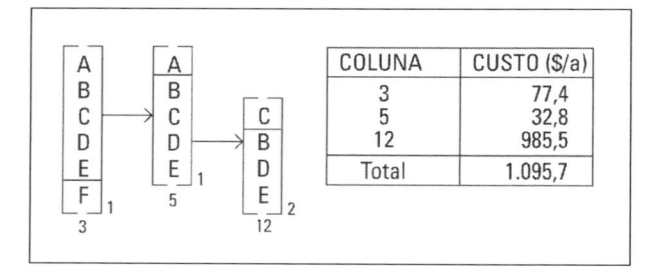

COLUNA	CUSTO ($/a)
3	77,4
5	32,8
12	985,5
Total	1.095,7

FLUXOGRAMA 1

Este fluxograma exibe apenas 1 vizinho obtido pela Regra (a), resultante da inversão dos cortes das colunas 3 e 5. A inversão de corte das colunas 5 e 12 exigiria o corte $(A/B)_2$, não cogitado no enunciado do problema. O resultado é o Fluxograma 2, mostrado na Figura 7.14, onde a seta em negrito indica a transformação efetuada.

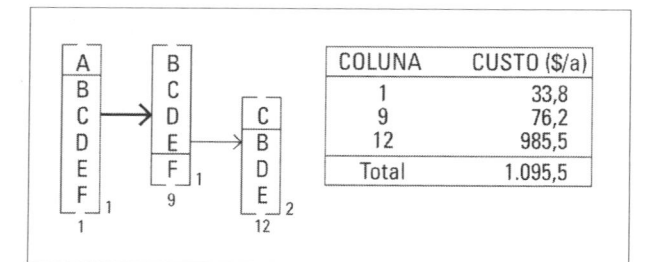

COLUNA	CUSTO ($/a)
1	33,8
9	76,2
12	985,5
Total	1.095,5

FLUXOGRAMA 2

O custo deste fluxograma é insignificantemente menor do que o do anterior. Ele pode ser tomado como o novo base (solução temporária), retendo-se o outro para uma eventual expansão posterior.

O Fluxograma 2 não tem vizinhos pela Regra (a), porque: a inversão dos cortes das colunas 1 e 9 regeneraria o

Figura 7.14
Fluxograma 2: vizinho do fluxograma 1 pela Regra (a): inversão dos cortes das colunas 1 e 9.

Fluxograma 1; a inversão dos cortes das colunas 9 e 12 exigiria o corte $(E/F)_2$, que não está previsto no enunciado (inviável). Resta apenas um vizinho pela Regra (b), que é o Fluxograma 3, mostrado na Figura 7.15, onde o número em negrito indica a modificação efetuada. Observa-se a necessidade de se separar o componente C, o que é feito pelo processo 2 (mais fácil). Este fluxograma passa a ser o novo base.

FLUXOGRAMA 3

O Fluxograma 3 exibe 2 vizinhos pela Regra (a), resultantes das inversões de corte das colunas 1 com 9 e 9 com 11, resultando os Fluxogramas 4 e 5, como mostram as Figuras 7.16 e 7.17, respectivamente.

FLUXOGRAMA 4

O Fluxograma 4 tem um custo praticamente idêntico ao do Fluxograma 3 e poderia ser expandido numa etapa posterior. Mas há que se analisar o outro vizinho do Fluxograma 3, que é o Fluxograma 5.

FLUXOGRAMA 5

O Fluxograma 5 exibe um custo inferior ao do Fluxograma 3 e pode ser tomado como novo base. Porém, os Fluxogramas 3 e 4 não devem ser descartados, pois os seus custos são superiores ao do 5 apenas em 0,64% e 0,66%, respectivamente.

O Fluxograma 5 exibe apenas um vizinho pela Regra (a), resultante da inversão dos cortes das colunas 1 e 8. A inversão entre as colunas 8 e 14 regeneraria o Fluxograma 3, e entre as colunas 14 e 16 exigiria o corte $(E/F)_2$, que é inviável. Resulta o Fluxograma 6, mostrado na Figura 7.18. O Fluxograma 6 exibe um custo inferior ao Fluxograma 5 e passa a ser o novo base.

FLUXOGRAMA 6

O Fluxograma 6 exibe apenas 1 vizinho pela Regra (a), decorrente da inversão dos cortes das colunas 2 e 14, resultando o Fluxograma 7, como mostra a Figura 7.19. A inversão dos cortes das colunas 2 e 18 regeneraria o Fluxograma 5, enquanto a inversão dos cortes das colunas 14 e 16 exigiria o corte $(E/F)_2$, que é inviável.

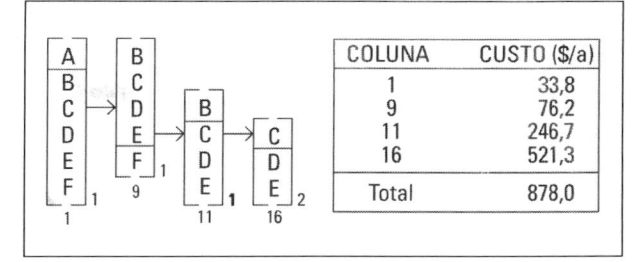

Figura 7.15
Fluxograma 3: vizinho do fluxograma 2 pela Regra (b): troca do processo 2 pelo 1.

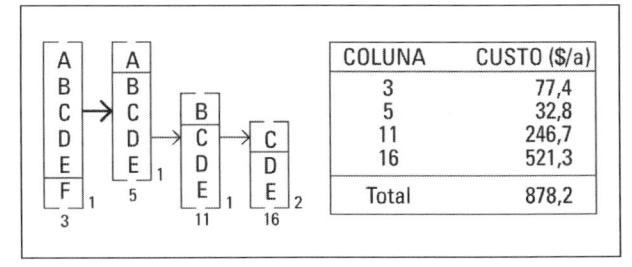

Figura 7.16
Fluxograma 4: vizinho do fluxograma 3 pela Regra (a): inversão dos cortes das colunas 1 e 9.

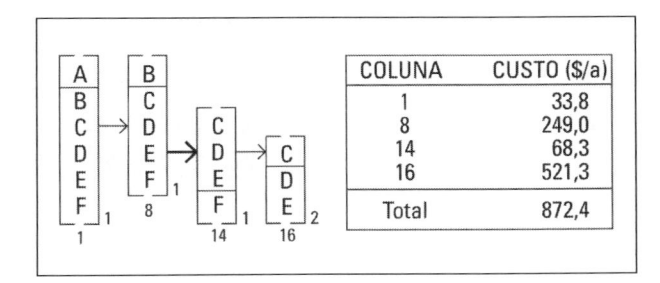

Figura 7.17
Fluxograma 5: vizinho do fluxograma 3 pela Regra (a): inversão dos cortes das colunas 9 e 11.

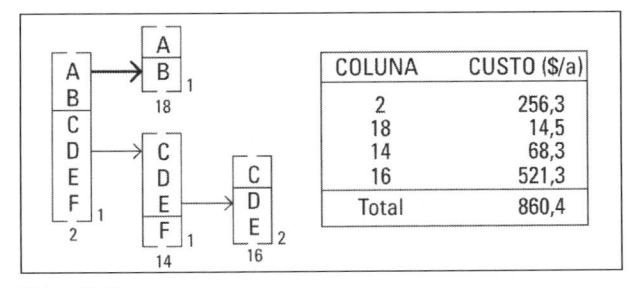

Figura 7.18
Fluxograma 6: vizinho do fluxograma 5 pela Regra (a): inversão dos cortes das colunas 1 e 7.

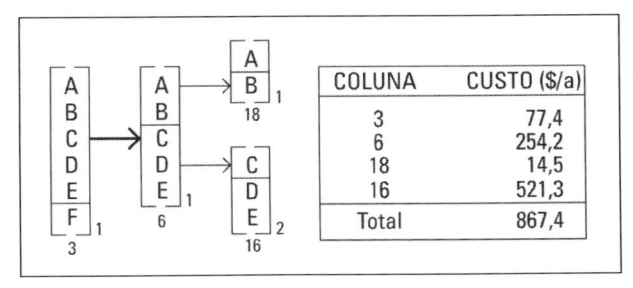

Figura 7.19
Fluxograma 7: vizinho do fluxograma 6 pela Regra (a): inversão dos cortes das colunas 2 e 14.

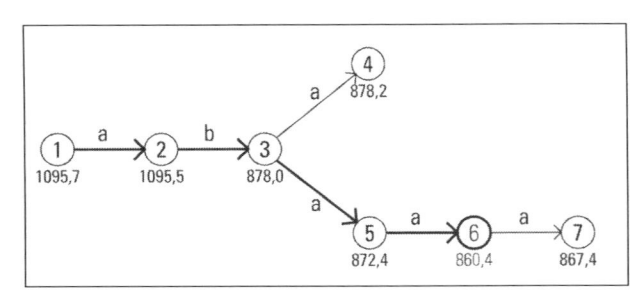

Figura 7.20
Estado final da resolução do problema pelo método evolutivo.

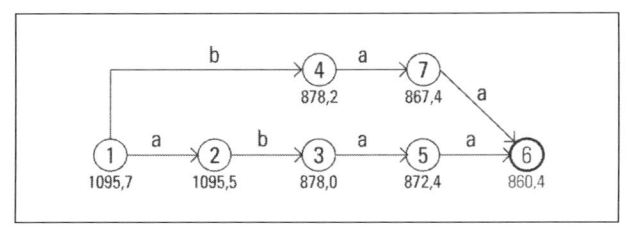

Figura 7.21
Estado final da resolução do problema pelo método evolutivo com a tolerância de 10%.

FLUXOGRAMA 7

O Fluxograma 7 exibe um custo um pouco maior do que o do Fluxograma 6, ficando retido para uma análise posterior.

Não sendo possível evoluir a partir do Fluxograma 6 através de vizinhos gerados pela Regra (a), cogita-se, então, o emprego da Regra (b). Ocorre que todas as colunas alternativas para 1, 6, 16 e 18 são inviáveis. Logo, o Fluxograma 6 pode ser considerado como a solução do problema. O estado da evolução de encontra na Figura 7.20.

O método evolutivo não conduz necessariamente à solução ótima. Se o espaço das soluções, como o da Figura 7.3, não for conexo, a solução ótima pode não ser acessível a partir do fluxograma-base e a busca poderia terminar num fluxograma ótimo local. No caso presente, o Fluxograma 7 vem a sr o Fluxograma ótimo da Figura 7.2, como será demonstrado adiante. O leitor pode constatar que, no cenário formado pelas separações proibidas do problema ilustrativo, o método não consegue evoluir a partir do fluxograma heurístico da Figura 7.11.

A resolução do mesmo problema, com uma tolerância de 10%, tomaria o curso mostrado na Figura 7.22: ao se expandir o Fluxograma 2 pela Regra (b), ter-se-ia que expandir, também, o Fluxograma 1. O mesmo com os Fluxogramas 3 e 4 e, mais adiante, com 5 e 7. A solução encontrada foi a mesma, com o mesmo número de fluxogramas examinados.

7.6 RESOLUÇÃO POR MÉTODO DE BUSCA ORIENTADA POR ÁRVORE DE ESTADOS

7.6.1 DESCRIÇÃO DO MÉTODO DE RODRIGO & SEADER

Trata-se de um método do tipo "branch-and-bound", que consiste em percorrer sucessivamente os ramos da árvore, como na busca exaustiva. A vantagem está na redução do esforço computacional obtida pela interrupção da busca num ramo, assim que o mesmo se mostrar inviável. **A solução obtida é necessariamente a solução ótima**. O procedimento se inicia com a obtenção de uma solução completa (um ramo inteiro da árvore). Essa solução é eleita solução temporária do problema e o seu custo total é tomado como **limite superior** ("**upper-bound**") para as demais soluções. Esse limite é utilizado, no decorrer da busca, da seguinte forma:

- se o custo acumulado de uma solução completa se mostrar superior ao limite vigente, essa solução é abandonada;
- se o custo acumulado de uma solução completa se mostrar inferior ao limite vigente, essa solução é tomada como nova solução temporária e o seu custo é tomado como novo limite superior;
- sempre que o custo acumulado de um ramo se tornar maior do que o limite superior vigente, a busca neste ramo é interrompida, retornando-se ao nó anterior ("backtracking").

O método aqui apresentado é o de Rodrigo & Seader, que não é um "branch-and-bound" puro, porque **inclui uma heurística** que consiste em seguir sempre o caminho de menor custo como o mais promissor [1].

7.6.2 RESOLUÇÃO DO PROBLEMA ILUSTRATIVO PELO MÉTODO DE RODRIGO & SEADER

A resolução pode ser acompanhada pelas Tabelas 7.12, 7.13, 7.14 e 7.15, em que a coluna da esquerda apresenta uma estrutura de árvore, com as colunas utilizadas. Observa-se, dos dados do problema, que a mistura inicial pode ser processada nas colunas 01, 02, 03 e 04, das quais a de menor custo é a 01. A busca a partir da coluna 01 pode ser acompanhada na Tabela 7.12.

O produto de fundo da coluna 01 pode ser processado nas colunas 08, 09 e 10, das quais a de menor custo é a 09. O produto de topo da 09 pode ser processado nas colunas 11 e 12, das quais a 11 é a de menor custo. O produto de fundo da 11 só pode ser processado pela coluna 16. Como D e E não precisam ser separados, a sequência de colunas 01, 09, 11, 16 é a primeira solução completa do problema. O seu Custo Acumulado fica sendo, então, o limite superior para todas as soluções encontradas nas etapas seguintes. O retorno ao nível anterior da árvore ("backtracking") conduz à coluna 12, cujo custo individual, por si só, já supera o limite. Este ramo da árvore é, portanto, "podado". Um retorno ao nível ainda anterior conduz à coluna 08, a segunda de menor custo que sucede à 01. Observa-se que a sequência 01, 08, 14, 16 é uma outra solução completa do problema e o seu Custo Acumulado, por ser inferior ao limite vigente, se transforma no novo limite. O retorno ao nível anterior conduz à coluna 15 que é sucedida pela 17. Forma-se, então, uma nova solução completa, que é ignorada, pois o seu Custo Acumulado supera o limite vigente.

TABELA 7.12 BUSCA NA ÁRVORE DE ESTADOS NOS RAMOS DESCENDENTES DA COLUNA 01

COLUNA	CUSTO DA COLUNA	CUSTO ACUMULADO
01. $[A/BCDEF]_1$	33,8	33,8
09. $[BCDE/F]_1$	76,2	110,0
11. $[B/CDE]_1$	246,7	356,7
16. $[C/DE]_2$	521,3	878,0 (primeiro limite)
12. $[C/BDE]_2$	985,5 (violou o limite)	—
08. $[B/CDEF]_1$	249,0	282,8
14. $[CDE/F]_1$	68,3	351,1
16. $[C/DE]_2$	521,3	872,4 (novo limite)
15. $[C/DEF]_2$	582,2	865,0
17. $[DE/F]_1$	35,2	900,2 (violou o limite)
10. $[C/BDEF]_2$	1.047,0 (violou o limite)	—

Finalmente, o retorno ao segundo nível conduz à coluna 10, cujo custo individual, por si só, supera o limite vigente. Não havendo mais colunas descendentes da 01 no nível 2, retorna-se ao nível 1 da árvore, com a segunda coluna de menor custo que pode processar a mistura original, que é a coluna 03. A busca, a partir da coluna 03, pode ser acompanhada pela Tabela 7.13.

TABELA 7.13 BUSCA NA ÁRVORE DE ESTADOS NO RAMO DESCENDENTE DA COLUNA 03

COLUNA	CUSTO DA COLUNA	CUSTO ACUMULADO
03. $[ABCDE/F]_1$	77,4	77,4
05. $[A/BCDE]_1$	32,8	110,2
11. $[B/CDE]_1$	246,7	356,9
16. $[C/DE]_2$	521,3	878,2 (violou o limite)
12. $[C/BDE]_2$	985,5 (violou o limite)	—
06. $[AB/CDE]_1$	254,2	331,6
16. $[C/DE]_2$ + 18. $[A/B]_1$	521,3 + 14,5	867,4 (novo limite)
07. $[AC/BDE]_2$	981,6 (violou o limite)	—

Observa-se o seguinte:

- a solução completa formada pelas colunas 03, 05, 11, 16 apresenta um Custo Acumulado maior do que o limite superior vigente, sendo, pois, descartada;
- a solução parcial formada pelas colunas 03, 05,12 é abandonada, devido ao custo da coluna 12.;
- a solução completa formada pelas colunas 03, 06, (16 + 18) se transforma na nova solução do problema pelo fato de o seu Custo Acumulado ser inferior ao limite superior vigente;
- a solução parcial formada pelas colunas 03, 07 é abandonada, devido ao custo individual da coluna 07.

O retorno ao nível 1 conduz à coluna 02 (Tabela 7.14).

TABELA 7.14 BUSCA NA ÁRVORE DE ESTADOS NO RAMO DESCENDENTE DA COLUNA 02

COLUNA	CUSTO DA COLUNA	CUSTO ACUMULADO
02. $[AB/CDEF]_1$	256,3	256,3
14. $[CDE/F]_1$ + 18. $[A/B]_1$	68,3 + 14,5	339,1
16. $[C/DE]_2$	521,3	860,4 (novo limite)
15. $[C/DEF]_2$ + 18. $[A/B]_1$	582,2 + 14,5	853,0
17. $[DE/F]_1$	35,2	888,2 (violou o limite)

Observa-se que a sequência 02, (14 + 18), 16 é a nova solução do problema, porque o seu Custo Acumulado se mostrou inferior ao limite superior vigente e se tornou o novo limite superior. A sequência 02, (15 + 18), 17 é uma solução viável, porém pior do que a anterior. O último retorno ao nível 1 conduz à coluna 04, cujo custo, por si só, ultrapassa o limite vigente (Tabela 7.15).

TABELA 7.15 BUSCA NA ÁRVORE DE ESTADOS NO RAMO DESCENDENTE DA COLUNA 04

COLUNA	CUSTO DA COLUNA	CUSTO ACUMULADO
04. [AC/BDEF]$_2$	1.047,5 (violou o limite)	—

Não mais havendo colunas no nível 1, o procedimento é encerrado, revelando-se a sequência 02, (14 + 18), 16 como a solução ótima do problema, apresentada na Figura 7.22, onde f representa o agente externo furfural. O Custo desta sequência é 860,4 $/a.

Por percorrer toda a árvore de estados obedecendo, no entanto, ao limite superior, este método conduz necessariamente à solução ótima.

Neste Capítulo, não foi abordada a questão da seleção da operação de separação para cada etapa da síntese da sequência de separadores [6, 7].

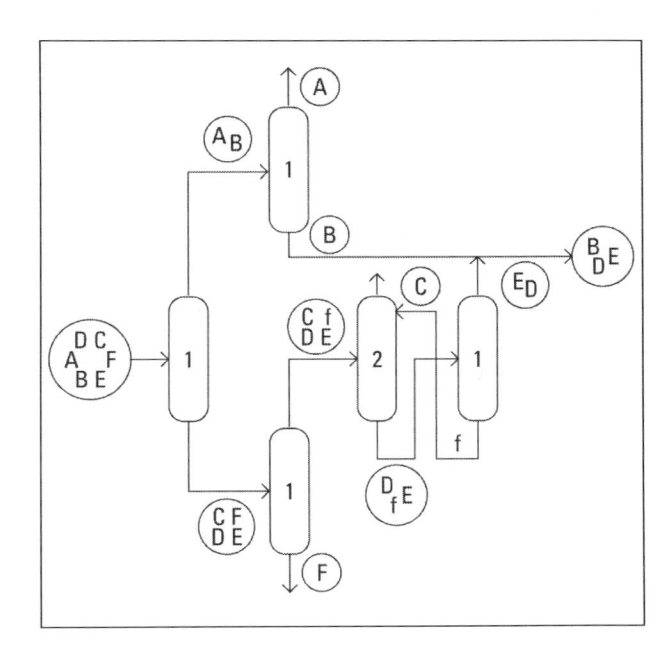

Figura 7.22
Solução ótima do problema ilustrativo obtida pelo método de Rodrigo & Seader.

REFERÊNCIAS

1. Henley, E. J., Seader, J. D., *Equilibrium-Stage Separation Operations in Chemical Engineering*, J. Wiley (1981).

2. Rudd, D. F., Powers, G. J. & Siirola, J. J., *Process Synthesis*, Prentice-Hall (1973).

3. Shaw, I. S., Simões, M. G., "Controle e Modelagem Fuzzy", *Edgard Blucher* (1999).

4. Huang, Y. W., Fan, L. T., Fuzzy logic rule based system for separation sequence synthesis: an object-oriented approach, *Computers and Chemical Engineering*, 12, 6 (1988).

5. Blessa, F. B., "Regras Heurísticas e Métodos Aproximados na Síntese de Sistemas de Colunas de Destilação", Tese de M.Sc., COPPE/UFRJ (1991).

6. Seider, W., Seader, J. D. e Lewin, D. R., *Product And Process Design Principles,* J. Wiley (2004).

7. Lacerda, R. F., Perlingeiro, C. A. G., Um Sistema Especialista para a Seleção de Processos de Separação, Anais do 2º Simpósio Latino Americano de Propriedades de Fluidos e Equilíbrio de Fases em Projeto de Processos, Salvador, 69.1-69.11 (1989).

8. Kumar, A., *Chemical Process Synthesis And Engineering Design*, Tata McGraw-Hill (1981).

PROBLEMAS PROPOSTOS

Para os Problemas abaixo:

(a) apresentar a sequência de colunas de destilação obtida por cada um dos métodos heurístico, evolutivo e Rodrigo & Seader, para a separação completa dos componentes das misturas apresentadas. Comparar os resultados obtidos por cada método;

(b) esquematizar a árvore de estados correspondente;

(c) calcular o número de sequências possíveis;

(d) para fins de avaliação econômica, adotar o "custo" de cada coluna **k** dado por $C_k = \frac{0{,}5 D_k}{1{,}8\alpha_k - 1}$,

onde D_k é vazão total da alimentação da coluna k, e α_k é a volatilidade relativa adjacente correspondente ao corte efetuado pela coluna k. Em alguns problemas, as colunas passíveis de utilização foram calculadas e os seus custos anuais se encontram em tabelas, onde a barra "/" indica o "corte" efetuado pela coluna na mistura de alimentação. Nesses problemas, usar também o "custo" mencionado acima e comparar os resultados obtidos.

7.1.

SÍMBOLO	COMPONENTE	VAZÃO kmol/h	α
A	Propano	10	2,21
B	Buteno-1	100	1,20
C	*n*-Butano	341	1,15
D	Butenos-2	187	2,70
E	Pentano	40	

COLUNA	ALIMENTAÇÃO	$/ANO
1	A/B	15
2	B/C	190
3	C/D	420
4	D/E	32

COLUNA	ALIMENTAÇÃO	$/ANO
11	A/BCD	85
12	AB/CD	254
13	ABC/D	510
14	B/CDE	254
15	BC/DE	530
16	BCD/E	94

5	A/BC	59
6	AB/C	197
7	B/CD	247
8	BC/D	500
9	C/DE	460
10	CD/E	64

17	A/BCDE	90
18	AB/CDE	261
19	ABC/DE	540
20	ABCD/E	95

7.2 Neste problema, o critério de avaliação é o volume mínimo total do sistema de colunas [8].

SÍMBOLO	COMPONENTE	VAZÃO kmol/h	TE °C
A	*i*-Propano	2,27	–42,1
B	*i*-Butano	6,80	–11,7
C	*n*-Butano	11,34	–0,5
D	*i*-Pentano	9,07	27,8
E	*n*-Pentano	15,87	36,1

COLUNA	ALIMENTAÇÃO	m³/ano
1	A/B	0,83
2	B/C	10,88
3	C/D	2,78
4	D/E	55,56

11	A/BCD	1,62
12	AB/CD	13,48
13	ABC/D	3,87
14	B/CDE	14,67
15	BC/DE	3,80
16	BCD/E	83,30

5	A/BC	1,52
6	AB/C	12,50
7	B/CD	12,71
8	BC/D	3,68
9	C/DE	3,26
10	CD/E	57,54

17	A/BCDE	2,09
18	AB/CDE	15,08
19	ABC/DE	4,23
20	ABCD/E	74,60
21	A/BCD	1,62

7.3 Este é o problema ilustrativo: efetuar os itens (b), (c) e (d).

7.4

COMPONENTE	SIMBOLO	VAZÃO (kmol/h)	α_{ij}
Propano	A	70	2,4
Buteno-1	B	100	1,2
n-Butano	C	40	3,2
Pentano	D	10	

7.5 Os pentanos que têm o mesmo destino.

SÍMBOLO	COMPONENTE	VAZÃO kgmol/h	α_{ij}
A	Propano	45,4	3,6
B	i-Butano	136,1	1,5
C	n-Butano	226,8	2,8
D	i-Pentano	181,4	
E	n-Pentano	317,5	

SÍNTESE DE SISTEMAS DE INTEGRAÇÃO ENERGÉTICA 8

Este Capítulo tem por finalidade apresentar os conceitos básicos e alguns dos métodos utilizados na síntese de redes de trocadores de calor, principal instrumento de integração energética de um processo. Esta é uma etapa que se segue naturalmente à síntese dos sistemas de reação e de separação e que visa à otimização do uso de energia.

De início, são apresentados os conceitos de correntes quentes e frias, de integração energética e de redes de trocadores de calor. Em seguida, o problema de síntese é formulado, exemplificado e uma solução é apresentada, sendo salientadas as propriedades que caracterizam uma rede. A natureza combinatória é demonstrada pelo número elevado de soluções alternativas que o mesmo admite. Em seguida, são apresentadas algumas restrições impostas à resolução do problema e a forma de determinar os limites máximo e mínimo para o consumo de utilidades. Na sequência, é mostrado como as redes podem ser representadas por Árvores de Estado e por Superestruturas. Finalmente, os métodos heurístico, evolutivo e um outro, baseado no consumo mínimo de utilidades, são aplicados à síntese de redes de trocadores de calor. Esses métodos foram selecionados porque, embora possam ser automatizados, eles permitem a interferência do engenheiro e reúnem um componente pedagógico importante.

8.1 INTEGRAÇÃO ENERGÉTICA - REDES DE TROCADORES DE CALOR

É muito frequente encontrar, em processos químicos, correntes que precisam ter as suas temperaturas ajustadas entre os seus equipamentos de origem e de destino. As que precisam ser aquecidas são denominadas **frias** e as que precisam ser resfriadas são denominadas **quentes**, independentemente das suas temperaturas de origem. Esse ajuste é promovido através dos **trocadores de calor**. A forma mais eficiente de se promover o ajuste é pela **integração energética** do processo. A integração consiste no aproveitamento do calor das correntes quentes para aquecer as correntes frias com o concomitante resfriamento das correntes quentes. A integração energética serve para reduzir o consumo de utilidades pelo pro-

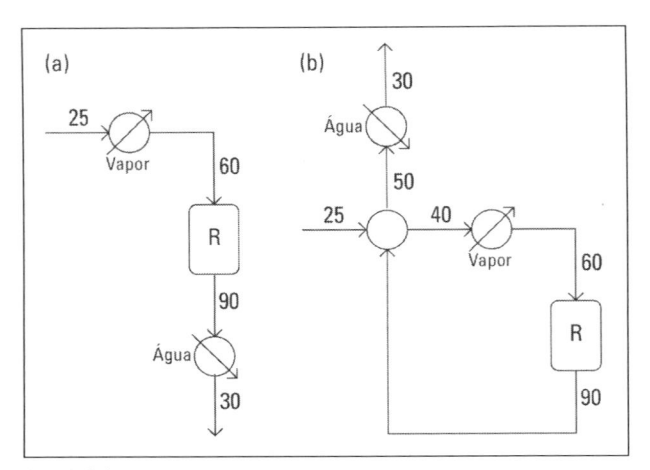

Figura 8.1
Integração energética das correntes de um reator.

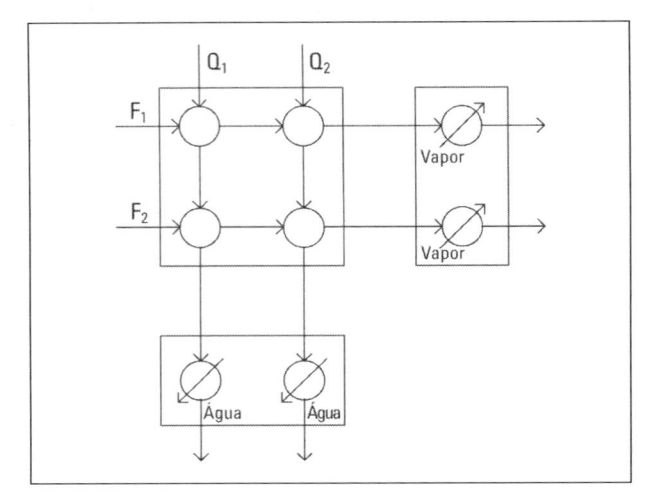

Figura 8.2
Configuração idealizada de uma rede de trocadores de calor com seções isoladas de integração, de aquecimento e de resfriamento.

cesso. Por exemplo, considere um reator, cuja alimentação deva ser preaquecida de 25°C a 60°C e cuja corrente de saída deva ser resfriada de 90°C a 30°C. Esses ajustes de temperatura podem ser promovidos com água e com vapor através de um resfriador e de um aquecedor, respectivamente, como mostra a Figura 8.1a. Uma solução alternativa consiste em preaquecer a alimentação com a própria corrente de saída, através de um trocador de integração, como mostra a Figura 8.1b, complementando-se o preaquecimento e/ou o resfriamento com utilidades. A solução ótima, que é a de menor custo, é determinada pelas técnicas de **análise de processos** descritas nos Capítulos 2 a 5.

Um processo pode ter diversas correntes quentes e frias. Nesse caso, a integração energética é promovida por uma **rede de trocadores de calor** (**RTC**). A Figura 8.2 mostra a situação idealizada de uma rede formada por uma seção de integração e duas seções complementares: uma de aquecimento e outra de resfriamento, não sendo incomum o emprego de aquecedores e resfriadores intermediários. Em geral, nem todas as trocas são possíveis ou desejadas; o aquecimento e o resfriamento complementares podem ser necessários para algumas correntes e desnecessários para outras.

8.2 O PROBLEMA DE SÍNTESE

8.2.1 ENUNCIADO

A síntese de uma RTC pode ser formalizada como um problema com o seguinte enunciado: "*Dados um conjunto de correntes quentes, um conjunto de correntes frias e um conjunto de utilidades, determinar o sistema de custo mínimo capaz de conduzir as correntes das suas temperaturas de origem às suas temperaturas de destino*". O critério econômico é o primeiro a ser utilizado. Em etapas mais avançadas do projeto, outros critérios podem ser empregados, como controlabilidade, segurança e flexibilidade operacional.

8.2.2 PROBLEMA ILUSTRATIVO

A Figura 8.3 resume o enunciado de um problema ilustrativo relativamente simples, em que não há mudança de fase nas correntes e a capacidade calorífica das mesmas é considerada constante e agregada à vazão. As temperaturas de origem e de destino estão representadas por T_0 e T_d, respectivamente.

Corrente	WC_p (kW/°C)	T_o (°C)	T_d (°C)
Q_1	10	180	90
Q_2	2	250	140
F_1	5	60	150
F_2	7	100	220

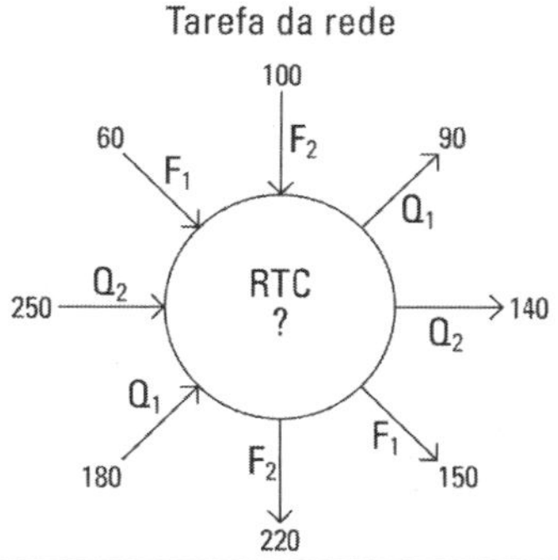

Figura 8.3
Sistema de correntes e a tarefa da RTC do problema ilustrativo.

As seguintes informações se fazem necessárias para a resolução do problema: (a) as utilidades supostamente disponíveis no sítio em que a rede será instalada, com suas condições de pressão e temperatura; (b) os coeficientes globais de transferência de calor; (c) os custos unitários das utilidades e os critérios para o cálculo dos custos operacionais e de investimento e do custo total das redes. No intuito de estabelecer uma base para este problema e para aqueles propostos no final do Capítulo, bem como para comparação de resultados, foi procedida uma pesquisa em diversos autores [1, 2, 3, 4, 5, 6, 7, 8, 9]. A partir das inúmeras recomendações e heurísticas encontradas, foi montada a base constante das Tabelas 8.1 a 8.3.

TABELA 8.1 UTILIDADES PARA O PROBLEMA ILUSTRATIVO

UTILIDADE	TEMPERATURA	PROPRIEDADE
Vapor (saturado)	Entrada: 250°C - Saída: 250°C	Calor Latente (λ): 0,48 kWh/kg
Água	Entrada: 30°C - Saída: 50°C (max)	C_p: 0,00116 kWh/kg°C

TABELA 8.2 COEFICIENTES GLOBAIS PARA O PROBLEMA ILUSTRATIVO

EQUIPAMENTO	U (kW/m^2 °C)
Trocador, Resfriador	0,75
Aquecedor	1

Implícito nos dados da Tabela 8.3 encontra-se um peso **relativo entre** os custos de capital e de utilidades, que varia com o local e no tempo, conforme observado no levantamento efetuado. Este peso pode influir na decisão final sobre a rede ótima. Por exemplo, os custos unitários podem ser diferentes, bem como a constante e o expoente da expressão de I_E. Este, inclusive, pode ser diferente para faixas diferentes de área. A sensibilidade da solução em relação a esses parâmetros será explorada nos problemas propostos ao final do Capítulo.

TABELA 8.3 DADOS PARA A AVALIAÇÃO ECONÔMICA NO PROBLEMA ILUSTRATIVO

Custo de Utilidades, $C_{util} = 8.500\ (C_a\ W_a + C_v\ W_v)$ ($/a)
Custo de Capital, $C_{cap} = 0,1\ I_E$ ($/a)
Custo Total, $C_T = C_{util} + C_{cap}$ ($/a)

W_a = consumo total de água (kg/h)
W_v = consumo total de vapor (kg/h)
C_a = custo unitário da água = 0,00005 $/kg
C_v = custo unitário do vapor = 0,0015 $/kg
$I_E = 1.300\ \Sigma A_i^{0,65}$ $/a $(A\ m^2)$

8.2.3 SOLUÇÃO

A solução do problema é composta pelo fluxograma da rede, pela carga térmica e área de cada trocador de calor, pelo consumo de utilidades e pelos custos envolvidos. Para o problema ilustrativo, uma das soluções é mostrada na Figura 8.4 e Tabelas 8.4 e 8.5 e na Figura 8.4. Esta rede, como todas as outras, é caracterizada por dois tipos de informação importantes para a resolução do problema:

(a) **a estrutura da rede**: é definida pela sequência das trocas térmicas e se encontra representada pelo fluxograma (Figura 8.4a). No exemplo, a sequência de trocas é Q_2/F_2, F_2/Q_1 e Q_1/F_1. Observa-se que Q_2 e F_1 participam apenas de uma troca e que não existe a troca de Q_2/F_1;

(b) **as temperaturas intermediárias**: resultam das cargas térmicas adotadas os trocadores que definem não só as áreas exigidas, como o consumo de utilidades e, consequentemente, o custo total da rede (Figura 8.4b). Uma mesma estrutura pode suportar uma infinidade de conjuntos de temperaturas intermediárias, um dos quais será o ótimo.

Figura 8.4
Uma das soluções para o problema ilustrativo: (a) estrutura da rede; (b) solução completa.

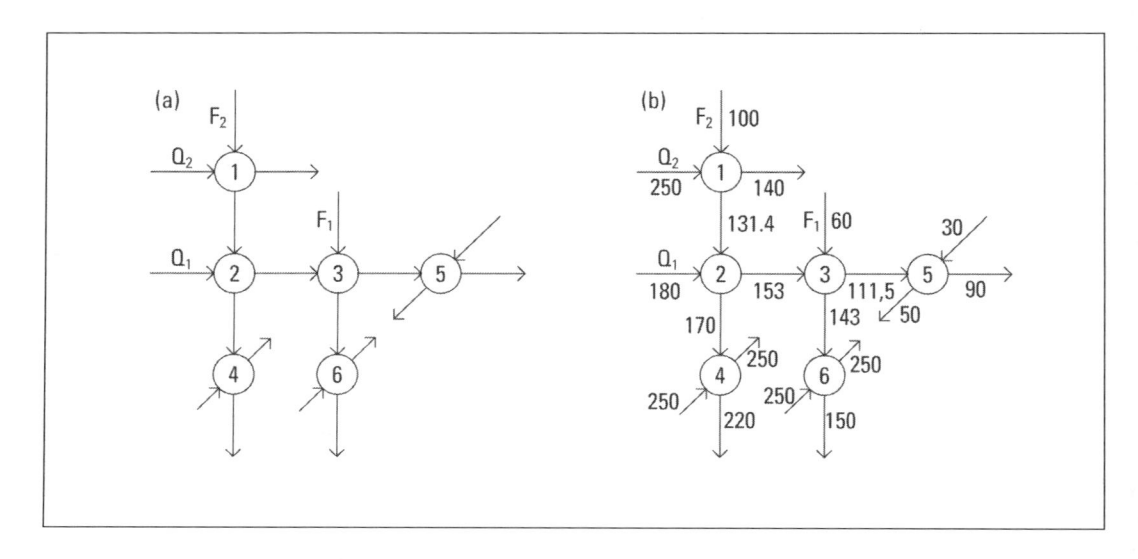

TABELA 8.4 CARGAS TÉRMICAS, ÁREAS DOS TROCADORES E CONSUMO DE UTILIDADES DA SOLUÇÃO DA FIGURA 8.4

TROCADOR	CARGA TÉRMICA (kW)	ÁREA (m^2)	CONSUMO DE UTILIDADES (kg/h)
1	220	4,0	—
2	270	23,9	—
3	415	21,9	—
4	350	6,9	729 (v)
5	215	4,7	9.267 (a)
6	35	0,3	73 (v)

TABELA 8.5 CUSTOS ASSOCIADOS À REDE DA FIGURA 8.4

C_{util}	14.165 \$/a
C_{cap}	3.091 \$/a
C_T	17.256 \$/a

8.2.4 NATUREZA COMBINATÓRIA DO PROBLEMA

A resolução do problema consiste na busca da rede ótima. Esse problema é essencialmente combinatório. **Cada combinação de elementos estruturais constitui uma solução**. Os **elementos estruturais** são os **pares de correntes** e a **sequência de trocas**. O número de soluções cresce rapidamente com o número de correntes. Cada solução deve ser avaliada pelas técnicas de **análise de processos**.

Para uma só corrente quente e uma fria, existe apenas uma solução. Para uma corrente quente e duas frias, o problema admite as cinco soluções, com pelo menos um trocador de integração. A Figura 8.5 apresenta as três soluções com dois trocadores de integração.

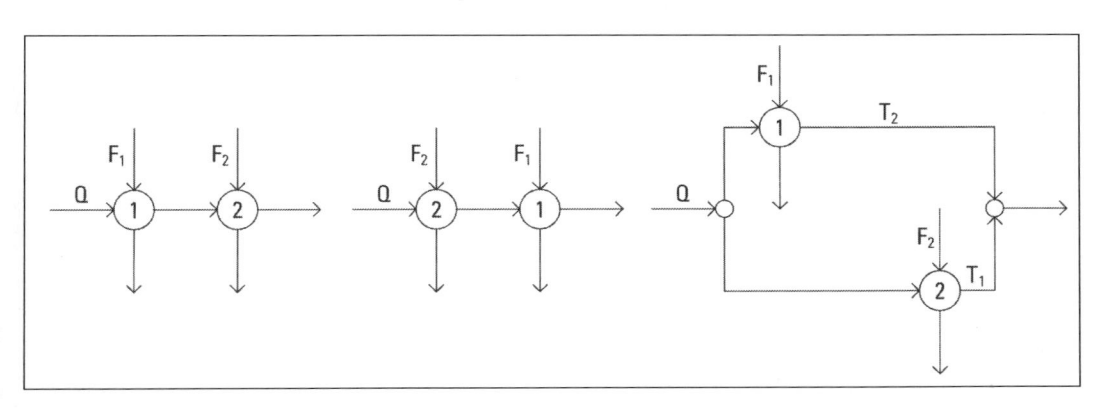

Figura 8.5
Três soluções alternativas para uma corrente quente e duas frias.

Para uma corrente quente e três frias, o problema já admite 31 soluções, das quais três típicas são apresentadas na Figura 8.6.

Para duas correntes quentes e duas frias, a Figura 8.7 mostra as 16 soluções sequenciais contendo as 4 trocas. A diferença está na sequência das trocas, que pode ser observada através da direção das correntes. Cada um desses blocos comporta ainda soluções com a ausência de 1, 2 ou 3 rocas. Comporta, também, soluções com a divisão de 1, 2, 3 ou 4 correntes. O total é de 135 soluções.

Repete-se, aqui, o fenômeno da "explosão combinatória", dificultando a busca da solução ótima e justificando o emprego de técnicas oriundas da Inteligência Artificial.

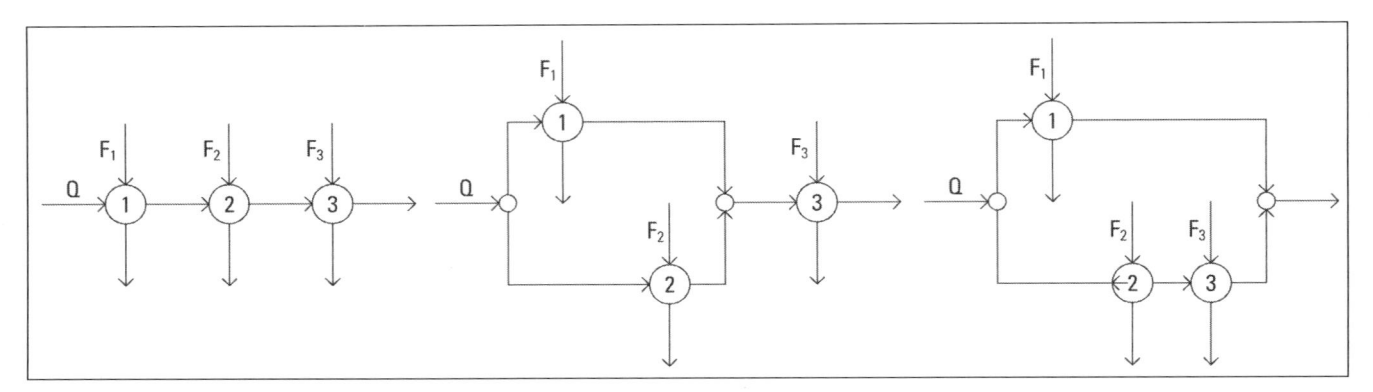

Figura 8.6
Três das dezoito soluções para uma corrente quente e três frias.

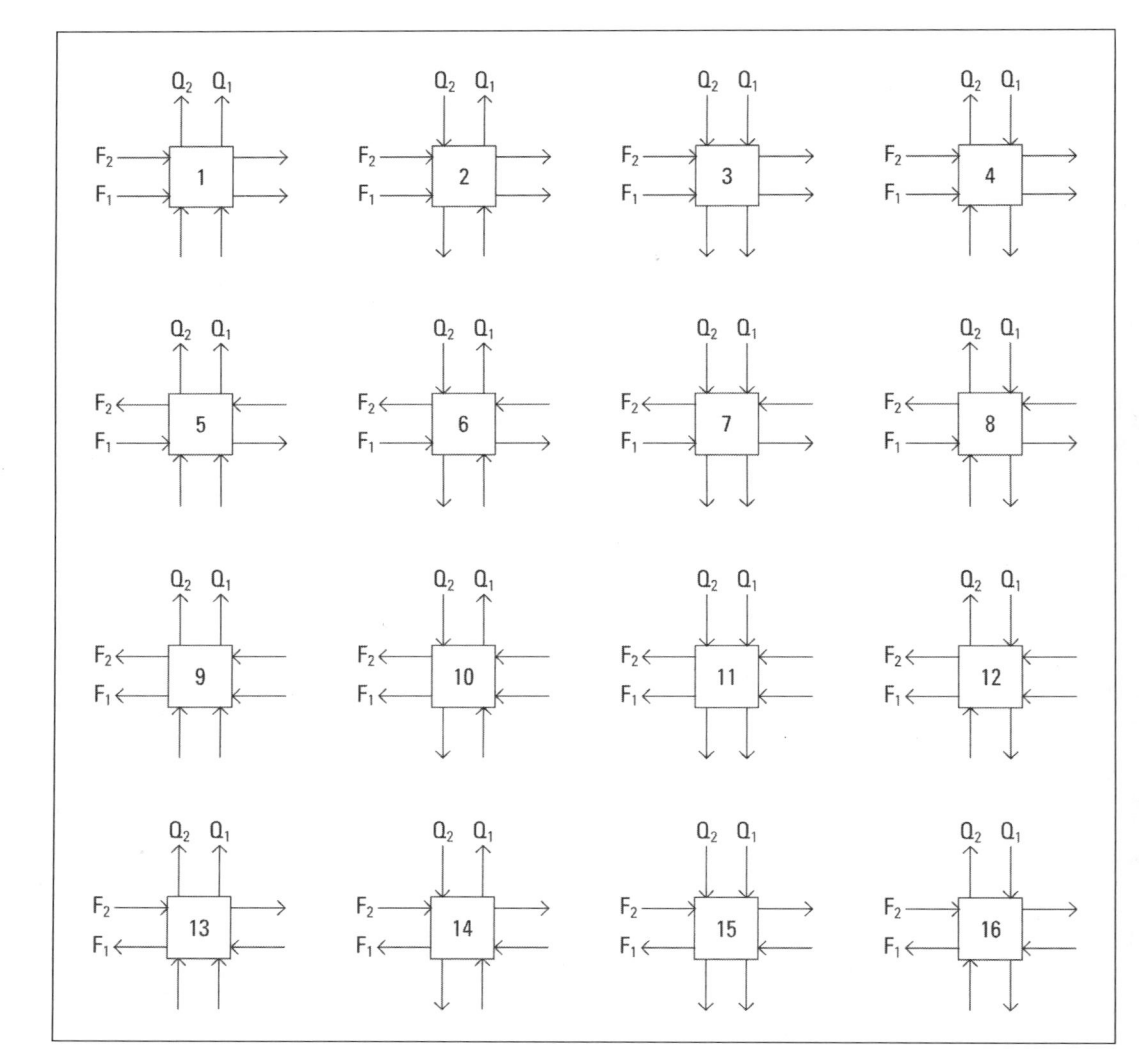

Figura 8.7
Redes alternativas para a integração térmica de 2 correntes quentes e 2 correntes frias.

8.2.5 RESTRIÇÕES NO PROBLEMA DE SÍNTESE

A resolução do problema é conduzida sob um conjunto de restrições relativas aos pares de correntes, às temperaturas intermediárias e à extensão da troca térmica nos trocadores de calor.

(a) restrição relativa aos pares de correntes: as trocas térmicas são limitadas às correntes que satisfazem, simultaneamente, as seguintes condições:

- uma das correntes deve ser quente e a outra fria: a troca entre duas correntes quentes, por exemplo, promoveria o resfriamento da mais quente às custas do aquecimento da menos quente. O oposto ocorreria com duas correntes frias. Essas trocas resultariam no emprego posterior de utilidades, conduzindo, na grande maioria das vezes, a soluções antieconômicas;
- a temperatura de origem da corrente quente deve ser superior à temperatura de origem da corrente fria: caso contrário a quente seria aquecida ainda mais e a fria resfriada ainda mais.

(b) restrição quanto à extensão da troca térmica: baseia-se os conceitos de oferta, demanda e carga térmica.

- **oferta/demanda** de uma corrente é a quantidade de energia que a corrente quente/fria tem que oferecer/receber, por unidade de tempo, para alcançar a sua temperatura de destino;
- **carga térmica** de um trocador de calor é a quantidade de calor efetivamente trocada entre as duas correntes.

A carga térmica é limitada pelo menor valor entre a oferta e a demanda das correntes envolvidas. Por exemplo, no trocador 1 da rede da Figura 8.4, a demanda de F_2 é de 7 $(220 - 100) = 840$ kW, mas oferta de Q_2 é apenas de $2 (250 - 140) = 220$ kW. Logo, a carga térmica deste trocador só pode er no máximo 220 kW, valor adotado neste caso. Assim, a oferta de Q_2 é totalmente aproveitada, enquanto a demanda de F_2 é atendida apenas parcialmente, resultando os 131,4°C da sua temperatura de saída.

(c) restrição quanto às temperaturas nas extremidades do trocador: esta restrição depende do tipo de trocador de calor. No que se segue, será considerado exclusivamente o rocador de casco-e-tubo em contracorrente, que é o mais comum e cujo modelo será considerado conhecido (Capítulos 2 e 3). As temperaturas das correntes serão denominadas de acordo com a seguinte convenção (Figura 8.8).

Neste tipo de trocador, as diferenças (TEQ – TSF) e (TSQ – TEF) são os ΔT's de "**approach**" em cada extremidade. Lembrando que, no dimensionamento, TEQ e TEF são conhecidas e fixas, um aumento em TSF acarreta **dois efeitos opostos**:

- por um lado, a quantidade de calor trocada $Q = WC_p$ (TSF – TEF) aumenta, **reduzindo** a necessidade de trocas posteriores com utilidades e, consequentemente, o **custo operacional**;
- por outro lado, o ΔT de "approach" (TEQ – TSF) diminui, acarretando um **aumento** da área de troca térmica e, consequentemente, do **custo de capital**.

$$A = \frac{Q}{U\delta}, \text{ onde } \delta = \frac{(\text{TEQ} - \text{TSF}) - (\text{TSQ} - \text{TEF})}{\ln \dfrac{(\text{TEQ} - \text{TSF})}{(\text{TSQ} - \text{TEF})}}$$

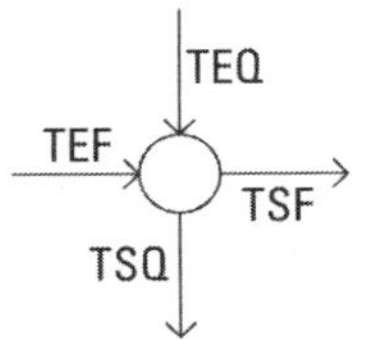

Figura 8.8
Convenção para as correntes de um trocador de casco-e-tubo em contracorrente.

TEQ: temperatura de entrada da corrente quente
TSQ: temperatura de saída da corrente quente
TEF: temperatura de entrada da corrente fria
TSF: temperatura de saída da corrente fria

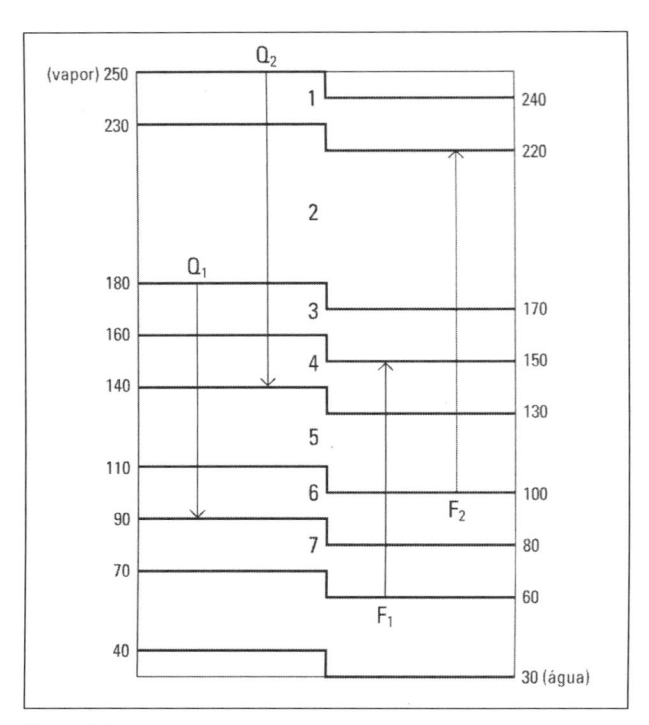

Figura 8.9
Diagrama de Intervalos de Temperatura do problema ilustrativo com a limitações de troca térmica pelo ΔT de "approach".

No limite: $(TEQ - TSF) \to 0$, $\delta \to 0$, $A \to \infty$. Situação análoga ocorre em relação ao outro ΔT de "approach" (TSQ – TEF). Na verdade, trata-se de um **conflito** típico de um problema de otimização, como o do extrator da Seção 5.1.

O aumento excessivo da área pode ser evitado pela adoção de um ΔT **de "approach" mínimo** ($\Delta T_{mín}$) **preventivo de 10°C** para todas as trocas (valor heurístico). A título de visualização, a Figura 8.9 mostra o **Diagrama de Intervalos de Temperaturas** com as correntes quentes e frias e as utilidades do problema ilustrativo. As temperaturas de origem e de destino são marcadas por linhas horizontais. Os $\Delta T'$s de "approach" são os degraus negativos marcados a partir das temperaturas de origem e de destino das correntes quentes e do vapor e os degraus positivos marcados a partir das temperaturas de origem e de destino das correntes frias e da água. O diagrama exibe sete intervalos de temperatura.

Observa-se, por exemplo, que Q_1, encontrando-se a 180°C, só é recomendável que aqueça F_2 até 170°C. Por outro lado, encontrando-se F_2 a 100°C, só é recomendável que resfrie Q_1 até 110°C. Também, para resfriar Q_2 até 90°C, F_1 só deveria entrar a uma temperatura igual ou inferior superior a 80°C. Observações análogas se aplicam às outras duas correntes. Adotando-se esses limites para as trocas térmicas, evitam-se áreas "exageradamente" grandes.

8.2.6 LIMITES NO CONSUMO DE UTILIDADES

Uma situação confortável e segura é aquela em que se conhecem os limites que balizam a solução de um problema. Este é o caso da síntese de redes de trocadores de calor, em que é possível calcular os consumos/custos máximo e mínimo de utilidades para a rede que se pretende sintetizar. Essa informação é muito importante, porque os custos com utilidades constituem uma parcela significativa do custo total.

Limite superior (consumo/custo máximo)

Corresponde à solução trivial caracterizada pela **ausência absoluta de integração energética**. Todo o aquecimento é promovido com vapor e todo o resfriamento com água (Figura 8.10, Tabelas 8.7 e 8.8). Observa-se o custo predominante e exageradamente elevado das utilidades. Nenhuma rede pode apresentar este custo de utilidades, porque basta um trocador de integração para que este custo seja reduzido.

Figura 8.10
Solução trivial do problema ilustrativo sem integração energética.

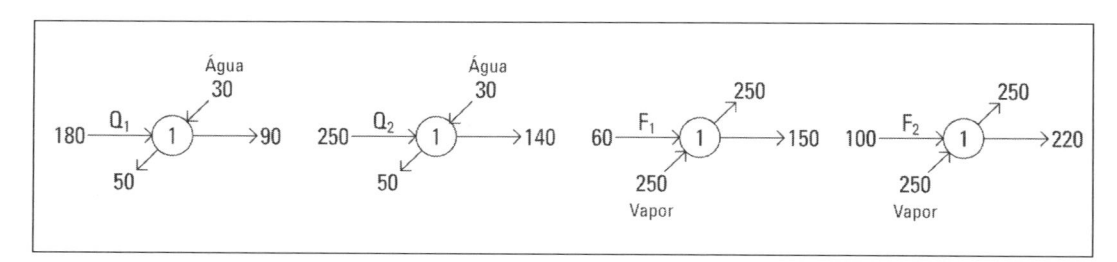

TABELA 8.6 CARGAS TÉRMICAS, ÁREAS DOS TROCADORES E CONSUMO DE UTILIDADES DA SOLUÇÃO DA FIGURA 8.10

TROCADOR	CARGA TÉRMICA (kW)	ÁREA (m^2)	CONSUMO DE UTILIDADES (kg/h)
1	900	13,3	38.793 (a)
2	220	1,9	9.483 (a)
3	450	3,2	938 (v)
4	840	11,3	1.750 (v)

TABELA 8.7 CUSTOS ASSOCIADOS À SOLUÇÃO DA FIGURA 8.10

C_{util}	54.783 \$/a
C_{cap}	1.803 \$/a
C_T	56.586 \$/a

Limite inferior (consumo/custo mínimo)

Corresponde à **integração energética máxima** que se pode praticar no sistema de correntes. Esta meta é alcançada promovendo-se a troca máxima permitida entre as correntes limitada pelo ΔT_{min} fixado previamente.

Uma abordagem usual consiste em adotar o **Modelo de Transbordo**, da Pesquisa Operacional. Este modelo é utilizado para resolver problemas que envolvem um conjunto de fábricas produtoras de uma mesma mercadoria, um conjunto de consumidores e um conjunto de entrepostos, onde a mercadoria é colocada à disposição dos consumidores. É estabelecida, então, a seguinte analogia: a mercadoria é **calor**, as fábricas são as **correntes quentes** e os consumidores são as **correntes frias**. Completando a analogia, os intervalos de temperatura são os entrepostos, onde as correntes quentes e frias podem trocar calor livremente garantidas, em termos de área, pelo ΔT_{min} adotado (Figura 8.11).

Pode-se, então, estabelecer o seguinte paralelo:

(a) quando a demanda pela mercadoria for superior à oferta, os consumidores têm que importá-la, configurando-se um prejuízo. Por analogia, quando a demanda por calor for superior à oferta, as correntes frias têm que importar calor através de vapor, configurando-se um prejuízo;

(b) quando a demanda pela mercadoria for inferior à oferta, a sobra de mercadoria acarreta um prejúízo para as fábricas. Por analogia, quando a demanda por calor for inferior à oferta, o excesso de oferta exige o emprego de água de resfriamento, o que também é prejudicial às correntes quentes.

Mais especificamente, as seguintes situações podem ocorrer nos intervalos de temperatura:

(a) num dado intervalo k, a **oferta de calor pode ser superior à demanda**. O saldo (positivo) é denominado **Resíduo do Intervalo k (R_k)**. Por exemplo, no intervalo 3, a oferta total de calor por Q_1 e Q_2 é de $(2 + 10)(180 - 160) = 240$ kW. A demanda F_2 é de $7(170 - 150) = 140$ kW. Ocorre um saldo de 100 kW. Este saldo significa que Q_1 e/ou Q_2 terminam as suas trocas com F_2, qualquer que seja a sequência adotada, a uma temperatura superior a 160°C. Aquela que sair a uma temperatura superior à sua temperatura limítrofe estará em condições de ceder calor a todas as correntes frias dos intervalos inferiores. Na linguagem usual, diz-se que o resíduo R_k é transferido para o intervalo seguinte $k + 1$. A propagação desta transferência de resíduos é chamada de "cascata de calor";

(b) **no último intervalo**, a oferta de calor pode ser superior à demanda. Nesse caso, como não há um intervalo para onde transferir o resíduo, este tem que ser consumido por uma **utilidade fria**. O resíduo do último intervalo é necessariamente zero. Por exemplo, o saldo do intervalo 7 do problema ilustrativo é de 40 kW, que deve ser consumido por 1.724 kg/h de água. Consequentemente: $R_4 = 0$;

(c) num dado intervalo k, **a oferta de calor pode ser inferior à demanda**, ocasionando um saldo negativo (déficit). Como a oferta já inclui o resíduo R_{k-1} do intervalo anterior, não há como as correntes frias trocarem calor com as correntes quentes dos intervalos superiores. Estas têm que ser aquecidas, então, com uma **utilidade quente**. Nessas circunstâncias, $R_k = 0$. Por exemplo, o saldo do intervalo 2 do problema ilustrativo é de -210 kW, que deve ser consumido por 437,5 kg/h de vapor. Consequentemente: $R_1 = 0$.

Em resumo, o procedimento consiste em calcular o resíduo R_k de cada intervalo, partindo do intervalo $k = 1$, pelo balanço de energia

$$R_k = R_{k-1} + \underbrace{\sum_{i=1}^{NQ} Q_{i,k}}_{\text{oferta}} - \underbrace{\sum_{j=1}^{NF} Q_{j,k}}_{\text{demanda}} \qquad (R_0 = 0)$$

onde $Q_{i,k}$ = resíduo térmico da corrente quente i no intervalo k

$Q_{j,k}$ = resíduo térmico da corrente fria j no intervalo k

NQ = número de correntes quentes

NF = número de correntes frias

seguindo-se as seguintes ações:

- caso $R_k > 0$ (k < n): transferir o resíduo para o intervalo seguinte;
- caso $R_k > 0$: empregar utilidade fria;
- caso $R_k < 0$: empregar utilidade quente e tomar $R_k = 0$ para o intervalo seguinte.

Para o problema ilustrativo, com $\Delta T_{\min} = 10°C$, este procedimento conduz ao resultado apresentado nas Tabelas 8.8 e 8.9 e ilustrado na Figura 8.11. Observa-se que, para o problema ilustrativo, o consumo mínimo de vapor corresponde a 17% do máximo e o de água a 4% do máximo. Este consumo mínimo corresponde ao custo mínimo de 6.304 \$/a.

TABELA 8.8 RESÍDUOS DO PROBLEMA ILUSTRATIVO

INTERVALO	R_{K-1}	ΣQ_i	ΣQ_j	R_k
1	0	40	0	40
2	40	100	350	–210
3	0	240	140	100
4	100	240	240	100
5	100	300	360	40
6	40	200	100	140
7	140	0	100	40

TABELA 8.9 CONSUMO MÍNIMO DE UTILIDADES DO PROBLEMA ILUSTRATIVO

CONSUMO MÍNIMO DE UTILIDADES (kg/h)	
Vapor	438
Água	1.724

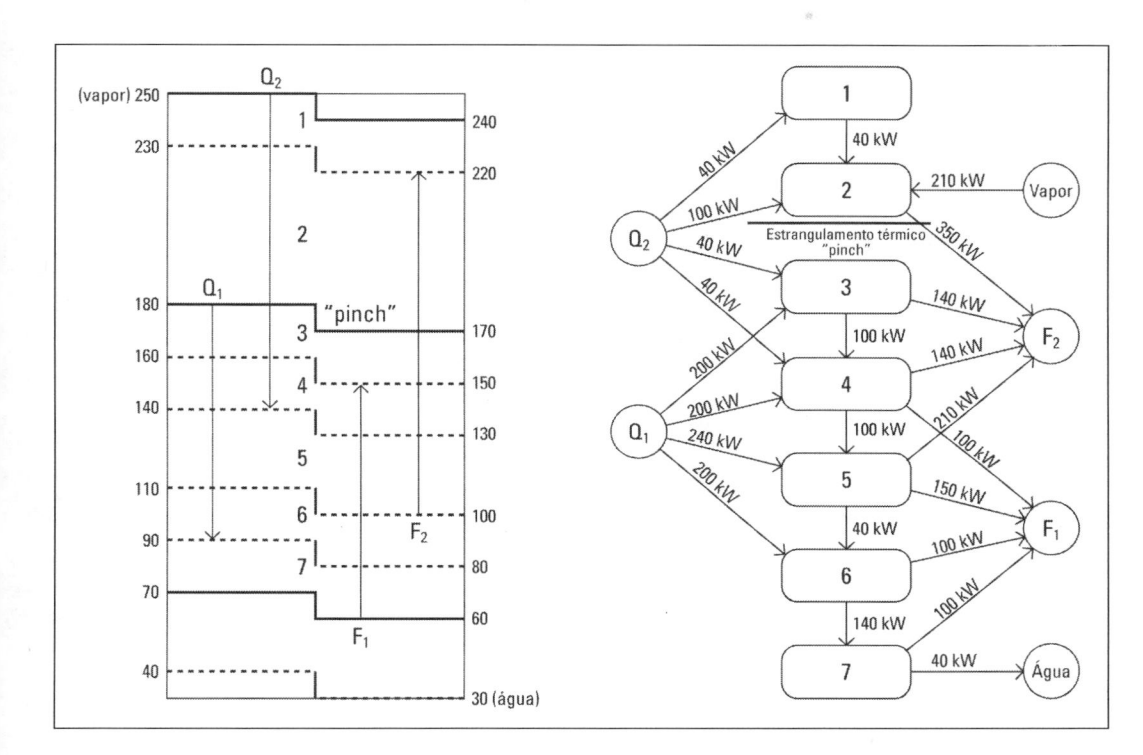

Figura 8.11
Intervalos de Temperatura e a temperatura de estrangulamento térmico ("pinch") do problema ilustrativo.

A fronteira entre os intervalos 2 e 3 divide o diagrama em duas partes termicamente independentes, pois não há fluxo de calor através dela. Essa fronteira é chamada de gargalo ou **estrangulamento térmico** ("**pinch**"). Ela é identificada pelas temperaturas limítrofes das correntes quentes (180°C) e frias (170°C). Qualquer troca térmica entre correntes pertencentes a esses dois compartimentos, acarretará um consumo adicional de vapor na extremidade superior e um consumo adicional de água na extremidade inferior, violando o consumo mínimo de utilidades. Por exemplo, utilizar 40 kW de Q_2 a 250°C para aquecer F_1 de 60°C até 140°C, em detrimento de aquecer F_2, causaria uma demanda adicional de 40 kW de vapor para aquecer F_2. Ao mesmo tempo, F_1 perderia 40 kW da sua capacidade de resfriar Q_1, gerando uma demanda adicional de 40 kW de água para resfriar Q_1.

A satisfação das demandas e o aproveitamento de todos os resíduos garantem a integração máxima das correntes do sistema. Por conseguinte, a quantidade de utilidades empregada nessas circunstâncias é a **mínima** que o sistema pode exigir, **com o ΔTmin** adotado (heurística).

8.3 REPRESENTAÇÃO DO PROBLEMA

O objetivo da síntese é gerar as inúmeras soluções viáveis do problema a serem submetidas à análise em busca da solução ótima. Para nortear essa busca, a Inteligência Artificial recomenda a representação prévia, que pode ser por uma árvore de estados ou por uma super-estrutura.

8.3.1 ÁRVORE DE ESTADOS

A Figura 8.12 mostra a árvore de estados (Capítulos 1 e 6) correspondente ao problema ilustrativo da Figura 8.3. Os círculos representam estados intermediários ou finais da resolução do problema. O Estado 1 corresponde à utilização apenas de utilidades. Os estados dos níveis sucessivamente mais baixos correspondem a redes com integração energética progressivamente maior e custos de utilidades progressivamente menores. A árvore abriga todas as soluções do problema que não envolvem divisão de correntes. Por exemplo, o Estado 16 corresponde ao fluxograma da Figura 8.4, no qual não figura a troca F_1/Q_2. Algumas redes, como a 18, aparecem mais de uma vez na árvore em função da sequência alternativa de montagem das redes. Os estados representam estruturas. Logo, a um mesmo estado podem corresponder custos diferentes em função das temperaturas intermediárias (Figura 8.4).

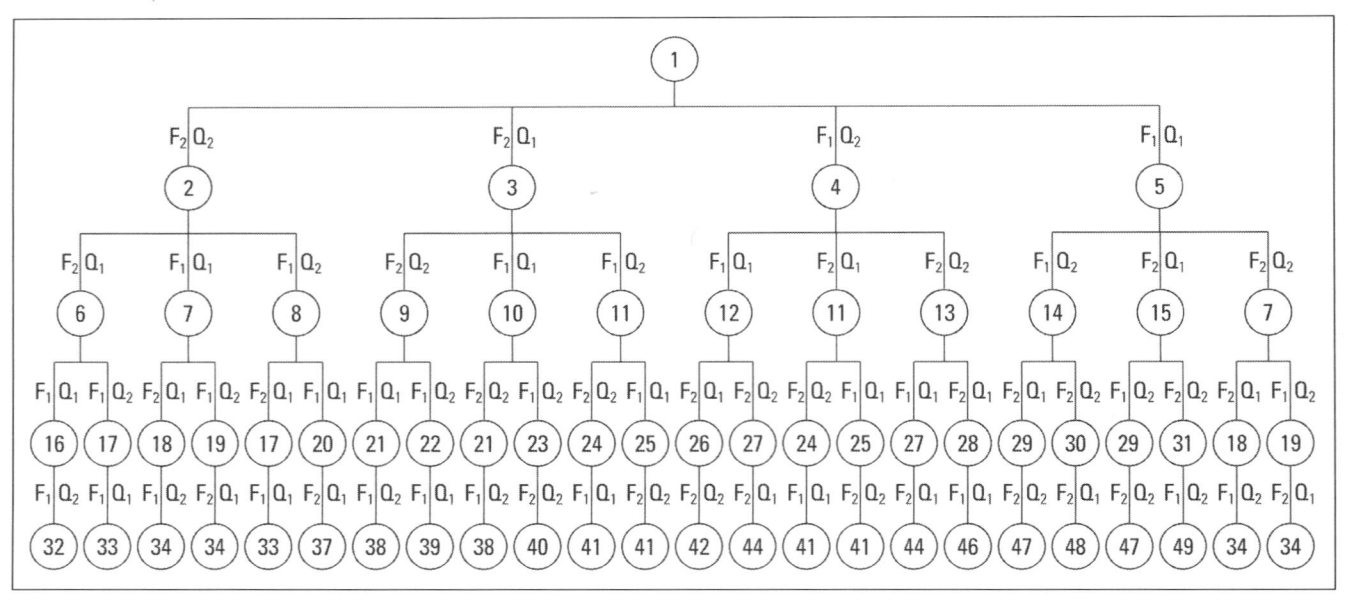

Figura 8.12
Representação do problema ilustrativo por árvore de estados.

8.3.2 SUPERESTRUTURA

É uma representação capaz de abrigar todas as estruturas que um sistema pode assumir (Capítulo 6). A Figura 8.13 exibe a superestrutura do sistema ilustrativo da Figura 8.3. Os retângulos com dois símbolos representam os trocadores de integração. Os que contêm apenas um símbolo representam a origem e destino das correntes quentes e frias. Os círculos representam divisores e misturadores de correntes. Nessa figura não se encontram representadas as utilidades e os trocadores de aquecimento e de resfriamento.

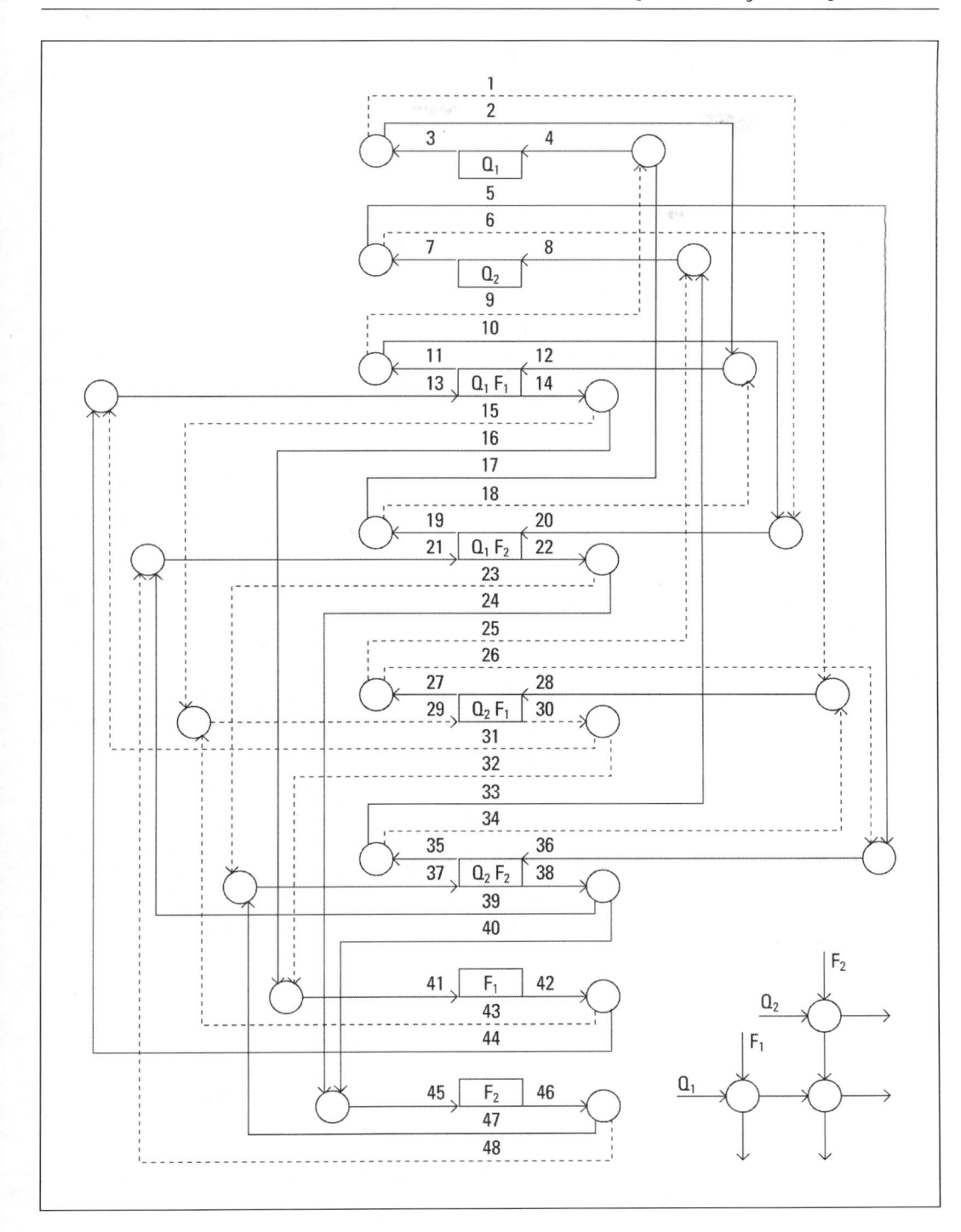

Figura 8.13
Superestrutura do problema ilustrativo da Tabela 8.1. As linhas cheias correspondem ao fluxograma exibido abaixo.

8.4 RESOLUÇÃO PELO MÉTODO HEURÍSTICO

O método heurístico, apresentado no Capítulo 6, é agora aplicado à síntese de redes de trocadores de calor. Na sequência, são explicitadas as regras heurísticas pertinentes ao sistema, os algoritmos correspondentes e uma aplicação ao problema ilustrativo.

8.4.1 REGRAS HEURÍSTICAS PARA REDES DE TROCADORES DE CALOR

Na Seção 8.2, mostrou-se que a definição de uma rede de trocadores de calor implica na definição dos pares de correntes, da sequência das trocas térmicas, da quantidade de calor trocada por cada par e do tipo de trocador utilizado. As regras heurísticas para redes de trocadores de calor versam exatamente sobre esses itens.

Regra 1: trata da seleção do tipo de trocador de calor. Esta decisão é importante, porque todos os cálculos subsequentes têm que ser efetuados sobre um modelo matemático bem definido. A regra é a seguinte [13]:

> *"Iniciar a síntese cogitando exclusivamente trocadores de calor de casco-e-tubo, de passo simples, com escoamento em contracorrente"*.

Essa regra se deve ao fato de que, na maioria das aplicações, o trocador em contracorrente se mostra mais eficiente do que os demais. No entanto, adverte-se que o emprego deste tipo de trocador pode conduzir a redes operacionalmente inviáveis. Uma alternativa consiste em incorporar o projeto preliminar dos trocadores ao próprio procedimento de síntese [10, 11, 12].

Regra 2: trata da seleção dos pares de correntes com base nas temperaturas em que elas devem entrar e sair do trocador. Aqui, essas correntes são referenciadas como: TEQ, TSQ (temperaturas de entrada e de saída da corrente quente); TEF, TSF (temperaturas de entrada e de saída da corrente fria). São conhecidas duas regras: a primeira, proposta por Rudd, Powers & Siirola (RPS) [13], se refere às temperaturas de entrada das correntes quentes e frias e se apresenta sob duas versões equivalentes; a segunda, devida a Ponton & Donaldson (PD) [14], se refere à temperatura de entrada das correntes quentes e à de saída das correntes frias. As regras são as seguintes:

- **RPS**: *"selecionar a corrente quente com a maior temperatura de entrada e a fria com a maior temperatura de entrada (**QMTE × FMTE**)"* ou, de forma equivalente, *"selecionar a corrente quente com a menor temperatura de entrada e a fria com a menor temperatura de entrada (**QmTE × FmTE**)"*.

- **PD**: *"selecionar a corrente quente com a maior temperatura de entrada e a fria com a maior temperatura de saída (**QMTE × FMTS**)"*

Dependendo do critério evocado em cada momento de decisão, o emprego da regra RPS pode conduzir a mais de uma rede. Por outro lado, o critério de PD origina apenas uma rede. Em princípio, nada impede que o usuário empregue as regras RPS e PD durante a geração de uma mesma rede, segundo a sua intuição. O que se pode afirmar é que, na maioria dos casos, a regra PD se mostra superior à RPS.

Regra 3: uma vez selecionado o par de correntes, torna-se necessário definir a carga térmica do trocador, do que resultarão as outras duas temperaturas do sistema. Como já foi salientado na Seção 8.2.5.c, trata-se de um problema de otimização que só pode ser resolvido quando a estrutura da rede já estiver completamente definida. Ocorre que, pelo presente método, a estrutura da rede só fica definida ao final. Além do mais, o que se pretende é obter rapidamente uma rede próxima da ótima, o que torna a otimização indesejável neste estágio. Lança-se mão, então, de uma regra referente à diferença entre as temperaturas de "approach" do trocador: TEQ – TSF e TSQ –TEF, no caso dos trocadores em contracorrente. A regra sugere que as diferenças de temperatura de "approach" de um trocador não devem ser inferiores a 10°C ou 20°F [13]. A regra heurística fica:

"Efetuar a troca térmica máxima entre as correntes escolhidas, respeitando um ΔT_{min} de 10°C ou 20°F".

Como foi visto na Seção 8.2.5c, essa troca é limitada pela menor carga térmica dentre as correntes envolvidas. Deve-se registrar, também, que se trata de uma aproximação. Portanto, esses valores não precisam ser considerados com excessivo rigor, podendo ser flexibilizados para evitar trocadores de área muito pequena.

As Regras 2 e 3 conduzem as correntes a condições mais próximas das condições ambientes, reduzindo o consumo de utilidades. Elas tendem, também, a minimizar a área de troca térmica.

Resumidamente, uma vez selecionado o tipo de trocador (Regra 1) e o par de correntes (Regra 2), os passos a serem seguidos são os seguintes: fixar duas temperaturas (marcadas com *) e adotar as outras duas como metas provisórias (marcadas com ?); ajustar os $\Delta T''s$ de "approach" que estiverem abaixo do ΔT_{min}; promover a troca máxima tomando como carga térmica o menor valor entre a oferta e a demanda (Regra 3). O procedimento detalhado é descrito pelos algoritmos seguintes em que Q é a carga térmica do trocador (os algoritmos podem ser consolidados num só).

```
RPS
Enquanto houver trocas viáveis (TEQ > TEF)
        Selecionar um par de correntes (QMTE x FMTE ou QmTE x FmTE)
        Fixar TEQ* e TEF*
        Adotar TSQ e TSF como metas provisórias (TSQ?, TSF?)
        Se TEQ* - TSF? < ΔTmin então ajustar: TSF = TEQ* - ΔTmin
        Se TSQ? - TEF* < ΔTmin então ajustar: TSQ = TEF* + ΔTmin
        Calcular Oferta = WCpQ (TEQ* - TSQ) e Demanda = WCpF (TSF - TEF*)
        Adotar a carga térmica Q = Min (Oferta, Demanda)
        Se Q = Oferta então confirmar TSQ e calcular TSF = TEF* + Q/WCpF
                       senão confirmar TSF e calcular TSQ = TEQ* - Q/WCpQ
Se a temperatura de destino de alguma corrente não houver sido atendida
então empregar a utilidade correspondente
```

No caso do critério PD, ao se propor a troca máxima Q = min (Oferta, Demanda), pode resultar TEF > TSQ, o que seia impossível. Nesse caso, deve-se aceitar uma troca inferior à máxima com TEF = sW + 10. O balanço de energia no trocador fiva $WC_{pQ}(TEQ^* – TSQ) = WC_{pF}[TSF^* – (TSQ – 19)]$. resolvendo para TSQ, resulta TSQ = $[WC_{pF}(TSF^* + 10) – WC_{pQ}(TEQ^*)]/(WC_{pF} – WC_{pQ})$ e TEF = TSQ – 10.

```
PD
Enquanto houver trocas viáveis (TEQ > TEF)
        Selecionar um par de correntes (QMTE x FMTS)
        Fixar TEQ* e TSF*
        Adotar TSQ e TEF como metas provisórias (TSQ?, TEF?)
        Se TEQ* - TSF* < ΔTmin então ajustar TSF* = TEQ* - ΔTmin
        Se TSQ? - TEF? < ΔTmin então ajustar: TEF = TSQ? - ΔTmin
        Calcular Oferta = WCpQ (TEQ* - TSQ) e Demanda = WCpF (TSF* - TEF)
        Adotar a carga térmica Q = Min (Oferta, Demanda)
        Se Q = Oferta então confirmar TSQ e calcular TEF = TSF* - Q/WCpF
                        senão confirmar TSF e calcular TSQ = TEQ* - Q/WCpQ
        Se TEF > TSQ então TSQ = [WCpF(TSE* + 10) - WCpQ(TEC*)]/(WCpF - WCpQ)
Se a temperatura de destino de alguma corrente não houver sido atendida
        então empregar a utilidade correspondente
```

8.4.2 RESOLUÇÃO DO PROBLEMA ILUSTRATIVO PELO MÉTODO HEURÍSTICO

O problema ilustrativo (Tabela 8.1 - 8.4) será resolvido inicialmente utilizando a regra **RPS** para a seleção dos pares de correntes. O ponto de partida é o Estado 1 da árvore de estados da Figura 8.12, que corresponde à solução trivial sem integração energética da Figura 8.10 e a situação inicial das correntes é mostrada na Tabela 8.10. A rede é formada progressivamente no sentido material das correntes quentes e frias.

TABELA 8.10 SITUAÇÃO DAS CORRENTES ANTES DA INTEGRAÇÃO ENERGÉTICA

CORRENTE	WC_p (kW/°C)	T_e (°C)	T_s (°C)	OFERTA/DEMANDA (kW)
Q_1	10	180	90	900
Q_2	2	250	140	220
F_1	5	60	150	450
F_2	7	100	220	840

Figura 8.14
Primeiro trocador de calor
estabelecido pelo método
heurístico (RPS).

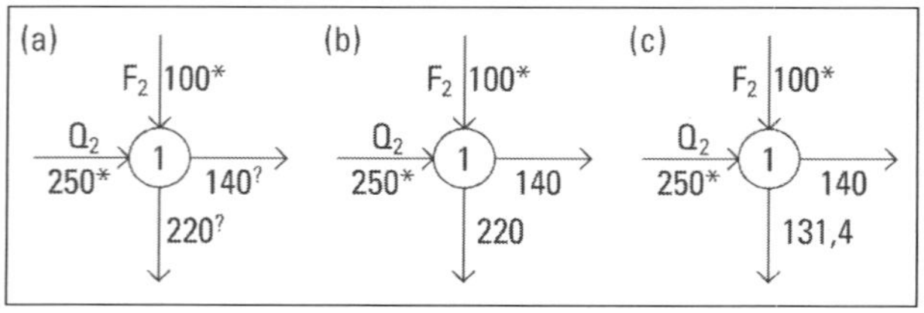

Neste caso, por serem independentes, as trocas (**QMTE** $\times$ **FMTE:** $Q_2 \times F_2$) e (**QmTE** $\times$ **FmTE:** $Q_1 \times F_1$) podem ser selecionadas simultâneamente. No entanto, na solução a ser aqui desenvolvida, será dada prioridade à primeira, resultando a solução da Figura 8.4. Uma outra solução, com a seleção simultânea, fica como exercício para o leitor.

Trocador 1 (QMTE $\times$ FMTE: $Q_2 \times F_2$): são fixadas TEQ = 250* e TEF = 100* e adotadas TSQ = 140? e TSF = 220? (Figura 8.14a). Como 250 – 220 e 140 – 100 são maiores do que ΔT_{min}, as metas provisórias ficam definitivas (Figura 8.14b). São calculadas a Oferta = 220 kW e a Demanda = 840 kW, estabelecendo-se Q = 220 kW. É confirmada TSQ = 140 e calculada TSF = 131,4. A Figura 8.14c corresponde ao Estado da árvore de estados da Figura 8.12. O estado atual da rede se encontra na Tabela 8.11.

TABELA 8.11 SITUAÇÃO DAS CORRENTES APÓS A INCLUSÃO DO PRIMEIRO TROCADOR DE INTEGRAÇÃO

CORRENTE	WC_p (kW/°C)	T_e (°C)	T_s (°C)	OFERTA/DEMANDA (kW)
Q_1	10	180	90	900
Q_2	2	140	140	—
F_1	5	60	150	450
F_2	7	131,4	220	620

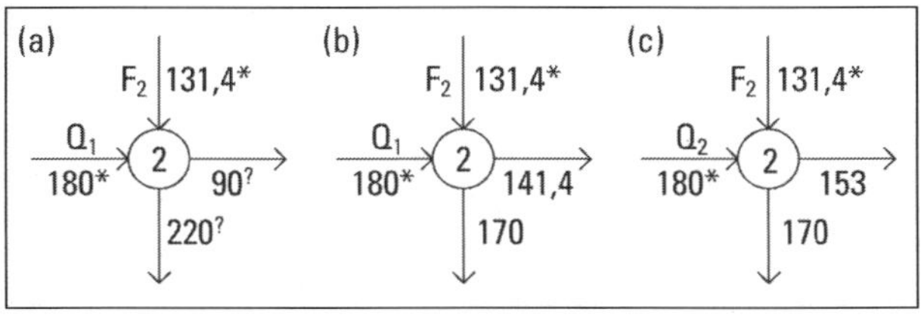

Figura 8.15
Segundo trocador de calor estabelecido pelo método heurístico (RPS).

Trocador 2 (única quente × FMTE: $Q_1 \times F_2$): são fixadas TEQ = 180* e TEF = 131,4* e adotadas TSQ = 90[?] e TSF = 220[?] (Figura 8.15a). Como 220 – 180 e 131,4 – 60 são maiores do que ΔT_{min}, essas duas metas são ajustadas para 170 e 141,4, respectivamente (Figura 8.15b), São calculadas a Oferta = 386 kW e a Demanda = 270 kW estabelecendo-se Q = 270 kW. É confirmada TSF = 170 e calculada TSQ = 153.

O Estado atual da rede se encontra na Figura 8.16 e Tabela 8.12, correspondendo ao Estado 6 da Árvore da Figura 8.12.

TABELA 8.12 SITUAÇÃO DAS CORRENTES APÓS A INCLUSÃO DOS DOIS PRIMEIROS TROCADORES DE INTEGRAÇÃO

CORRENTE	WC_p (kW/°C)	T_e (°C)	T_s (°C)	OFERTA/DEMANDA (kW)
Q_1	10	153	90	630
Q_2	2	140	140	—
F_1	5	60	150	450
F_2	7	170	220	350

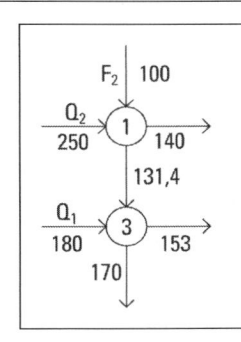

Figura 8.16
Estado da rede após a definição dos dois primeiros trocadores de integração pelo método heurístico (RPS).

Trocador 3: a única troca de integração possível é Q_1/F_1. São fixadas TEQ = 153* e TEF = 60* e adotadas TSQ = 90[?] e TSF = 150[?] (Figura 8.17a). Como 153 – 150 < 10, então TSF é ajustada para 143. (Figura 8.17b). São calculadas a Oferta = 630 kW e a Demanda = 415 kW estabelecendo-se Q = 415 kW. É confirmada TSF = 143 e calculada TSQ = 111,5 (Figura 8.17c)

Figura 8.17
Terceiro trocador de calor estabelecido pelo método heurístico (RPS).

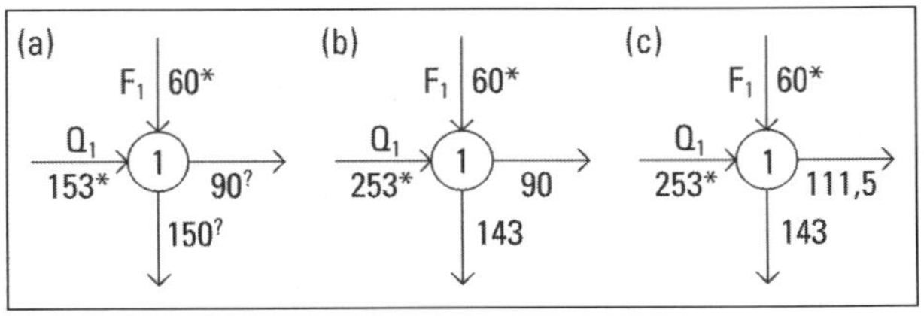

Não havendo mais trocas de integração possíveis, o fluxograma é completado com um resfriador e dois aquecedores, como mostra a Figura 8.18. A rede resultante, já apresentada na Figura 8.4, corresponde ao Estado 16 na árvore de estados da Figura 8.12.

Os custos associados a este rede se encontram na Ta-

Figura 8.18
Rede obtida pelo
emprego do método
heurístico com a regra
RPS para a seleção
dos pares de correntes
(Estado 16 da árvore de
estados da Figura 8.12).

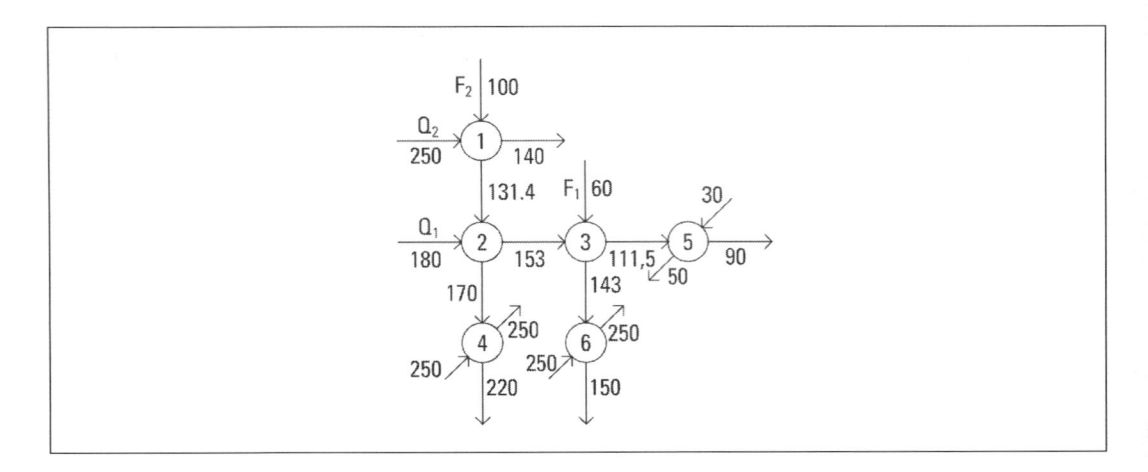

bela 8.16, onde são comparados aos da rede que será agora obtida pelo critério PD.

O problema é novamente resolvido utilizando-se, agora, a regra de **Ponton & Donaldson** (**PD**) para a seleção dos pares de correntes. O ponto de partida é o Estado 1. Agora, as temperaturas especificadas são a de entrada da corrente quente e a de saída da corrente fria. A rede é formada progressivamente no sentido material das correntes quentes, mas no sentido inverso ao do sentido material das correntes frias.

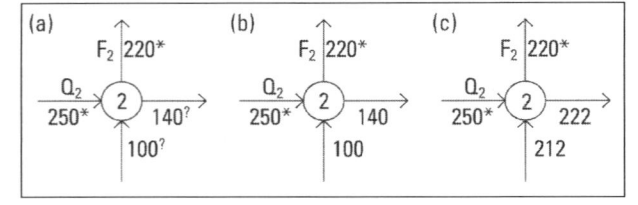

Figura 8.19
Primeiro trocador de calor
estabelecido pelo método
heurístico (PD).

Trocador 1 (**QMTE** $\times$ **FMTS:** $Q_2 \times F_2$): são fixadas TEQ = 250* e TSF = 220* e adotadas TSQ = 140[?] e TEF = 100[?] (Figura 8.19a). A pergunta agora é: para sair a 220* será que F_2 poderá entrar a 100? Não foi necessário ajustar as metas (Figura 8.19b). São calculadas a Oferta = 220 kW e a Demanda = 840 kW estabelecendo-se Q = 220 kW. É confirmada TSQ = 140 e calculada TEF = 198,6, que é superior a 140! Há que se encontrar, então, o par TSQ – TEF = $\Delta T_{\min}$ que satisfaça ao balanço de energia: 2(250* – TSQ) = 7 [220 – (TSQ – 10)]. A solução é TSQ = 222 e TEF = 212 (Figura 8.19c). Trata-se do mesmo primeiro par da rede anterior porém com temperaturas diferentes. A situação atual das correntes se encontra na Tabela 8.13.

TABELA 8.13 SITUAÇÃO DAS CORRENTES APÓS A INCLUSÃO DO PRIMEIRO TROCADOR DE INTEGRAÇÃO

CORRENTE	WC_p (kW/°C)	T_e (°C)	T_s (°C)	OFERTA/DEMANDA (kW)
Q_1	10	180	90	900
Q_2	2	222	140	164
F_1	5	60	150	450
F_2	7	100	212	784

Trocador 2 (**QMTE** $\times$ **única fria disponível:** $Q_2 \times F_1$): são fixadas TEQ = 222* e TSF = 140* e adotadas TSQ = $140^?$ e TEF = $60^?$ (Figura 8.20a). Novamente, não há necessidade de ajuste das metas (Figura 8.20b). São calculadas a Oferta = 164 kW e a Demanda = 450 kW estabelecendo-se Q = 164 kW. É confirmada TSQ = 140 e calculada TEF = 117,2 (Figura 8.20c). O estado atual da rede se encontra na Figura 821 e Tabela 8.13.

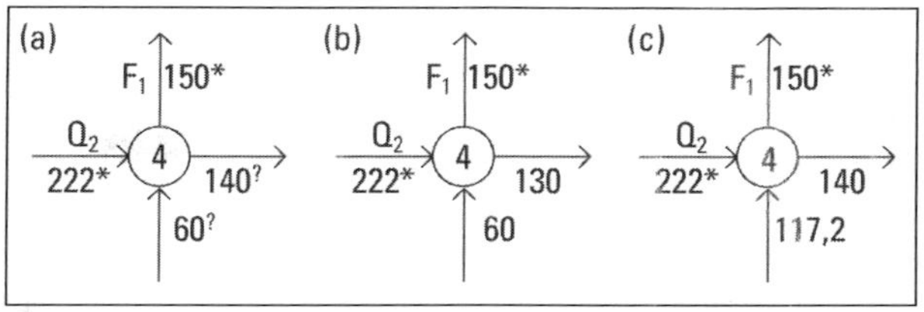

Figura 8.20 Segundo trocador de calor estabelecido pelo método heurístico (PD).

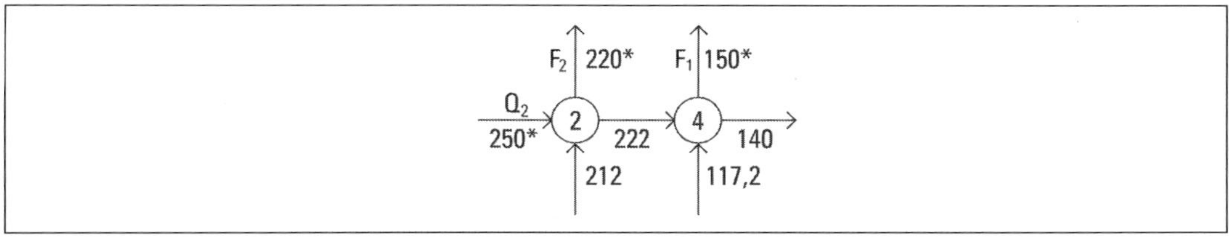

Figura 8.21
Estado da rede após a inclusão de dois trocadores de integração pelo critério PD.

TABELA 8.14 SITUAÇÃO DAS CORRENTES APÓS A INCLUSÃO DOS DOIS PRIMEIROS TROCADORES DE INTEGRAÇÃO

CORRENTE	WC_p (kW/°C)	T_e (°C)	T_s (°C)	OFERTA/DEMANDA (kW)
Q_1	10	180	90	900
Q_2	2	140	140	—
F_1	5	60	117,2	286
F_2	7	170	212	784

Trocador 3 (**única quente disponível** $\times$ **FMTS:** $Q_1 \times F_2$): seriam fixadas TEQ = 180* e TSF = 212* e adotadas TSQ = $90^?$ e TEF = $100^?$. Porém, resultaria TSF > TEQ! Assim sendo ajusta-se TSF = TEQ – 10 = 170*. E como TSQ < TEF, ajusta-se TSQ = 100 + 10 = 110 (Figura 8.22b). São calculadas a Oferta = 700 kW e a Demanda = 490 kW estabelecendo-se Q = 490 kW. É confirmada TEF = 100 e calculada TSQ = 131 (Figura 8.22c). O estado atual da rede se encontra na Tabela 8.15 e Figura 8.23.

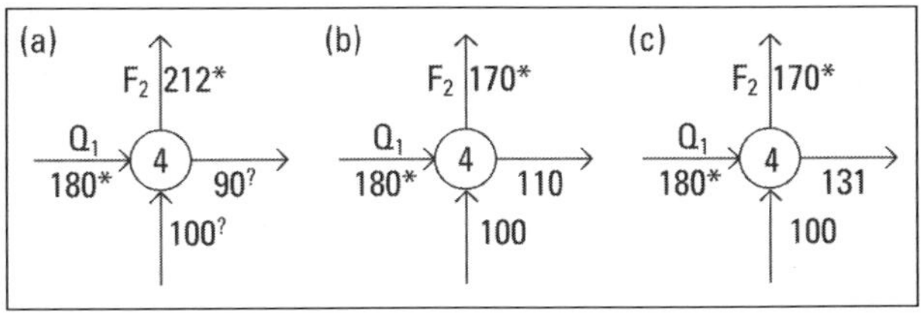

Figura 8.22
Terceiro trocador de calor estabelecido pelo método heurístico (PD).

TABELA 8.15 SITUAÇÃO DAS CORRENTES APÓS A INCLUSÃO DOS TRÊS PRIMEIROS TROCADORES DE INTEGRAÇÃO

CORRENTE	WC_p (kW/°C)	T_e (°C)	T_s (°C)	OFERTA/DEMANDA (kW)
Q_1	10	131	90	410
Q_2	2	140	140	—
F_1	5	60	117,2	286
F_2	7	170	212	210

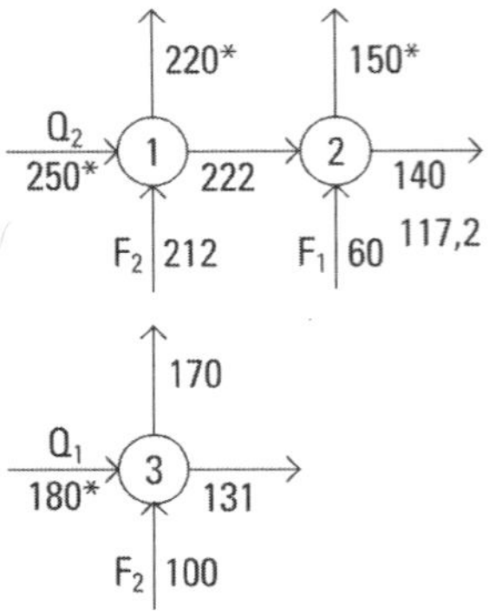

Figura 8.23
Estado da rede após
a inclusão de três
trocadores de integração
pelo critério PD.

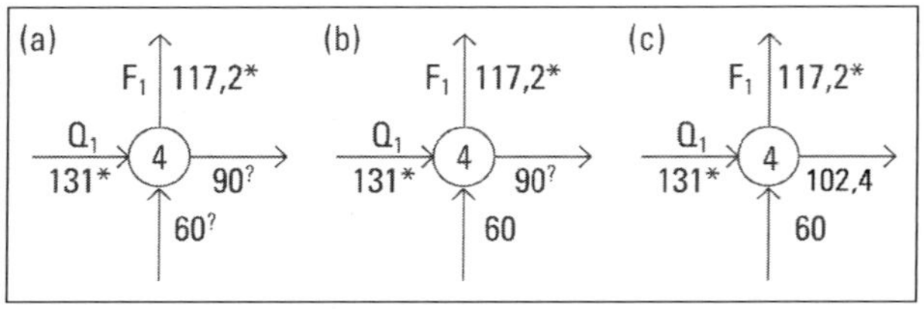

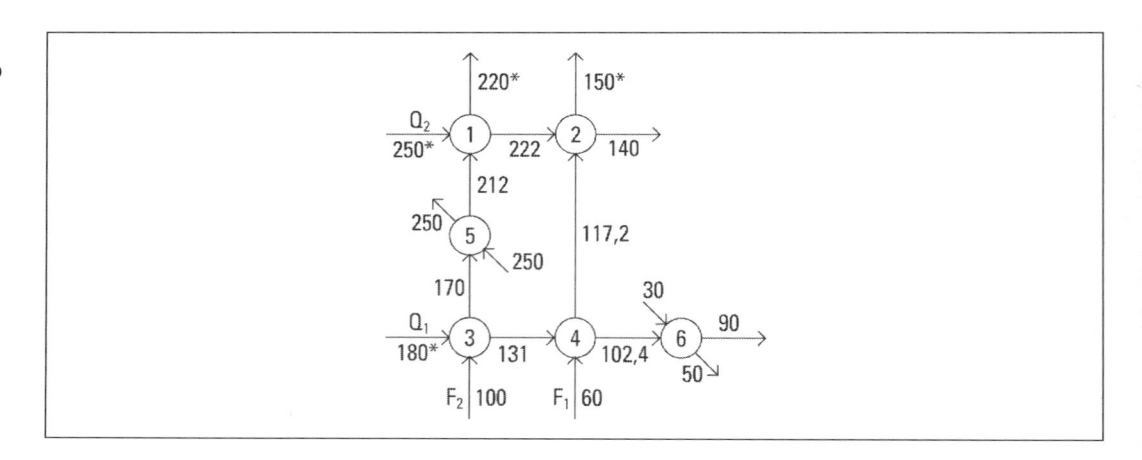

Trocador 4 (**única troca viável:** $Q_1 \times F_1$): são fixadas TEQ = 131* e TSF = 117,2 e adotadas TSQ = 90? e TEF = 60? (Figura 8.24a). Não há necessidade de ajuste das metas (Figura 8.24b). São calculadas a Oferta = 410 kW e a Demanda = 286 kW estabelecendo-se Q = 286 kW. É confirmada TEF = 60 e calculada TSQ = 102,4 (Figura 8.24c).

Figura 8.24
Quarto trocador de calor
estabelecido pelo método
heurístico (PD).

A rede é completada com um aquecedor para F_2 e um resfriador para Q_1. A rede completa encontra-se na Figura 8.25. Ela corresponde ao estado 38 da árvore de estados da Figura 8.12.

Figura 8.25
Rede obtida pelo método
heurístico com a Regra
PD para a seleção dos
pares de correntes
(Estado 33 da árvore de
estados da Fig. 8.12).

As Tabelas 8.16 e 8.17 resumem os valores numéricos associados às três redes obtidas pelo método heurístico. Observa-se que as duas redes geradas pela regra RPS diferem um pouco em termos de capital, mas muito pouco em termos de utilidades. Elas são praticamente equivalentes. Já a rede gerada pela regra PD apresenta um custo de capital um pouco superior ao das outras duas, mas um custo de utilidades inferior em 15%. No total, ela apresenta um custo cerca de 13% inferior ao das outras duas.

TABELA 8.16 CARGAS TÉRMICAS, ÁREAS DOS TROCADORES E CONSUMO DE UTILIDADES DAS REDES HEURÍSTICAS

TROCADOR	RPS (Figura 8.18)			RPS (Figura 8.25)		
	Q (kW)	A (m^2)	Wa/Wv (kg/h)	Q (kW)	$Á$ (m^2)	Wa/Wv (kg/h)
1	220	4,1	—	56	4,1	—
2	270	23,9	—	164	5,1	—
3	415	21,9	—	490	35,2	—
4	350	6,9	729 (v)	286	15	—
5	215	4,7	9.267 (a)	294	5,2	612 (v)
6	25	0,3	73 (a)	124	2,9	5.345 (a)

TABELA 8.17 CUSTOS ASSOCIADOS ÀS REDES DA FIGURA 8.21

	RPS Figura 8.4	PD Figura 8.21
C_{util} ($/a)	14.165	10.081
C_{cap} ($/a)	3.186	3.414
C_T ($/a)	17.351	13.495

A rede obtida por método heurístico não é necessariamente ótima, nem do ponto de vista estrutural nem do ponto de vista numérico. **Numericamente**, porque os valores da variáveis físicas resultam da aplicação de regras heurísticas e não de um processo de otimização. Consequentemente, o Custo Total calculado não é o mínimo. **Estruturalmente**, porque pode existir uma outra rede com o Custo Total Mínimo inferior ao seu.

Assim sendo, uma rede obtida por busca heurística pode ser aprimorada por dois caminhos alternativos:

- por **otimização numérica**, buscando o Custo Total Mínimo da rede;
- por **otimização estrutural**, buscando uma outra rede de Custo Total inferior ao seu.

A primeira ação consiste em montar o modelo matemático da rede, especificar as temperaturas de origem e de destino e determinar as temperaturas intermediárias, as cargas térmicas, as áreas e as vazões de utilidades que minimizam o Custo Total (Capítulos 2 a 5). esta ação é limitada, porque se resume a **otimizar numericamente a rede sem questionar a sua estrutura**. Por exemplo, a Figura 8.26a mostra a rede obtida pelo método heurístico apresentada na Figura 8.25. O seu modelo matemático foi montado, as temperaturas de origem e de destino das correntes foram especificadas e as temperaturas intermediárias foram denominadas T_1, T_2, T_3, T_4, T_5 e T_6, como na figura. O Balanço de Informação revelou G = 2. As equações foram ordenadas e as variáveis de projeto ficaram sendo T_1 e T_5. A aplicação do método de Hooke & Jeeves, a partir da base heurística $T_1 = 222$ e $T_5 = 131$, resultou na rede da Figura 8.26a. Uma simples observação mostra que a rede heurística (Figura 8.26a) não difere substancialmente da otimizada (Figura 8.26b). A Tabela 8.18 apresenta os dados físicos e a Tabela 8.19 os custos das duas redes. Observa-se que a rede heurística apresenta um custo de capital inferior em 74% ao da rede ótimizada, mas o seu custo de utilidades se mostra 36% maior. No geral, o seu custo total é superior em 18% ao da rede otimizada. Em termos de custo de utilidades, a rede heurística apresenta um custo 60% superior ao mínimo, enquanto o custo de utilidades da rede otimizada é superior ao mínimo em apenas 1,3%.

Figura 8.26
(a) rede obtida pelo método heurístico com a regra PD para a seleção dos pares de correntes;
(b) a mesma estrutura numericamente otimizada pelo método de Hooke & Jeeves.

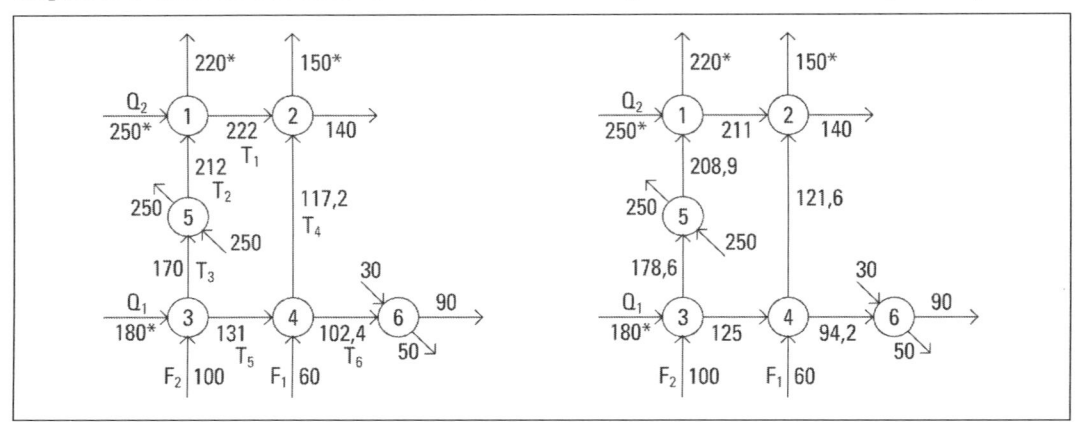

TABELA 8.18 CARGAS TÉRMICAS, ÁREAS DOS TROCADORES E CONSUMO DE UTILIDADES DAS REDES HEURÍSTICAS

	REDE HEURÍSTICA (PD)			REDE OTIMIZADA		
TROCADOR	Q (kW)	A (m^2)	Wa/Wv (kg/h)	Q (kW)	$Á$ (m^2)	Wa/Wv (kg/h)
1	56	4,1	—	78	9,8	—
2	164	5,1	—	142	5,3	—
3	490	35,2	—	550	89	—
4	286	15	—	308	30,7	—
5	294	5,2	612 (v)	212	3,8	442 (v)
6	124	2,9	5.245 (a)	42	1,2	1.810 (a)

TABELA 8.19 CUSTOS ASSOCIADOS ÀS REDES DA FIGURA 8.21

	Heurística (PD)	Otimizada
C_{util} ($/a)	10.081	6.400
C_{cap} ($/a)	3.414	5.022
C_T ($/a)	13.495	11.422

A segunda ação no sentido do aprimoramento da solução heurística consiste numa busca evolutiva realizada no espaço de estados, pelo método evolutivo.

8.5 RESOLUÇÃO PELO MÉTODO EVOLUTIVO

O método evolutivo [1] parte de uma rede inicial e efetua uma busca no espaço de soluções pelo critério de redes vizinhas. Ela se baseia num conjunto de regras evolutivas e numa estratégia evolutiva.

8.5.1 REGRAS EVOLUTIVAS PARA REDES DE TROCADORES DE CALOR

As Regras Evolutivas definem a vizinhança estrutural, identificando as suas redes vizinhas. Elas são as seguintes:

REGRA 1: *"Inverter uma corrente (sequência de trocas térmicas)"*. Isto significa questionar as decisões tomadas no método heurístico. No fluxograma, corresponde a inverter o sentido de uma corrente.

REGRA 2: *"Acrescentar ou remover um trocador de integração"*. A rede pode não estar totalmente integrada ou pode ter um trocador de integração, cuja tarefa pode ser vantajosamente redistribuída pelos demais.

REGRA 3: *"Dividir uma corrente"*. Uma mesma corrente pode trocar calor **simultaneamente** com diversas outras, podendo o arranjo em paralelo ser superior ao sequencial.

A Figura 8.27 mostra uma parte do Espaço de Estados do problema ilustrativo (Figura 8.5) com as soluções conectadas segundo o critério de vizinhança estrutural. Na verdade, o Espaço de Estados só pode ser visualizado, se o problema exibir um número pequeno de soluções. A importância das regras evolutivas reside na sua capacidade de gerar soluções que muitas vezes nem seriam imaginadas pelo projetista.

A Estratégia Evolutiva orienta a aplicação sucessiva das regras percorrendo o Espaço de Estados na direção da rede ótima. No caso presente, ela consiste em:

- seguir o caminho de menor custo;
- empregar a Regra (3) apenas quando não se conseguir evoluir com as Regras (1) e (2).

Figura 8.27
Espaço de Estados
parcial do problema
ilustrativo mostrando a
vizinhança estrutural por
inversão de correntes.

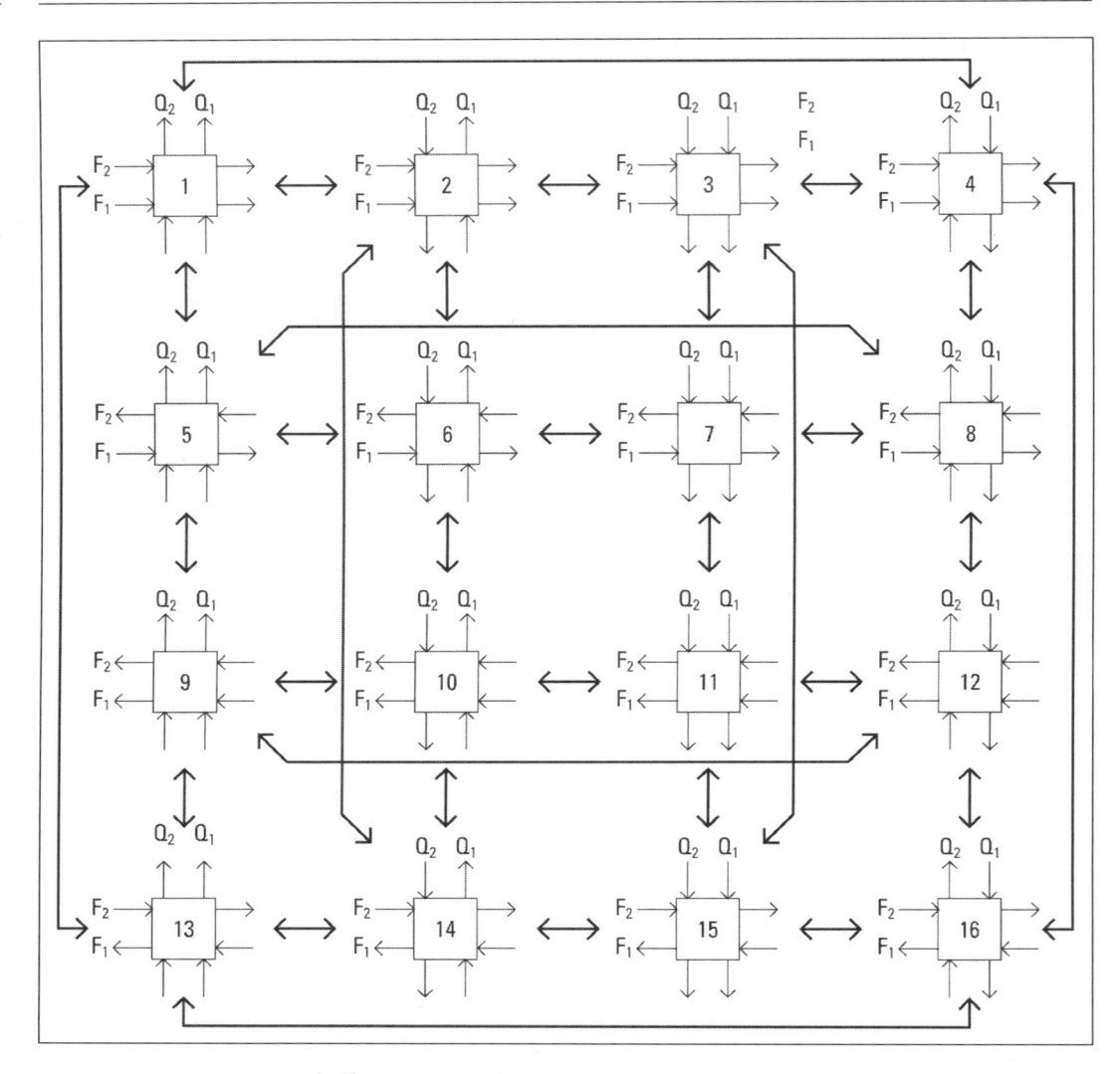

8.5.2 RESOLUÇÃO DO PROBLEMA ILUSTRATIVO PELO MÉTODO EVOLUTIVO

A busca evolutiva é ilustrada a seguir gerando-se as redes vizinhas da rede heurística da Figura 8.26a, que corresponde ao estado 38 da árvore de estados da Figura 8.12.

Regra 1 Inverter uma Corrente

As correntes candidatas à inversão são aquelas submetidas a duas ou mais trocas sequenciais. A cada corrente invertida corresponde uma rede vizinha.A inversão simultânea de mais de uma corrente produz uma rede vizinha da vizinha e desvirtua o método. O procedimento é muito simples: decidida a inversão de uma corrente, os trocadores da sequência invertida são calculadas pelo método heurístico (Regras 1 e 3). Utilizando-se o critério RPS, de preferência, são fixadas as temperaturas de entrada e calculadas as de saída. Por exemplo, tomando como base a solução heurística por PD (Figura 8.26a), ao se cogitar a inversão de F_2, na primeira troca são fixadas as temperaturas de entrada de Q_2 e F_2 (250 e 100) e calculdadas as

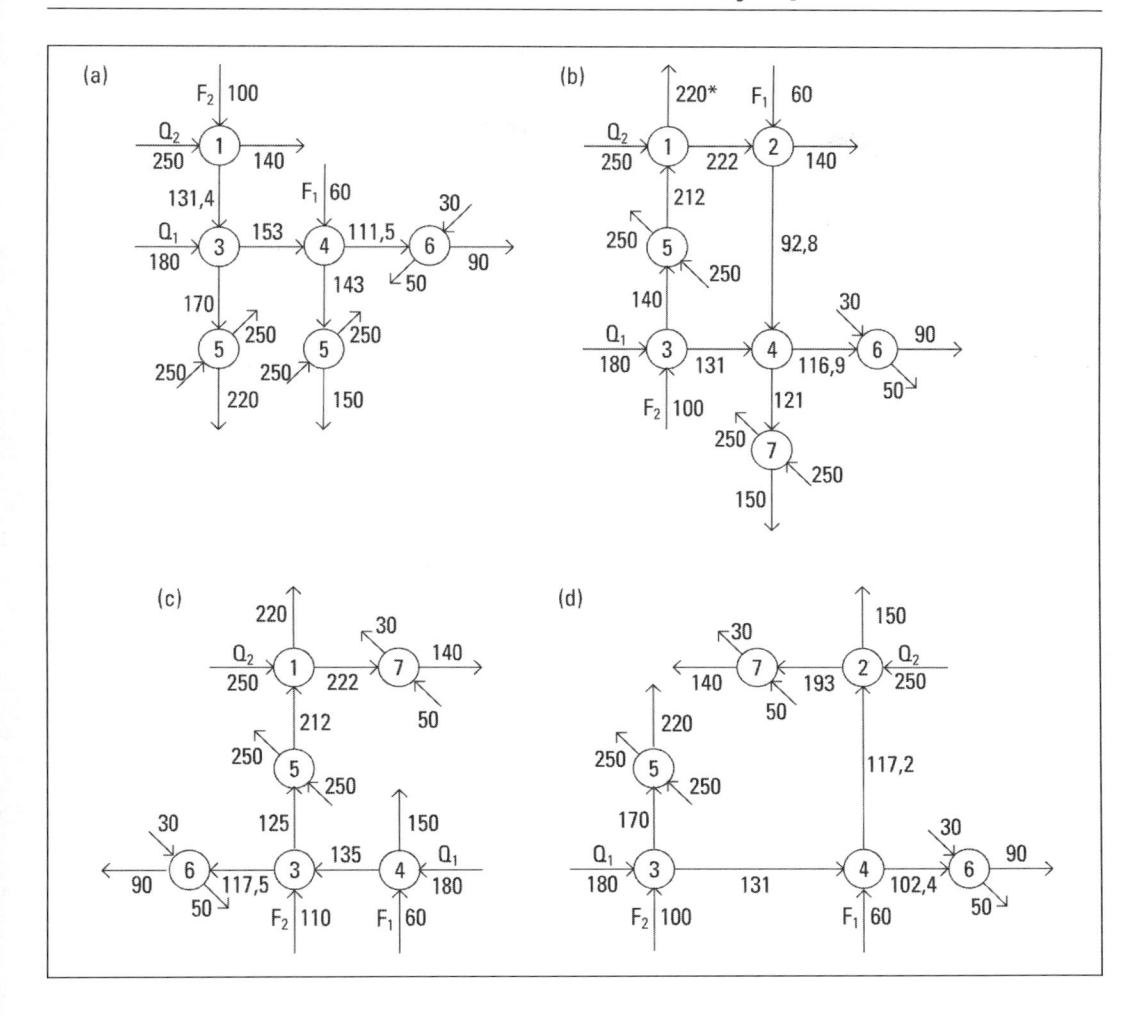

Figura 8.28
Redes vizinhas à da
Figura 8.22 por inversão
de correntes (a) inversão
de F_2 (b) inversão de F_1
(c) inversão de Q_1 (d)
inversão de Q_2.

de saída (140, 131,4). E, assim, sucessivamente. A inversão das quatro correntes da solução heurística inicial produz quatro redes vizinhas, como mostra a Figura 8.28. Essas redes correspondem aos seguintes estados na árvore da Figura 8.12: (a) estado 16, (b) estado 39, (c) estado 31, (d) estado 23. A Tabela 8.21 apresenta os custos envolvidos em cada uma. Não se verifica qualquer progresso em relação à solução inicial.

Regra 2 Adição ou remoção de trocadores de integração

A solução heurística apresenta quatro trocadores de integração. Logo, não há trocadores a adicionar, somente a remover. Pode-se prever um aumento no consumo de utilidades, maior ou menor dependendo do trocador eliminado, e uma possível redução no custo de capital. O procedimento é novamente simples: uma vez eliminado um trocador, as correntes envolvidas são submetidas diretamente aos trocadores seguinte com as mesmas temperaturas de entrada. As novas temperaturas de saída são calculadas pelo método heurístico (Regras 1 e 3). A Figura 8.29 apresenta as redes vizinhas à heurística original obtidas pela remoção dos trocadores de integração. Essas redes correspondem aos seguintes estados na árvore da Figura 8.12: (a) estado 23, (b) estado 21, (c) estado 07, (d) estado 22. A Tabela 8.21 apresenta os custos envolvidos em cada uma. Novamente não se verifica qualquer progresso em relação à solução inicial.

Figura 8.29
Redes vizinhas à
heurística-base por
remoção de trocadores
de integração:
(a) remoção de 1
(b) remoção de 2
(c) remoção de 3
(d) remoção de 4.

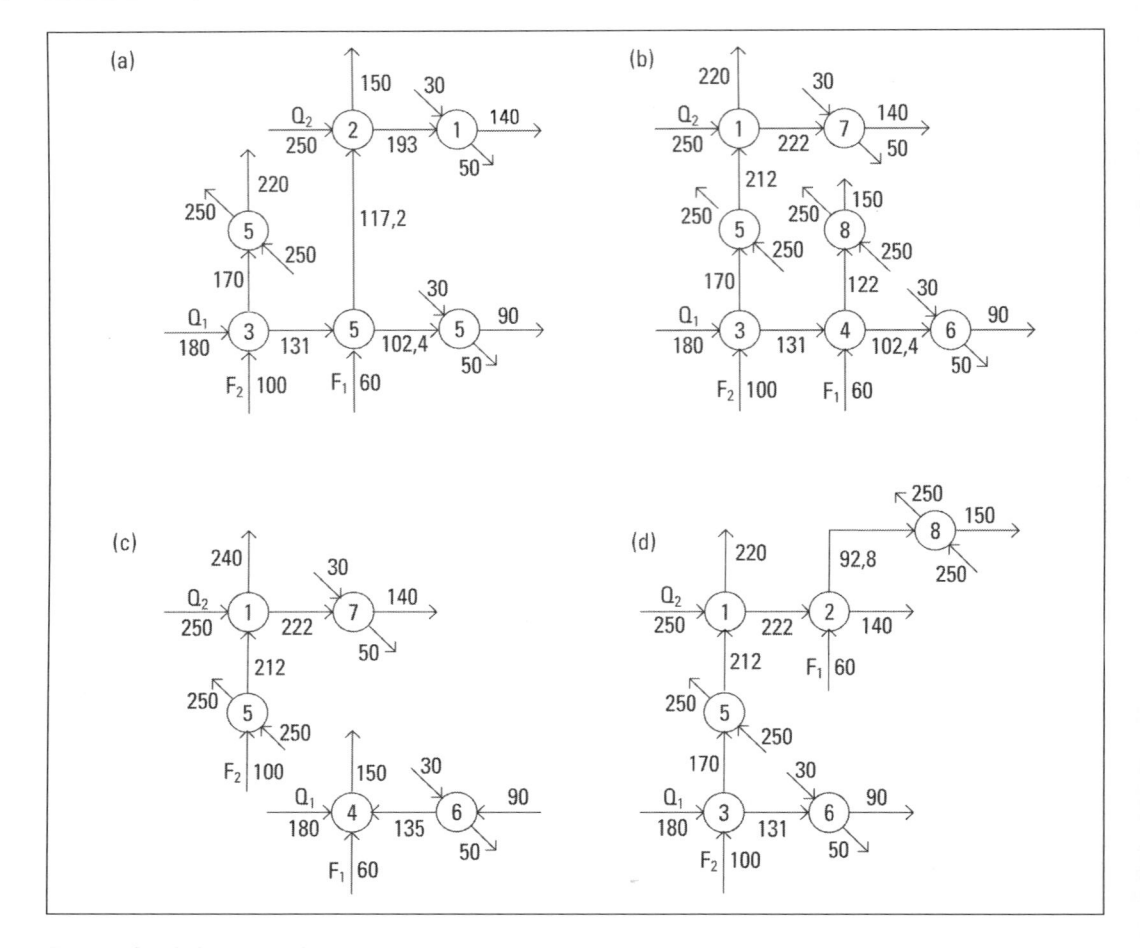

Regra 3 Divisão de Correntes

Em muitos casos, uma corrente que troca calor sequencialmente, com outras duas ou mais, pode ser dividida de modo a trocar a mesma quantidade de calor **simultaneamente** com as mesmas correntes, num esquema **em paralelo**, como mostra a Figura 8.30. Na figura, os valores das temperaturas T_1, T_4, T_5, T_6, T_7 e T_8 são os mesmos da troca sequencial. O problema consiste em determinar a fração x em que a corrente é dividida e as temperaturas T_2 e T_3.

Trata-se de um problema típico de análise de processos. Um balanço de informação revela 14 variáveis, 4 equações e 9 variáveis especificadas (6 temperaturas e 3 $WCp's$). Logo $G = 1$. O problema pode ser resolvido **rigorosamente** por **Seção Áurea** utilizando x como Variável de Projeto.

Uma **Solução heurística** alternativa consiste em empregar a Regra 3 (troca máxima limitada pelo ΔT_{min}) num trocador de cada vez. O algoritmo aproximado se encontra na Figura 8.30 para cada caso: corrente quente e corrente fria. No algoritmo, W_k corresponde ao XCp da corrente k. De início, são calculdadas as cargas térmicas dos dois trocadores. Em seguida, são investigados os limites da fração x, correspondentes aos valor em que as áreas tendem para o infinito ($T_2 = T_5$ e $T_3 = T_7$). Há casos em que $x_i > x_s$, o que significa solução impossível. Vencido este teste, T_2 é fixada em seu limite heurístico, calculando-se os valores correspondentes de x e de T_3. Há casos em que o valor de x resulta fora dos limites, o que caracteriza uma solução inviável. O procedimento é repetido fixando T_3 no seu limite heurístico. A solução do problema é a que apresenta o menor Custo de Capital.

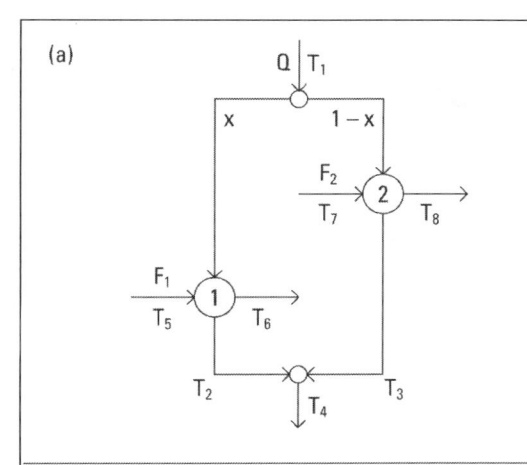 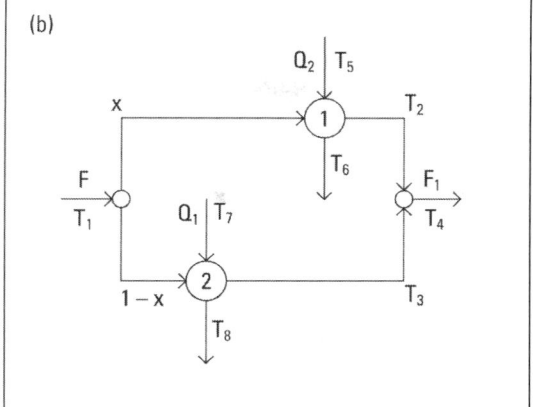

Figura 8.30
Solução euerística para a divisão de correntes:
(a) corrente quente;
(b) corrente fria.

$Q_1 = W_{F1} (T_6 - T_5)$ $Q_2 = W_{F2} (T_8 - T_7)$	$Q_1 = W_{Q1} (T_5 - T_6)$ $Q_2 = W_{Q2} (T_7 - T_8)$
Limites de x: $T_2 = T_1 - Q_1/xW_Q > T_5 \quad \rightarrow x_i = Q_1/W_Q (T_1 - T_5)$ $T_3 = T_1 - Q_2/W_Q (1 - x) > T_7 \rightarrow x_s = Q_2/W_Q (T_1 - T_7)$	**Limites de x:** $T_2 = T_1 + Q_1/xW_F < T_5 \quad \rightarrow x_i = Q_1/W_F (T_5 - T_1)$ $T_3 = T_1 - Q_2/W_F (1 - x) < T_7 \rightarrow x_s = 1 - Q_2/W_F (T_7 - T_1)$
Se $x_i > x_s$ **então:** divisão inviável	**Se** $x_i > x_s$ **então:** divisão inviável
Solução Heurística:	**Solução Heurística:**
$T_2 = T_5 + 10$ $x = Q_1/W_Q (T_1 - T_2)$	$T_2 = T_5 - 10$ $x = Q_1 - W_F (T_2/T_1)$
Se $x_i < x < x_s$ **então:** $T_3 = T_1 - Q_2/W_Q (1 - x)$: Calcular C_{cap}	**Se** $x_i < x < x_s$ **então:** $T_3 = T_1 + Q_2/W_F (1 - x)$: Calcular C_{cap}
$T_3 = T_7 + 10$ $x = 1 - Q_2/W_Q (T_1 - T_3)$	$T_3 = T_7 - 10$ $x = 1 - Q_2/W_F (T_3 - T_1)$
Se $x_i < x < x_s$ **então:** $T_2 = T_1 - Q_1/W_Q x$: Calcular C_{cap}	**Se** $x_i < x < x_s$ **então:** $T_2 = T_1 + Q/W_F x$: Calcular C_{cap}
Selecionar a solução de menor C_{cap}	Selecionar a solução de menor C_{cap}

A Figura 8.31 apresenta as redes obtidas pela divisão de Q_1 e F_2 a partir da solução heurística da Figura 8.26. As divisões de Q_2 e F_1 se mostraram inviáveis. Os resultados numéricos se encontram na Tabela 8.21.

Como nenhuma das redes vizinhas apresenta um custo inferior ao seu, a solução heurística por PD da Figura 8.26a fica sendo a melhor solução até então obtida, aperfeiçoada por otimização como na Figura 8.26b. Esta solução não é, necessariamente, a solução ótima do problema ilustrativo.

Figura 8.31
Redes vizinhas da
solução heurística por
divisão de correntes.

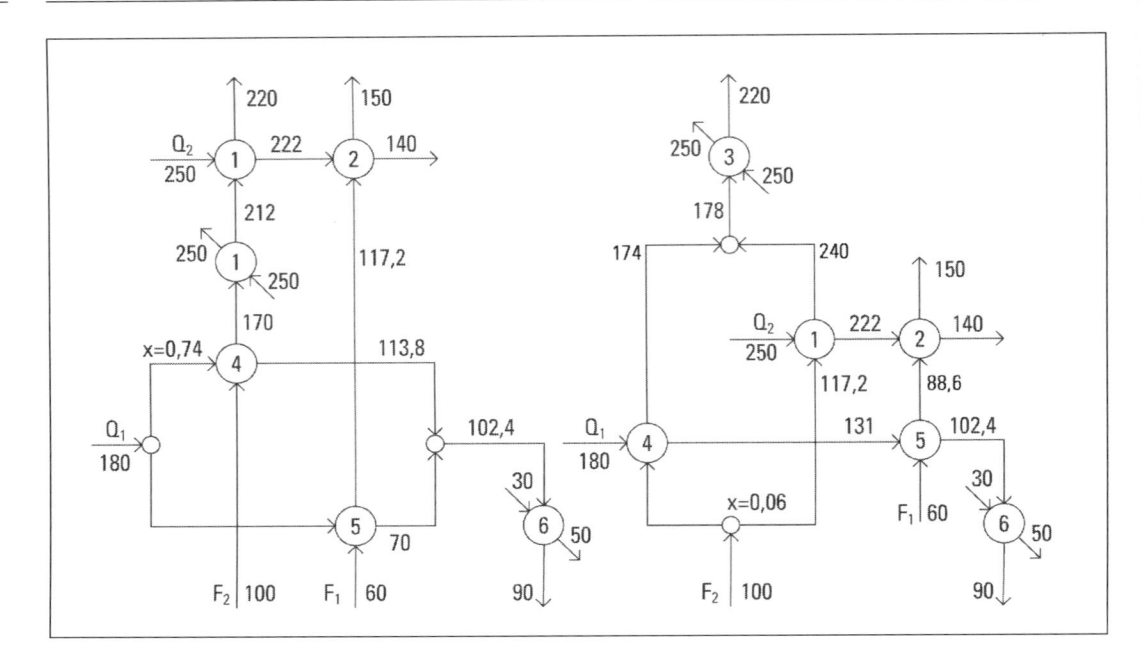

8.6 RESOLUÇÃO PELO MODELO DE TRANSBORDO. INTERVALOS DE TEMPERATURA. ESTRANGULAMENTO TÉRMICO ("PINCH") [15]

A síntese de uma rede de trocadores de calor é um problema complexo de otimização, em que se busca a rede com o custo total mínimo, ou seja

$$C_T^o = \text{Min } C_T = \text{Min } (C_{\text{cap}} + C_{\text{util}}).$$

A busca da solução ótima é realizada em todo o espaço das soluções admissíveis, que pode ser muito vasto (135 redes para duas correntes quentes e duas frias, por exemplo). Uma estratégia relativamente recente para se obter uma rede próxima da ótima, com menor esforço computacional consiste em restringir a busca ao subespaço constituído apenas das redes que exibem o consumo mínimo de utilidades. Garantido o custo mínimo de utilidades, busca-se, dentre elas, aquela com o menor custo de capital. Obtém-se, assim, uma rede com o custo total.

$$C_T^* = \text{Min } (C_{\text{cap}} + C_{\text{util}}^o)$$

na esperança de que C_T^* seja suficientemente próximo de C_T^o. Este procedimento se mostra especialmente efetivo nos períodos em que os custos de energia são muito elevados.

O procedimento consiste em gerar **uma sub-rede para cada intervalo de tempera-tura** (Figura 8.11) e, depois, conectar as sub-redes formando a **rede completa**. Desta forma, fica garantida a troca máxima limitada pelo ΔT_{min} em toda a rede, resultando o consumo e o custo mínimo de utilidades C_{util}^o. No entanto, a solução obtida **não é única**, porque diversas sub-redes podem ser formadas em cada intervalo. A combinação dessas sub-redes resulta em **diversas redes completas**, porém **todas com C_{util}^o**. Uma delas será o de custo de capital mínimo e de **custo total C_T^***. A busca desta rede é um problema de **programação**

não linear inteira mista e não será abordada neste livro [4, 17]. Em contraposição, existem métodos em que as sub-redes são formadas sequencialmente a partir do "pinch" com a interferência direta do projetista [4, 9, 12]. Esse procedimento não é direto, pois o projetista é muitas vezes obrigado a fazer concessões temporárias quanto ao ΔT_{min} para eliminá-las adiante em nome do consumo mínimo de utilidades. Em etapa posterior, quando é o caso, o projetista tenta eliminar ciclos de correntes visando à redução do número de trocadores de calor. Um procedimento alternativo, consiste em utilizar **heurísticas** nos intervalos em que o número de sub-redes tornar trabalhosa a busca de melhor dentre elas. Em seguida, promover a aglutinação dos trocadores em que duas correntes trocam calor seguidamente, reduzindo assim o custo de capital. Finalmente, otimizar a rede obtida.

Este procedimento será aplicado agora ao problema ilustrativo, para o qual o consumo e o custo mínimo já foram calculados na Seção 8.2.6 com o auxílio do diagrama dos intervalos de temperatura (Figura 8.11), a saber: 219 kW ou 438 kg/h de vapor, 40 kW ou 1.724 kg/h de água, C_{util}^{o} = 6.317 \$/a. A cada intervalo será relembrado o seu resíduo de calor, que terá que se obedecido por qualquer conjunto de trocas que vier a ser proposto.

Intervalos [1 + 2] [Saldo negativo: resíduo nulo]

Para este problema ilustrativo, os dois intervalos podem ser agrupados em virtude da simplicidade da situação que conduz a uma sub-rede única, como mostra a Figura 8.32. A carga térmica do aquecedor corresponde ao consumo mínimo de vapor de 210 kW para esse sistema de correntes.

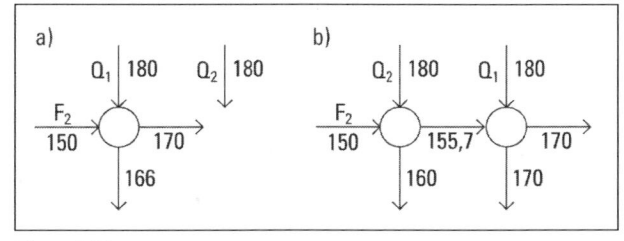

Figura 8.32
Sub-rede para o conjunto de intervalos [1 + 2] acima do "pinch".

Intervalo 3 (resíduo 100 kW)

Aqui a corrente F_2 pode ter a sua demanda satisfeita de duas maneiras, ambas com o mesmo resíduo, mas cada uma com o seu custo de capital (Figura 8.33). Na sub-rede (a), o resíduo de Q_1 é de 60 kW e o de Q_2, 40 kW. O seu custo de capital é de 743 \$/a. Na sub-rede (b), o resíduo de Q_2 é de 100 kW e o custo de capital é de 903 \$/a. A primeira é escolhida para representar o Intervalo 3.

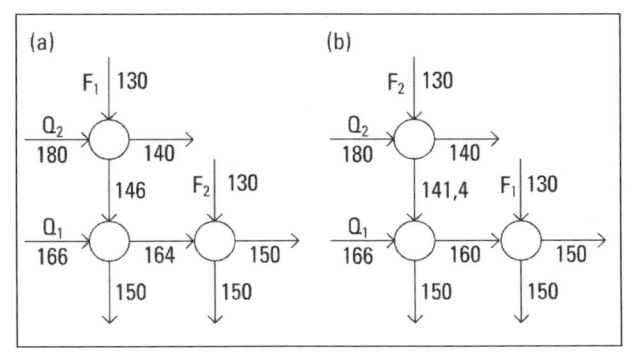

Figura 8.33
Sub-redes para o Intervalo 3.

Intervalo 4 (resíduo 100 kW)

Aqui o número de soluções é muito grande. Para uma solução expedita, sem compromisso com o ótimo, pode-se usar a regra heurística RPS. A primeira troca envolveria Q_2 (QMTE) e uma das duas frias que têm as mesmas temperaturas de entrada e de saída. As duas possibilidades são testadas, como mostra a Figura 8.34. Nas duas soluções, a segunda troca envolve a única quente Q_1 e a FMTE do momento. Lembre-se que Q_1 chega do intervalo 3 a 166°C. O resíduo de Q_1 nas duas alternativas, por não alcançar os 140°C, é de 100 kW. O custo de capital da primeira é de 1.186 \$/a e o da segunda é de 1.274 \$/a. A primeira é escolhida para representar o Intervalo 4.

Figura 8.34
Sub-redes alternativas para o Intervalo 4.

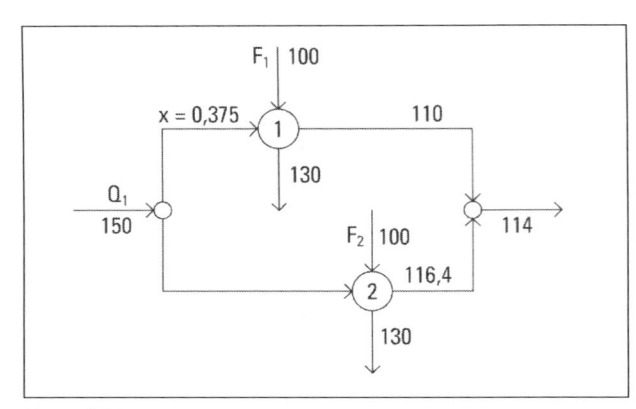

Figura 8.35
Sub-rede para o Intervalo
5.

Intervalo 5 (resíduo 40 kW)

Aqui foram testadas as duas soluções sequenciais envolvendo $Q_1 F_1$ e F_2. A corrente Q_1 chega a 150°C do intervalo 4 e deve sair a 114°C correspondendo ao resíduo de 40 kW. A primeira solução corresponde à sequência Q_1/F_1 e Q_2/F_2. A corrente Q_1 deixa o primeiro trocador a 135°C, acarretando um ΔT de "approach" de 5°C, que é aceito, e um Custo de Capital de 1.717 \$/a. A segunda solução corresponde à sequência Q_1/F_2 e Q_2/F_1. A corrente Q_1 deixa o primeiro trocador a 129°C, o que inviabiliza o aquecimento de F_1 até 130°C. Foi adotada, então, a solução em paralelo apresentada na Figura 8.35 com o Custo de Capital de 1.484 \$/a.

Intervalo 6 (resíduo 140 kW)

Aqui a solução é trivial: Q_1 atende a demanda de F_1 e sai a 104°C com um resíduo de 140 kW.

Intervalo 7 (resíduo 40 kW)

Novamente, a solução é trivial: Q_1 atende a demanda de F_1 e sai a 94°C com um resíduo de 40 kW que é consumido por água.

Rede Completa

As sub-redes são agora interligadas logicamente, gerando uma rede com $C_{util}^\circ = 6.317$ \$/a (Figura 8.36). Essa é uma das redes que se poderia formar. As diferentes sub-redes, que alguns intervalos apresentaram, poderiam ser igualmente interligadas gerando outras redes com o mesmo custo mínimo de utilidades, porém com custos de capital diferentes.

Figura 8.36
Rede preliminar com
consumo mínimo
de utilidades para o
problema ilustrativo.

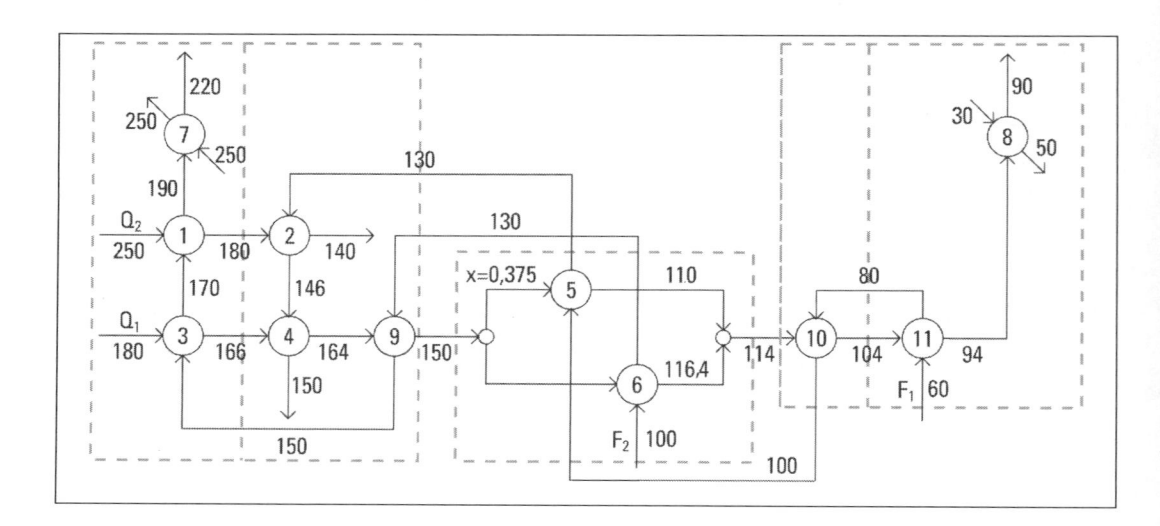

O custo de capital da rede pode ser reduzido pela aglutinação dos trocadores que promovem as mesmas trocas em série. Assim, os trocadores 10 e 11 são aglutinados no 5, enquanto o 9 é aglutinado no 3. O número de trocadores é reduzido de 10 para 8. O resultado é a rede apresentada na Figura 8.37. Os custos das duas redes são comparados na Tabela 8.22. Observa-se uma redução de 13% no custo de capital, que resulta numa redução de 5% no custo total. Como não houve a preocupação com a otimização em cada intervalo, esta rede não é necessariamente a de custo total C_T^*. Observa-se, também, que a ligeira violação do $\Delta T_{\min}$ no trocador 6, resultante da aglutinação dos trocadores 10 e 11 no 5, respeitando a temperatura de 94°C de Q_1, não afeta o consumo mínimo de água.

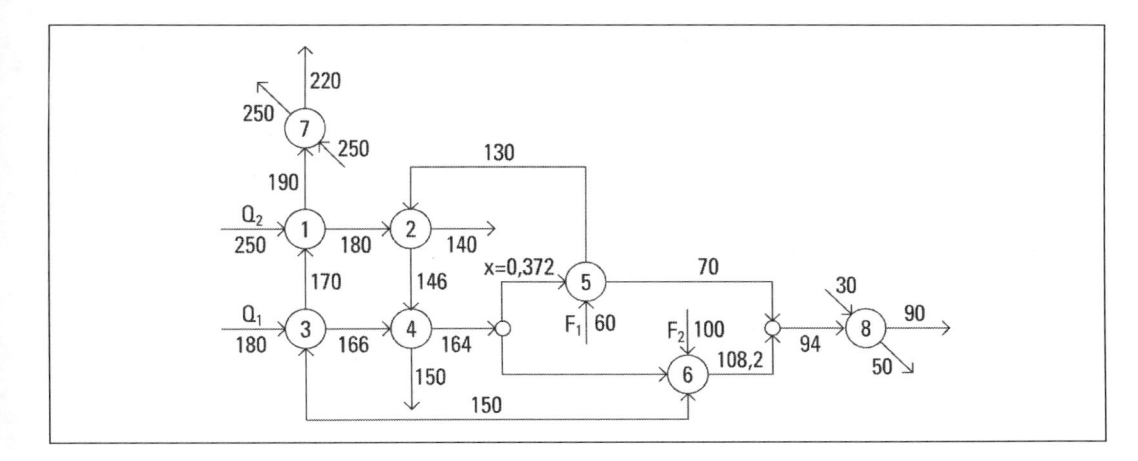

Figura 8.37
Rede com consumo mínimo de utilidades com redução do número de trocadores de calor.

A estrutura desta rede pode ser otimizada numericamente tendo como Função Objeto o Custo Total. Logo, a rede resultante não mais exibirá, necessariamente, o Custo de Utilidades mínimo. Trata-se de um problema com G = 5. Partindo da solução acima, obtém-se a rede da Figura 8.38. Observa-se que foram eliminados o trocador de integração 4 e o resfriador 8.

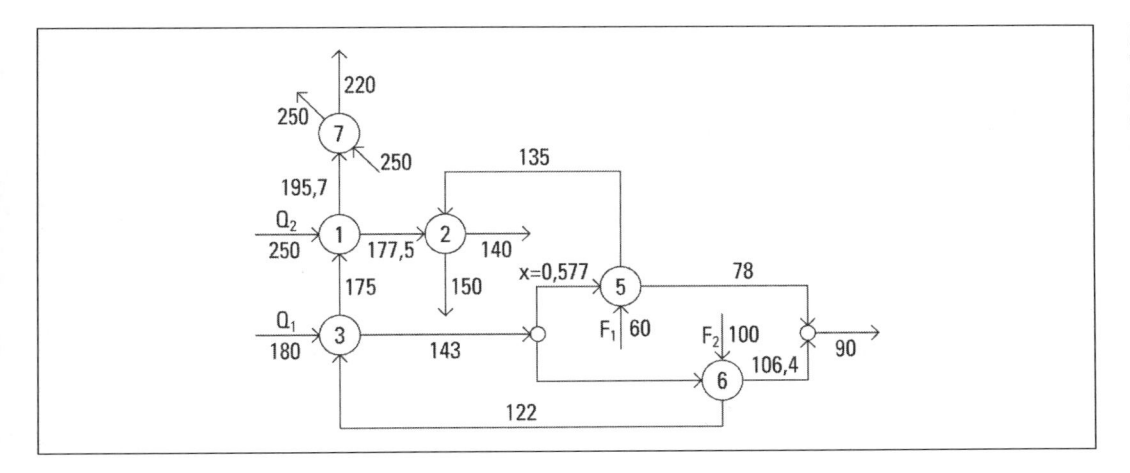

Figura 8.38
Versão otimizada da rede obtida pelo critério do custo mínimo de utilidades.

8.7 RESOLUÇÃO PELO MÉTODO DA SUPERESTRUTURA

Esse método consiste em representar o problema por uma superestrutura, como a da Figura 8.13, que contém implicitamente todas as soluções possíveis. Esse modelo inclui variáveis inteiras, que representam as trocas térmicas entre duas correntes, e variáveis contínuas, que representam as cargas térmicas dos trocadores e as temperaturas intermediárias. A solução ótima é obtida pelo uso de Programação Linear Inteira Mista (PLIM) [16] e não será tratada neste texto. A representação gráfica de uma superestrutura para o problema ilustrativo deste Capítulo, se encontra na Figura 8.13.

8.8 RESUMO DOS MÉTODOS DE RESOLUÇÃO

No decorrer do Capítulo, foram apresentados três métodos para resolução do problema de síntese de redes de trocadores de calor. Os três métodos foram aplicados ao problema ilustrativo. Esse problema permite 135 soluções diferentes. Ao aplicar esses métodos, foram geradas e analisadas 17 soluções, cujos fluxogramas foram devidamente exibidos. Para fins de comparação, os resultados em termos de consumo e custo de utilidades, custo de capital e custo total, são apresentados nas tabelas seguintes.

8.8.1 REDES GERADAS PELO MÉTODO HEURÍSTICO (TABELA 8.20)

Rede 1: rede heurística baseada no critério RPS para a seleção dos pares de correntes. (Figura 8.18).

Rede 2: é a rede 1 otimizada numericamente. Apresenta um aumento no custo de capital compensado pela redução do consumo de utilidades (o fluxograma desta rede não é apresentado).

Rede 3: rede heurística baseada no critério PD para a seleção dos pares de correntes. (Figura 8.26a). Mostra-se superior à Rede, especialmente pelo custo de utilidades inferior.

Rede 4: é a Rede 3 otimizada numericamente. Novamente, o custo de capital superior é compensado pelo custo de utilidades (Figura 8.26b).

TABELA 8.20 REDES GERADAS PELO MÉTODO HEURÍSTICO

	1	2	3	4
W_a	9.267	6.466	5.345	1.818
W_v	802	667	612	442
C_{util}	14.165	11.353	10.081	6.400
C_{cap}	3.186	4.253	3.414	5.022
C_T	17.351	15.506	13.495	11.422

8.8.2 REDES GERADAS PELO MÉTODO EVOLUTIVO A PARTIR DA REDE 3 (PD) (TABELA 8.21)

Redes 5 a 8: geradas por inversão de correntes (Figura 8.28). Observam-se custos de capital até inferiores, mas custos exagerados de utilidades.

Redes 9 a 12: geradas por eliminação de trocadores de integração (Figura 8.29). Observam-se custos de capital até inferiores, mas custos ainda mais exagerados de utilidades.

Redes 13 e 14: geradas por divisão de correntes (Figura 8.31). Apresentam-se indistintamente comparáveis à Rede 3, com o mesmo custo de utilidades e custos de capital praticamentes iguais.

TABELA 8.21 REDES GERADAS PELO MÉTODO EVOLUTIVO

	5	6	7	8	9	10	11	12	13	14
W_a	9.267	11.595	18.922	9.914	9.914	12.414	26.466	17.672	5.345	5.345
W_v	802	915	1.473	729	729	954	1.633	1.208	613	613
C_{util}	14.165	16.589	24.219	13.510	13.510	17.441	32.073	22.917	10.081	10.081
C_{cap}	3.186	3.431	2.916	3.108	3.108	3.376	2.244	2.949	3.806	3.462
C_T	17.351	20.020	27.135	16.618	16.618	20.817	34.317	25.866	13.887	13.543

8.8.3 REDES INSPIRADAS NO CUSTO MÍNIMO DE UTILIDADES (TABELA 8.22)

Rede 15: gerada a partir das sub-redes dos intervalos de temperatura visando ao custo mínimo de utilidades compatível com o ΔT_{min} de 10°C. Como foram utilizados heurísticas em certos intervalos, vale a comparação com a Rede 3. Ose custo de utilidades é, como esperado, bastante inferior, mas o custo de capital é superior.

Rede 16: é a Rede 15 após a aglutinação de alguns trocadores de integração. O custo de utilidades é o mesmo (mínimo), mas o de capital se mostra inferior.

Rede 17: é a versão numericamente otimizada da Rede 16. Como critério de otimização foi o custo total, a minimização não se prendeu ao ΔT_{min} de 10°C, gerando uma rede de custo de utilidades bastante inferior àquele até então tomando como mínimo.

TABELA 8.22 REDES INSPIRADAS NO CUSTO MÍNIMO DE UTILIDADES

	15	16	17
W_a	1.724	1.724	0
W_v	438	438	357
C_{util}	6.311	3.311	4.516
C_{cap}	5.182	4.744	5.239
C_T	11.493	11.095	9.755

REFERÊNCIAS

1. Stephanopoulos, G., *Sythesizing Networks of Heat Exchangers, Industrial Energy Conservation, Manual 4*, The MIT Press (1982)

2. Timmerhaus, K. D. e Peters, M. S., *Plant Design and Economics for Chemical Engineers*, (3ª ed.), McGraw-Hill (1980).

3. Biegler, L. T. Grossmann, I. E. e Westerberg, A. W., *Systematic Methods of Chemical Process Design*, Prentice-Hall (1997).

4. Seider, W., Seader, J. D. e Levin, D. R., *Product and Process Design Principles*, J. Winley (2004).

5. Turton, R., Bailie, R. C., Whiting, W. B. e Shaeiwitz, J. A., *Analysis, Synthesis and Design of Chemical Processes*, Prentice Hall (2003).

6. Smith, R., *Chemical Process Design*, McGraw-Hil (1995).

7. Walas, S. M, *Chemical Process Equipament (Selection and Design)*, Butterworths (1998).

8. Sinnot, R. R., *An Introduction to Chemical Engineering Design*, Pergamon Press (1983).

9. Douglas, J. M., *Conceptual Design of Chemical Process*, McGraw-Hill (1998).

10. Robert, K. I. M., Síntese de Redes Incorporando o Projeto Preliminar de Trocadores de Calor, Tese de M. Sc., COPPE/UFRJ (1993).

11. Oliveira, S. G., Queiroz, E. M., Perlingeiro, C. A. G., A Influência do Projeto Detalhado nos Resultados da Síntese de Redes de Trocadores de Calor através de Métodos Heurísticos, *Anais do 11° Congresso Brasileiro de Engenharia Química*, V1, 097-102, Rio de Janeiro (1996).

12. Liporace, F. S., Pessoa, F. L. P., Queiroz, E. M., Automatic Evolution of Heat Exchanger Networks with Simultaneous Heat Exchanger Design, *Brazilian Journal of Chemical Engineering*, 16, 1 25-40 (1999).

13. Rudd, D. F., Powers, G. J. & Siirola, J. J., *Process Synthesis*, Prentice-Hall (1973).

14. Ponton, J. W., Donaldson, R. A. B., A fast Method for the Synthesis of Optimal Heat Exchanger Networks, Chm. Eng. Science, 29, 2375-2377 (1974).

15. Linnhoff, B., Flower, J. R., Synthesia of Heat Exchanger Networks: I. Systematics Generation of Energy Optimal Networks, AIChEJ, 24, 633 (1978).

16. Papoulias, S., Grossmann, I. E., A Structural Optimization Aproach in Process Synthesis – II. Heat Recovery Networks, Compt. Chem. Eng., 7, 707 (1983).

17. Valecillo, A. L., "Síntese de Redes de Trocadores de Calor", Tese de M. Sc., COPPE/UFRJ, 1989.

PROBLEMAS PROPOSTOS

8.1 O Problema Ilustrativo foi resolvido no decorrer deste Capítulo com base nos dados das Tabelas 8.1 e 8.2. Para avaliar a sensibilidade da solução em relação a esses dados, sugere-se que o mesmo seja resolvido com as seguintes alterações, que podem ser consideradas individualmente ou em conjunto:

   (a) Custo Unitário da água de resfriamento: 0,0005 \$/kg;
   (b) Limite superior para a temperatura de saída da água de resfriamento: 60°C;
   (c) Custo de investimento para trocadores com $0,2 < A$ m^2 < 10: $900\,A^{0,024}$

8.2 Propor uma rede de trocadores de calor para cada um dos sistemas de correntes a seguir, por cada um dos métodos descritos neste Capítulo. Utilizar os dados das Tabelas 8.1 - 8.3 incorporando as modificações sugeridas no Problema 8.1

SISTEMA 1

CORRENTE	WCp (KW/°C)	T_0 (°C)	T_d (°C)
Q_1	7	–5	215
Q_1	2	260	45
Q_2	5	220	110
Q_3	3	205	45

SISTEMA 2

CORRENTE	WCp (KW/°C)	T_0 (°C)	T_d (°C)
F_1	2,2	40	205
F_2	2,4	65	150
F_3	2,5	95	205
Q_1	3,2	250	120
Q_2	2,5	205	65

SISTEMA 3

CORRENTE	WCp (KW/°C)	T_0 (°C)	T_d (°C)
F_1	1,6	40	220
F_2	3.3	80	175
F_3	2,6	25	205
Q_1	2,8	230	65
Q_2	2,4	270	150
Q_3	3,4	200	65

SISTEMA 4

CORRENTE	WCp (KW/°C)	T_0 (°C)	T_d (°C)
Q_1	10	160	90
Q_2	2	250	140
F_1	5	60	140
F_2	7	110	230

SISTEMA 5

CORRENTE	WCp (KW/°C)	T_0 (°C)	T_d (°C)
Q_1	8	230	150
Q_2	12	140	60
F_1	5	170	200
F_2	11	80	180

SISTEMA 6 (a) proibida a troca Q_1/F_1 (b) proibida a troca Q_2/F_2

CORRENTE	WCp (KW/°C)	T_0 (°C)	T_d (°C)
Q_1	7,5	160	90
Q_2	9	250	140
F_1	6,6	60	160
F_2	5,2	110	160

8.3 Analisar o fluxograma do processo de recuperação de ácido benzóico (Capítulo 2), do ponto de vista da integração energética, descobrindo fluxogramas alternativos em termos de colocação de trocadores de calor.